第一推动丛书: 宇宙系列
The Cosmos Series

疯狂的宇宙
The Extravagant Universe

[美] 罗伯特·P. 基尔什纳 著　青年天文教师连线 译
Robert P. Kirshner

湖南科学技术出版社

THE
FIRST
MOVER

总序

《第一推动丛书》编委会

科学，特别是自然科学，最重要的目标之一，就是追寻科学本身的原动力，或曰追寻其第一推动。同时，科学的这种追求精神本身，又成为社会发展和人类进步的一种最基本的推动。

科学总是寻求发现和了解客观世界的新现象，研究和掌握新规律，总是在不懈地追求真理。科学是认真的、严谨的、实事求是的，同时，科学又是创造的。科学的最基本态度之一就是疑问，科学的最基本精神之一就是批判。

的确，科学活动，特别是自然科学活动，比起其他的人类活动来，其最基本特征就是不断进步。哪怕在其他方面倒退的时候，科学却总是进步着，即使是缓慢而艰难的进步。这表明，自然科学活动中包含着人类的最进步因素。

正是在这个意义上，科学堪称为人类进步的"第一推动"。

科学教育，特别是自然科学的教育，是提高人们素质的重要因素，是现代教育的一个核心。科学教育不仅使人获得生活和工作所需的知识和技能，更重要的是使人获得科学思想、科学精神、科学态度以及科学方法的熏陶和培养，使人获得非生物本能的智慧，获得非与生俱来的灵魂。可以这样说，没有科学的"教育"，只是培养信仰，而不是教育。没有受过科学教育的人，只能称为受过训练，而非受过教育。

正是在这个意义上，科学堪称为使人进化为现代人的"第一推动"。

　　近百年来，无数仁人志士意识到，强国富民再造中国离不开科学技术，他们为摆脱愚昧与无知做了艰苦卓绝的奋斗。中国的科学先贤们代代相传，不遗余力地为中国的进步献身于科学启蒙运动，以图完成国人的强国梦。然而可以说，这个目标远未达到。今日的中国需要新的科学启蒙，需要现代科学教育。只有全社会的人具备较高的科学素质，以科学的精神和思想、科学的态度和方法作为探讨和解决各类问题的共同基础和出发点，社会才能更好地向前发展和进步。因此，中国的进步离不开科学，是毋庸置疑的。

　　正是在这个意义上，似乎可以说，科学已被公认是中国进步所必不可少的推动。

　　然而，这并不意味着，科学的精神也同样地被公认和接受。虽然，科学已渗透到社会的各个领域和层面，科学的价值和地位也更高了，但是，毋庸讳言，在一定的范围内或某些特定时候，人们只是承认"科学是有用的"，只停留在对科学所带来的结果的接受和承认，而不是对科学的原动力 —— 科学的精神的接受和承认。此种现象的存在也是不能忽视的。

　　科学的精神之一，是它自身就是自身的"第一推动"。也就是说，科学活动在原则上不隶属于服务于神学，不隶属于服务于儒学，科学活动在原则上也不隶属于服务于任何哲学。科学是超越宗教差别的，超越民族差别的，超越党派差别的，超越文化和地域差别的，科学是普适的、独立的，它自身就是自身的主宰。

　　湖南科学技术出版社精选了一批关于科学思想和科学精神的世界名著，请有关学者译成中文出版，其目的就是为了传播科学精神和科学思想，特别是自然科学的精神和思想，从而起到倡导科学精神，推动科技发展，对全民进行新的科学启蒙和科学教育的作用，为中国的进步做一点推动。丛书定名为"第一推动"，当然并非说其中每一册都是第一推动，但是可以肯定，蕴含在每一册中的科学的内容、观点、思想和精神，都会使你或多或少地更接近第一推动，或多或少地发现自身如何成为自身的主宰。

再版序
一个坠落苹果的两面：
极端智慧与极致想象

龚曙光

2017 年 9 月 8 日凌晨于抱朴庐

连我们自己也很惊讶，《第一推动丛书》已经出了 25 年。

或许，因为全神贯注于每一本书的编辑和出版细节，反倒忽视了这套丛书的出版历程，忽视了自己头上的黑发渐染霜雪，忽视了团队编辑的老退新替，忽视了好些早年的读者，已经成长为多个领域的栋梁。

对于一套丛书的出版而言，25 年的确是一段不短的历程；对于科学研究的进程而言，四分之一个世纪更是一部跨越式的历史。古人"洞中方七日，世上已千秋"的时间感，用来形容人类科学探求的日新月异，倒也恰当和准确。回头看看我们逐年出版的这些科普著作，许多当年的假设已经被证实，也有一些结论被证伪；许多当年的理论已经被孵化，也有一些发明被淘汰 ……

无论这些著作阐释的学科和学说，属于以上所说的哪种状况，都本质地呈现了科学探索的旨趣与真相：科学永远是一个求真的过程，所谓的真理，都只是这一过程中的阶段性成果。论证被想象讪笑，结论被假设挑衅，人类以其最优越的物种秉赋 —— 智慧，让锐利无比的理性之刃，和绚烂无比的想象之花相克相生，相辅相成。在形形色色的生活中，似乎没有哪一个领域如同科学探索一样，既是一次次伟大的理性历险，又是一次次极致的感性审美。科学家们穷其毕生所奉献的，不仅仅是我们无法发现的科学结论，还是我们无法展开的绚丽想象。在我们难以感知的极小与极大世界中，没有他们撰写这些伟大历险和极致审美的科普著作，我们不但永远无法洞悉我们赖以生存世界的各种奥秘，无法领略我们难以抵达世界的各种美丽，更无法认知人类在找到真理和遭遇美景时的心路历程。在这个意义上，科普是人类极端智慧和极致审美的结晶，是物种独有的精神文本，是人类任何其他创造 —— 神学、哲学、文学和艺术无法替代的文明载体。

在神学家给出"我是谁"的结论后，整个人类，不仅仅是科学家，包括庸常生活中的我们，都企图突破宗教教义的铁窗，自由探求世界的本质。于是，时间、物质和本源，成为人类共同的终极探寻之地，成为人类突破慵懒、挣脱琐碎、拒绝因袭的历险之旅。这一旅程中，引领着我们艰难而快乐前行的，是那一代又一代最伟大的科学家。他们是极端的智者和极致的幻想家，是真理的先知和审美的天使。

我曾有幸采访《时间简史》的作者史蒂芬·霍金，他痛苦地斜躺在轮椅上，用特制的语音器和我交谈。聆听着由他按击出的极其单调的金属般的音符，我确信，那个只留下萎缩的躯干和游丝一般生命气息的智者就是先知，就是上帝遣派给人类的孤独使者。倘若不是亲眼所见，你根本无法相信，那些深奥到极致而又浅白到极致、简练到极致而又美丽到极致的天书，竟是他蜷缩在轮椅上，用唯一能够动弹的手指，一个语音一个语音按击出来的。如果不是为了引导人类，你想象不出他人生此行还能有其他的目的。

无怪《时间简史》如此畅销！自出版始，每年都在中文图书的畅销榜上。其实何止《时间简史》，霍金的其他著作，《第一推动丛书》所遴选的其他作者著作，25 年来都在热销。据此我们相信，这些著作不仅属于某一代人，甚至不仅属于 20 世纪。只要人类仍在为时间、物质乃至本源的命题所困扰，只要人类仍在为求真与审美的本能所驱动，丛书中的著作，便是永不过时的启蒙读本、永不熄灭的引领之光。

虽然著作中的某些假说会被否定，某些理论会被超越，但科学家们探求真理的精神、思考宇宙的智慧、感悟时空的审美，必将与日月同辉，成为人类进化中永不腐朽的历史界碑。

因而在 25 年这一时间节点上，我们合集再版这套丛书，便不只是为了纪念出版行为本身，更多的则是为了彰显这些著作的不朽，为了向新的时代和新的读者告白：21 世纪不仅需要科学的功利，而且需要科学的审美。

当然，我们深知，并非所有的发现都为人类带来福祉，并非所有的创造都为世界带来安宁。在科学仍在为政治集团和经济集团所利用，甚至垄断的时代，初衷与结果悖反、无辜与有罪并存的科学公案屡见不鲜。对于科学可能带来的负能量，只能由了解科技的公民用群体的意愿抑制和抵消：选择推进人类进化的科学方向，选择造福人类生存的科学发现，是每个现代公民对自己，也是对物种应当肩负的一份责任、应该表达的一种诉求！在这一理解上，我们将科普阅读不仅视为一种个人爱好，而且视为一种公共使命！

牛顿站在苹果树下，在苹果坠落的那一刹那，他的顿悟一定不只包含了对地心引力的推断，而且包含了对苹果与地球、地球与行星、行星与未知宇宙奇妙关系的想象。我相信，那不仅仅是一次枯燥至极的理性推演，而且是一次瑰丽至极的感性审美 ……

如果说，求真与审美，是这套丛书难以评估的价值，那么，极端的智慧与极致的想象，则是这套丛书无法穷尽的魅力！

目录

	001	前言
第 1 章	006	大图景
第 2 章	022	宇宙变迁的代言人
第 3 章	044	另一种爆炸机制
第 4 章	062	爱因斯坦的常数
第 5 章	074	宇宙膨胀
第 6 章	100	现在几点？
第 7 章	135	新泽西夏日
第 8 章	160	学习游泳
第 9 章	185	初识超新星
第 10 章	226	搞定超新星
第 11 章	273	案发现场？
	304	注记
	319	致谢
	321	索引

前言

ix　　　自 1970 年起，我成为观测超新星这一恒星爆炸现象的天文学家中的一员。我希望能了解它们是什么、以什么机制产生，以及它们如何影响宇宙的化学组成。一点意外的奖赏是，这些研究创造了把超新星变成最好的宇宙标尺的方法，让我们得以测量宇宙中的距离。其中，一种超新星来自于太阳这样的恒星死亡后留下的致密遗骸的热核爆炸。这些 Ia 型超新星（SN Ia）成为有用的标准烛光，它们的距离可以从其视亮度中精确地测定出来。就像水手依靠灯塔在大海上判断距离，我们也可以用 Ia 型超新星来测量星系的距离 —— 星系便是宇宙中那些由恒星组成的巨大"风车"和庞大"飞艇"[1]，也就是超新星发生爆炸的地方。[1] 特别有趣的是，测量超新星的距离引出了关于宇宙组成的一幅全新的梦幻图景。在这幅图景中，由空间本身的性质所产生的暗能量主宰了宇宙。

　　　从 1912 年开始，天文学家就在测量星系的运动了。几乎每一个星系都在离我们的银河系远去，这种现象被称作红移。1929 年，埃德温·哈勃将我们到星系的距离和它们的红移联系在了一起，指出遥远

---

1. 指漩涡星系和椭圆星系。—— 译注

星系的退行速度比我们的近邻星系更快。这意味着我们住在一个膨胀中的宇宙里。

　　宇宙膨胀的消息让阿尔伯特·爱因斯坦感到震惊。在此前的 1917 年，当他咨询天文学家时，他们告诉他，宇宙是静态的。他新提出的广义相对论预言的宇宙要么是膨胀的，要么是收缩的。但是理论不能违背事实，即使是错误的事实。爱因斯坦无奈地添加了一个数学常数来修正这个问题 —— 他假设宇宙有一种趋于膨胀的本性，能够平衡引力将物质拉到一起的趋势，而这就是我们现今所谓暗能量的东西。爱因斯坦的"宇宙学常数"项的引入，是为了让宇宙保持静态，就像一个娴熟的自行车车手在起跑线上原地保持平衡一样。所以当 10 年 ˣ 之后爱因斯坦得知哈勃最新的天文观测表明宇宙不是静态的，他立即抛弃了宇宙学常数："这在理论上是不能令人满意的。"[2] 宇宙学常数从严肃的宇宙学讨论中被遗弃了，谁需要这种东西？

　　1990 年，当天文学家正逐渐搞明白宇宙的组成时，我们遇到了一个问题、一个谜团和一个难以克服的困难。这个问题是，宇宙中大部分能产生引力的物质是不可见的；这个谜团是，这些物质没有预期的多；难以克服的困难则是，要让暗物质足够多的话，宇宙的年龄就会比一些天体还要年轻。不可见并不是多么糟糕的事 —— 我们可以通过探测不可见物质的可观测效应来探测它们，即使它们并不发光 —— 就像水手可以通过观察水面上的涟漪来预判一阵风的到来。可见物质掉入了冷暗物质组成的宇宙蛛网，但宇宙中的物质只占我们所偏好的理论对最干净利落的宇宙图景的估计值的三分之一。更糟的是宇宙时标的困难。我们星系中最老的恒星的年龄大约为 120 亿年。

如果宇宙全都是由能产生引力的物质组成的，宇宙膨胀应该随时间越来越慢，根据宇宙膨胀算出来的宇宙年龄应该是大约 100 亿年。在 100 亿年的宇宙中找到 120 亿年的恒星并不会让人相信这是物理世界的真实历史。那这幅图景出了什么错误？这些美好图景上的轻微裂纹，是否预示着大爆炸理论有严重的问题，或者我们漏掉了什么东西？

在过去几年中，一些科学家团队开始使用新仪器、新望远镜，包括哈勃望远镜，来寻找遥远的超新星。这让我们能够测量宇宙膨胀的历史。我们期待测得宇宙膨胀自大爆炸以来是如何减速的。我曾经被囊括进一支这样的团队，一群欢乐的、无法无天的哥们（和一些姐们）组成的"高红移超新星搜寻小组"（high-z supernova search team）。字母 z 是天文学家对红移的简写，这个名字的意思是我们要寻找很高红移、很远距离上那些爆炸的恒星。

1997 年，这项工作还在进行中时，我被邀请到普林斯顿作一系列讲座，这些讲座的内容构成了本书的基础。不过当我回顾过去的讲义，我发现我们在 1997 这一年中几乎没有什么结果可以报告：尽管我们知道问题就在那，而且预见到了如何得到答案，解决这些天文难题的惊人答案却是在那之后很短时间冒出来的。我当时讲了很多关于超新星如何爆炸、如何产生新的化学元素，但并没有怎么讲超新星如何用来测量宇宙的膨胀历史。现在初步结果出来了，我们有了全新的惊人结论，一举解决了 10 年前的那些问题、谜团和困难。

遥远超新星的观测显示，我们并非居住在爱因斯坦以为的静态宇宙中，宇宙也不只是哈勃所说的在膨胀，而是在加速膨胀！我们把这一随时间加速的膨胀归功于一个能产生向外压力的暗能量。在其最简单的形式下，这可以是爱因斯坦的宇宙学常数，那个曾经在 60 年的时间中被视作理论毒草的东西。暗能量补全了理论家想要求索的宇宙质量-能量组分，消除了天体年龄和宇宙当前膨胀速率之间的矛盾，再补之以大爆炸本身留下的漫长余晖的最新测量，构成关于宇宙组成的一幅完美、惊人的图景。

过去 5 年，我们就像是在玩七巧板 —— 完成了拼图的大体框架，滑块快速地各就各位，你几乎能看出还差什么形状。缺失的那个形状可能是最重要的。由暗物质主导的宇宙的存在昭显出，我们对空间的亚微观性质的理解还存在一个认知鸿沟：真空的性质。没有任何其他实验室测量结果和物理理论预言出我们的观测所指示的那么多暗能量。在最小的尺度上理解宇宙的下一步将会是把引力和自然界中其他几种力统一起来。也许在暗能量这一发现的驱动下，以后会有对这个疯狂的宇宙的新理论视野，看起来更加简单和理所当然的新图景。但 [xii] 眼下，解决宇宙加速膨胀之谜仍是一个诱人深入研究的目标。

我们对当前宇宙的画像是疯狂的：它由中微子作为热暗物质；一些不知道是什么的东西作为冷暗物质；大爆炸后 10^{-35} 秒时发生的暴涨；以及宇宙在暴涨年龄的 10^{52} 倍时间后，由暗能量导致的加速膨胀。这比任何人想象的都要疯狂，而这些都是基于从我们所无法看到的东西中找到的证据。我们通过观测大爆炸本身产生的光，以及来自或稳定、或变化、或爆炸的恒星的光，以及来自可观测宇宙边缘的星系的光，构建了这一图景。

　　在世人之前优先体味观察宇宙的新视角, 是本书所将提及的那些辛勤工作的人们独享的快乐。然独乐乐不如众乐乐, 我希望能与你共享这一精彩旅途, 让对宇宙的理解带给你非凡的激动。

第1章
大图景

最初，理解这个宇宙的想法看起来十分荒谬而自大，或者说，这[1]在任何情形下都是遥不可及的，因为这个宇宙并不是以人类的时间和空间尺度为基准形成的。然而，我们现在已经有了一个关于宇宙的历史与演化的物理图景。我们的大脑是如此的简单，我们的生命是如此的短暂，我们的身材是如此的矮小，我们如何能够超越这些限制，来理解这个古老而又广袤的宇宙呢？

我们是如此的短暂，以至于星辰看起来像是一种永恒的存在，但那只是因为我们仅仅是匆匆过客。如果你的生命只有100年，那只是宇宙百亿[1]年龄中的很小一部分。你怎么能期待于看到宇宙变更的洪流呢？拿你的寿命与宇宙的年龄相比，就好像拿你能做到的最长的屏气时间与你的寿命相比一样。事实就是如此：一次呼吸之于你的寿命，就像你的寿命之于宇宙年龄。深呼吸！

宇宙的时间尺度会使我们对于历史不再敏感。整个有记录的人类历史仅仅有10,000年：以100年为一代的话，一共只有100代。当

---

1. 原文误为一亿。——译注

狗决定与人类一同在他们的洞穴中生活的时候，我们迎来了文明的第一缕微光，而巨大的宇宙时间尺度则延伸到 100 万倍之远。在我们的一生中，我们没有任何机会看到宇宙面貌的改变，除了一些极其壮观的特例，比如当一些恒星在超新星爆炸中毁灭自己的时候，尽管我们知道，这种改变的过程一定在进行当中。通过研究超新星的物理性质、形成机制及其在天文学研究上的用途，我们可以追溯宇宙的膨胀历史，直到遥远的过去。

我们又是如此的渺小。地球的尺寸是一个人的 1000 万倍，我们渺小到看不到它的弧度。我们日常印象中的平坦地球是错误的，因为地球不是以我们的尺度为基准形成的，更别说其他更大的天体了。[1] 通常，我们温顺地接受三年级老师所讲的哥伦布环球航行的故事，以此来学习我们的行星的真实形状。更好的方式其实是送人们离开地球的表面来看一眼。宇航员代替我们进行了这个旅行，并且带回了可以展示地球的真实几何形状的照片。球状行星的图像可以打破我们的日常印象，并且将一个球状的地球引入我们的直觉，尽管在此之前我们已经知道这些图像会是什么样的。

后退几步来得到全景的方法对于研究更大尺度的天文目标的效果不佳。就像一片在干酪中滋滋作响的意大利烤香肠很难看到整个比萨，我们也很难看到太阳所处星系的扁平状星系盘。我们看不到银河系形状的全貌，我们无法后退。

我们的宇宙中包含了银河系和 1000 亿个相似的系统，对于我们来说，想象宇宙的形状甚至更加困难：我们不可能跳出宇宙来看全景。

　　我们如何才能超越这些限制来得到宇宙的图像？尽管我们的头脑很简单，我们的生命很短暂，我们的日常印象看起来会确信无疑地引我们走入迷途，但是我们还不至于完全绝望。因为问题的关键不在于我们大脑的尺寸，而在于拥有正确的观念。在过去的 500 年中我们开始解开谜团，关于我们在哪以及一切如何运转。

　　人类开始利用想象力去探索各种可能性。在德国过去的 10 马克纸币上，印着数学王子卡尔·弗里德里希·高斯的头像，现在它已经被欧元取代。他的公民服务工作是领导位于哥廷根的天文台。天文学家每天都会提及他的名字，使用他的钟形曲线来估计每一个天文事件的影响，从计算太阳系中天体的运动，到示踪热大爆炸的热流产生的气泡状变化。[2]

3

　　图 1.1　位于智利托洛洛山（Cerro Tololo）的 4 米口径维克托和贝蒂·布兰科望远镜，在银河系背景下显出轮廓。1917 年，当爱因斯坦第一次从整体上考虑引力对于宇宙的作用时，天文学家仍然认为银河系是整个宇宙。今天，我们认为它是 1000 亿相似系统中的一员。大小麦哲伦星云在图像的左侧。罗格·史密斯 /NOAO/ AURA/ NSF 摄制。

19 世纪 20 年代，高斯提出了弯曲空间的概念。19 世纪 50 年代，这个理论由他在哥廷根的优秀的学生兼同事，伯恩哈德·黎曼，进行了进一步的发展。作为一个数学家，黎曼没有局限于思考像沙滩球表面的那种二维空间，而是研究了三维、四维，甚至更高维的数学空间的曲度的一般性质。

1915 年，阿尔伯特·爱因斯坦用这些弯曲空间的概念建立了一个新的引力理论。在爱因斯坦的广义相对论中，物质和能量的存在会扭曲四维时空，并且影响光在宇宙中传播的路径。数学家们按照他们自己的逻辑发展而来的数学正好是爱因斯坦描述物理世界所需的工具。太阳系很小，这里的引力也很弱，所以弯曲的空间只在太阳系造成了很小的不同，就像地球的曲度只对棒球场的铺设造成了很小的不同一样。但是在宇宙尺度上的空间曲度是很重要的。爱因斯坦的广义相对论描述了质量和能量弯曲宇宙的方式，以及宇宙中的物质是如何在可以想象的最大尺度上使它膨胀或者坍缩的。通过使用爆炸的恒星、大爆炸的余温，以及几个世纪以来所发展的强有力的物理理论系统，现在我们有了对于宇宙的历史和几何模型的最初一瞥。

任何人都不必以一己之力来构建我们的宇宙图景：科学使得我们可以累积从前的优秀大脑的理论，比如高斯和爱因斯坦，并且与现在的其他人合作或者竞争，利用快速发展的技术来仔细研究海量的数据。从莎士比亚、莫扎特或者伦勃朗的时期到现在，文化的其他方面有可能获得了发展，也可能没有，但是我们最为肯定的是，如今的科学是一定超过之前几个世纪，甚至可以说是之前几十年的。我们可以使用过去的每一个优秀的理论和测量方法，因为科学家会将他们的发现发

图 1.2　10 马克纸币上的卡尔·弗里德里希·高斯头像。高斯在预测轨道上取得了初步成功，并且成为了哥廷根天文台的台长。高斯肩膀上方隐约出现的钟形概率曲线描述了碰巧得到一个不同于真实结果的实验结果的可能性。当天文学家引用带有不确定范围的宇宙年龄，或者这些数据暗示着宇宙学常数这一古怪之处，他们就会使用高斯的理论。

表在经过认真筛选的期刊上。我们可以使用敏锐的新工具，比如哈勃空间望远镜（Hubble Space Telescope，HST）、大型电子照相机，以及强大的计算机来进行如今的科学探索。通过这种方式，如今的普通人都或多或少地可以进行比伽利略、牛顿或者哈勃所能够实现的更好的测量。如果这样我们还不能在研究宇宙的历史上取得进步，我们真的会变成很无聊的天文学家。

因为地球上的物理学定律在遥远的地方仍然有效，所以我们能够解码这个宇宙。在圣克鲁斯的木板路上加速一个过山车（和车上激动的乘客）的引力，正是万有引力的局部形式，万有引力使得行星和小行星始终在它们的轨道上运行，控制恒星围绕星团和星系运转，并且决定宇宙是否会永远膨胀下去。钙原子，无论是在我们的股骨上，还是在太阳的大气中，或者在遥远星系中的恒星大气中的钙，都是在精确地遵循着同样的量子力学定律的电力的作用下不可改变的单位。在嗡嗡作响的望远镜控制室中，荧光灯里的原子发射或者吸收光子的方式，与同种原子在爆炸的恒星中所表现的完全一样。通过用望远镜收集恒星发出的光，然后优雅地将它分解为光谱，我们就可以辨别出恒星的化学元素组成和运动方式。地球上的粒子加速器发现了一些人们不那么熟悉的物理定律，它们作用于弱力和强力，揭示了亚原子粒子的组成，以及它们推拉彼此的方式。这些物理定律加上人类的想象和天文观测的指导，可以告诉我们恒星发光的机制和超新星爆发的原因，并且可以解释一个膨胀中的热宇宙所留下的关于其历史的线索。

除去这些成果之外，人类的想象力其实是很羸弱的。这个宇宙比我们想象中还要疯狂：我们一直在低估它真实的疯狂程度。所以天文学并不完全是一门测试物理理论的思想预测的实验科学。天文学是一门由发现驱动的科学，鉴于我们观测的目标甚至比最无拘束的思想者能够预测的还要奇异古怪。在物理效应比较简单的地方，天文学就像物理学。比如，热大爆炸的余迹仍然能在各个方向被探测到，以我们称之为宇宙微波背景辐射的微弱射电信号的形式。对这个背景辐射的预测和测量可以精确地测试热大爆炸的简单物理学。但是，当这个现象有太多的位移项而不再适合简单的分析的时候，天文观测就占据了主导。当宇宙变得更加复杂的时候，物质形成恒星，它变得不再那么容易预测，而且有趣很多。恒星在热核冲击波中爆炸的具体机制仍然没有被完全理解，即使是最不羁的大脑也无法做出预测。尽管我们已经看到了10亿倍太阳光度的恒星爆炸事件。我们仍然不能计算热核的火焰摧毁一颗恒星的具体过程，但是这并不代表我们无法足够好地测量超新星的性质，以将它们作为测量宇宙大小的标尺。天文学家已经习惯于用破碎的、不详尽的、非直接的证据来建立模型。通常我们无法在地球上进行可控的实验来检验天文理论，但是我们可以将观测得来的足够多的证据聚集起来，来看看我们是否在正确的道路上。

大部分天文方向是将已知的物理定律应用到天文背景中，但是还有一些天文测量可以揭示这个世界的基本性质：物质和能量的行为之下的物理规则。天文目标可以创造我们在地球实验室中无法重现的环境。

通过天文观测我们发现了这个世界的一个基本的物理性质，那就是光速的有限性。1676 年，戴恩·奥勒·罗默正在巴黎工作，对木星的卫星进行观测。这些卫星躲在木星后面所形成的卫星食现象是可以预测的，但是这些测量有一些恼人的季节性误差。罗默在巴黎天文台有一个可靠的钟表，放置在稳定的地板上。他注意到当地球在环绕太阳的轨道上趋近木星的月份，卫星食现象会提前一点，在一年的其他时间，当地球远离木星的时候，卫星食会变晚。罗默推断道，这个现象说明光线穿过地球公转轨道的半径需要花费一些时间。他测量出这个时间延迟为大约 16 分钟。在罗默的时代，这种对于极其重要的物理现象 —— 光速的有限速度的基本测量，只能通过天文观测来实现。光传播 1 英尺所需的时间是 1 纳秒，也就是 1 秒的十亿分之一。[3] 在摆钟的时代，没有任何实验装置有能力在室内距离下测量如此短的时间间隔。直到 1850 年，斐索在同一个天文台建立了一个带有快速旋转镜片的天才的光学仪器，光速才在地球上得到测量。之后，与空虚的空间本身相关的能量和压力（至少在 2002 年之前）仍然没有被任何实验探测到，也不是任何系统而完善的物理理论的自然结论。这个基本的性质仅仅在遥远超新星的观测中得到了体现，而这些观测揭示了宇宙的加速膨胀，这也是这个工作变得如此激动人心的原因之一。

光线的惰性给了天文学一个历史学的途径来检验过去，就像在地理学中那样。我们从未见过事物现在的样子。我们看到的总是光线离开的那刻事物的样子。对于一个房间里面的物体来说，这个时间大概是几纳秒之前。基于在地球表面的经验，我们可以近似地认为事物就是我们看到的那样。但是在天文尺度下，光线旅行所用的时间效应是非常重要的。这些效应允许我们超越自己短暂的生命，去观测宇宙在很长的宇宙时间尺度下是如何变化的。毫不夸张地说，光线旅行的时间将望远镜变成了一个时间机器。[4] 透过空间，我们看到的不是一个凝固的瞬间，"现在"，而是一个时空的切片：在近邻宇宙我们看到的是现在，而当我们看向远方的时候，我们看到的是过去。通过对过去的直接观测，我们可以追溯宇宙的历史，这仅仅受限于我们的仪器的能力。

到目前为止，我们还没有办法看到未来，但是我们可以使用对过去的直接测量，以及我们对于事物运作原理的物理理解来预测未来。恒星不能预测我们的未来，而我们却能基于对维持恒星发光的原子核尺度的事件的坚实掌握，来预测恒星的未来。对于恒星，这些预测是可以被检验的，因为我们可以观测到不同年龄的恒星，从而了解它们的生命循环，从诞生到成熟再到或安静或猛烈的死亡。

光线的有限速度被写成了天文学的语言 —— 我们使用"光年"这一单位来代表光在一年中旅行的距离。[5] 光线从一颗 100 光年外的恒星发出，到达地球的时间恰好是一个世纪。今晚你就可以出去走走，看看那些在你父母出生之前就发出光线的恒星。至今为止观测到的最远的超新星的光携带着宇宙在过去 100 亿年中膨胀过程的信息，这大约是大爆炸至今的总时间的三分之二。测量从如此遥远的恒星发出来的光并不容易 —— 天空很明亮，而恒星很暗淡，而且还有很多稍不留神就会遇到的陷阱。但是拼凑起一个完整的宇宙图景的回报也是巨大的。

1917 年，当爱因斯坦开始将他刚刚发明的引力的几何学解释与宇宙联系起来的时候，天文学家仍然认为银河系中的恒星就是宇宙中的全部物质。现在我们知道，银河系并不是整个宇宙，而只是它的很小一部分。恒星形成于庞大的星系，这些星系每个都包含一千亿个像太阳一样的恒星，是我们能够看到的示踪宇宙的隐藏性质的单元。

太阳位于银河系的其中一个靠外的旋臂上，距离中心大约 20,000 光年。我们在夜晚能看到的所有恒星都位于银河系内，它们中的很大一部分位于那条城市居民永远看不到的微弱的扁平光带上。星系的尺度如此庞大，这说明很多里程碑式的事件已经在此发生，但是我们仍然毫无察觉，因为这些新闻还没有抵达地球。安德鲁·杰克逊 —— "老山胡桃"，赢得了 1815 年的新奥尔良之战，在和英国人于比利时的根特签订和平条约的 15 天之后。消息传到他那里需要时间，所以他就坚持作战一直到听到这个新闻。银河系中超新星爆发的闪光以光速传播，但是信息经过遥远的距离时也有同样的延迟：银河系中有很多已经发生但是我们还未见其光芒的超新星爆发。在类似于银河[9]系的星系中，超新星每 100 年左右的时间爆发一次。由于来自超新星的光线可能需要 20,000 年才能运行到我们这里，我们星系中成百上千的超新星的光此时正在向我们传来，每一个超新星的闪光都是一个增长的球层，以光速向外扩散，就像一条鱼在微光中跃起之时在平静的池塘中激起的涟漪。会不会有一道这样的微波在今晚卷上我们的水岸呢？我们能否像第谷·布拉赫 —— 望远镜发明之前世界上最后一个伟大的观测者，在 1572 年那样，看到一个位于我们本星系的超新星？我们不知道。我们无从知晓，因为没有任何信息可以超越光速来给我们一个预警。最后一个非常明亮的超新星于 1987 年被观测到 —— 不是在我们的星系，而是在我们南方的近邻星系，大麦哲伦星云。对于我个人而言，我已经为下一个超新星做好了准备。

图 1.3　1917 年，爱因斯坦被告知银河系就是整个宇宙。对于很大的物体来说，将其中一部分错误地当成全部是很常见的。版权归属于 2002 年 cartoonbank.com 上的纽约客系列。保留一切权利。

与恒星之间的距离相比，单个恒星显得十分渺小，但是星系本身相比它们的距离来说并不是很小。如果我们想象这样一个实际比例的模型，其中类似太阳的恒星的大小与豌豆相当，近邻的恒星就会在 100 英里以外。由于恒星相对它们之间的距离而言显得过于渺小，它们极少发生碰撞，我们的星系看起来像是一个有着黑色天空的无边无际的所在。但是星系之间的距离，尽管比恒星之间的距离大 100 万倍，与星系本身相比并不显得那么庞大。如果我们把自己的星系想象成一个餐盘，那么距离我们最近的较大近邻星系，仙女座大星云（也被称为 M31，命名于它在梅西耶的延展天体表的位置），会在仅仅 10 英尺之外，在比尔叔叔铺下的感恩节桌布的另外一端。当星系在它们之间的引力牵拉的作用下移动时，它们之间的碰撞和可能的融合现象并不罕见。但是星系经历的是一种奇怪的碰撞类型，与两个盘子在调味汁瓶附近撞碎的情况非常不同，因为组成每个星系的单个恒星仍然很难撞到彼此。在 50 亿年内，我们所居住的银河系和 M31 将会发生碰撞，现在 M31 在略微超过 200 万光年的距离之外，正在朝我们运行。单独的恒星会错过彼此，就像两群交错的蜜蜂。

图 1.4　星系对 NGC 2207 和 IC 2163。星系之间的距离与星系尺寸相比并不总是很大。这两个星系正在发生碰撞。注意一个星系发出的光被另一个星系中的尘埃带吸收的现象。版权归属于美国国家航天局和哈勃传承计划 [空间望远镜研究所 / 大学天文研究联合组织 (STScI/AURA)]。

　　星系分布在整个可观测宇宙，它们之间的典型距离为几百万光年。星系是非常合群的，它们组成了松散的星系群以及密集的星系团，星系在这里挤在一起，留下了几亿光年的星系稀少的巨大空隙。银河系

¹¹ 在一个我们称之为本星系群的小星系群中，其中包含了大小麦哲伦星云，M31和M33（另一个近邻的漩涡星系），还有一些其他星系。距离我们最近的中等大小的星系团在处女星座的方向，因此被称为处女座星团。从哈勃空间望远镜观测到的这些星系中的恒星的可见光度，我们可以判断室女座星团的距离为大约5000万光年。在一个天空足够黑暗的台址，一架小望远镜就可以毫不困难地观测到这些星系，以及更遥远的星系，当那些星系的光线发出的时候，恐龙仍然漫步在地球上。

图 1.5　近邻漩涡星系 M31。M31 是本星系群的一部分。20 世纪 20 年代，哈勃在这个漩涡星系中观测到单个的造父变星，并指出它太远了所以不可能是银河系的一部分，必定是一个像银河系一样大的遥远系统。版权归属于 P. 查利斯，哈佛 - 史密松天体物理中心，来自数据巡天。

迄今为止我们的观测极限是"哈勃深场"的图像，这些图像在 1995 年底由哈勃空间望远镜拍摄，由 342 张跨越 10 天拍摄的图像叠加而成。在这些时间里，哈勃始终盯着北方天空的一个非常小的空白

点，生成了我们有史以来最深的图像。哈勃在地球大气层之上的轨道 ¹²
中，所以它可以产生不被时时变化的大气所模糊的图像。但是它是一
个相对较小的望远镜，仅仅有最大地基仪器的面积的 1/16，所以这个
空间望远镜要花费很长一段时间来收集暗弱遥远的星系发出的光。基
本上哈勃深场中的所有东西都是星系。前景星系与背景星系相互重叠、
摩肩接踵。哈勃深场是现今科技能够做到的成像极限，它将我们带回
了宇宙历史上可以碰触到的最深的一层，回溯到了大爆炸之后的 20
亿年之内。

图 1.6　哈勃深场。由 1995 年底拍摄的 342 张图像合成而成，哈勃深场代表了
现今观测暗弱、遥远、年轻的目标的方法的极限。基本上图中所有的点和模糊处都是
一个星系，最远的那些的光线要运行 120 亿年才能到达我们这里。版权归属于 R. 威
廉斯 /NASA/STScl/AURA。

　　我仍然可以回忆起我 12 岁那年，当我看完那本又大又厚的《夏
洛克·福尔摩斯全集》的时候，我感受到一阵突然袭来的巨大失望感。

13　当福尔摩斯走下莱辛巴赫瀑布，迎接他与莫里亚蒂的致命相遇的时候，我为这个华生医生（和我）见过的最出色最智慧之人的死亡，感受到一种孩子气的悲伤。但是更糟的是这种感觉："这一切就这样了吗？"

以一种比较有趣的方式，哈勃深场引发了一点相同的感觉。就是这样了吗？这就是我们能看到的最远的地方了吗？因为我们有足够的理由认为这个宇宙的年龄大约为140亿年，所以我们能看到的最远的物体在140亿年前发出它的光芒。换句话说，自大爆炸以来时间的有限性和光速的有限性给我们对宇宙的直接认知施加了一个天然的限制——我们可以观测到的区域的半径只有140亿光年。哈勃深场中的一些目标是在120亿年前发出的光。所以，就是这样了吗？我们是否已经触碰到了知识的边缘（或者至少知识边缘的12/14）？

同样地，居住在这样一个小而狭窄的宇宙中有一点拥挤。星系之间的典型距离是几百万光年，如果每个星系都是节日桌上餐盘的大小，那么我们就会居住在一个在各个方向都只有20英里的可观测宇宙中。可观测宇宙看起来更像拥挤的中国香港，而不是苍穹之州蒙大拿。

《夏洛克·福尔摩斯全集》还有另一本3英寸厚的书，但是我还没有看。这应该是一个暗示，柯南·道尔可能会大发慈悲，我们可能可以欣赏到更多的夏洛克的故事。同样地，一个转瞬即逝的想法表明，在宇宙这本书中我们还有很多内容没有阅读。哈勃深场图像是在一个比人眼能看到的更宽的颜色范围中拍摄的。但是当我们向更深处看去，看向更多遥远的星系和超新星，也就是在宇宙时间中更早的时刻，从宇宙中第一代天体发出的光芒会被宇宙的膨胀更多地拉扯，直到超出哈勃空间望远镜的观测范围，进入到红外波段。

这就像我们在一场电影中迟到了。我讨厌这种感觉。我们已经错过了片头曲和所有重要的开头场景中最关键的信息 —— 在宇宙中，这些是膨胀的起源、由氦引起的冷却、最早期天体的形成、最早的恒星的爆炸以及化学变化的开始，是它们造就了我们所居住的这个富饶而又富有变化的世界，包括我们身体中的碳、氧、钙和铁。太多的事情甚至发生在我们能寄希望于用光学仪器观测到的过去之前，这些仪器运行于我们的眼睛所工作的可见光波段，在这个波段地球的大气是透明的，也是在这个波段哈勃空间望远镜完成了它的大部分工作。[14]

哈勃空间望远镜并没有用正确的方式来观测早期宇宙的天体初光。如果我们想看到开场片段，我们需要建造一个类似于哈勃的望远镜，但是工作于更宽的波段，在红外波段：下一代空间望远镜。而我们确实这样做了。

如果我们想看到大爆炸本身的闪光，我们需要观测更长波长的光，我们的任何感官都不能在这些射电波段工作。从 1965 年开始，我们也在做这些工作了。但是大部分宇宙是不可见的，甚至对于我们的所有技术来说都是这样。我们知道它在这里，因为我们可以看到它的效应，但是我们不能直接测量它。我们看到的宇宙被我们看不到的宇宙所控制：暗物质完全不像组成我们身体的质子和中子，暗能量在宇宙的失控膨胀中显示出它自己的神秘。

通过天文观测和物理理论，我们能够建立一个相关的宇宙图景。

两者都是艰难的工作，有过很多错误的探索、长时间的苦工以及短暂的兴奋火花。科学不是一部浩如烟海的百科全书，它是一个微弱的理性的火焰，跨越愚昧的宽敞水面而不息地燃烧着。我们也许是短暂而渺小的，但是我们足够幸运，能够生于这个技术进步为人类关于宇宙的前世今生的老问题带来新启发的时刻。超新星是我们探究的途径，暗能量是我们的猎物。游戏正在进行！

第 2 章
宇宙变迁的代言人

彼得·查利斯是个拥有熊一样体格的男人。他坐在位于智利拉塞 [15]
雷纳的托洛洛山美洲际天文台总部的空调电脑房里，这是彼得第三天
穿着他的"天体物理中心"的 T 恤衫、工装裤和运动鞋。他看起来像
刚刚走出安阿伯垒球场一样。傍晚时分，海滨小城的灯光在山脚下闪
烁。彼得没有向外看。他的注意力被电脑屏幕锁定了。他正在对他所
看到的东西作出判断。

"垃圾。"
"噪声。"
"双星。"

彼得正在遥远星系的图像中进行筛选，像采矿者在沙盘中寻找黄
金的闪光一般仔细地寻找着超新星。布赖恩·施密特的给力软件已经
选出了候选者，但是并不是所有的候选者都是真正的恒星，甚至大部
分都不是 —— 差不多只有十分之一。必须要有人从碎石堆里挑出这
些金子，那个人就是彼得。彼得的压力很大，因为他代表的高红移组
现在就需要一些超新星。亚历克斯·菲利彭科正在飞机上，从伯克利
飞往夏威夷以使用凯克望远镜进行明晚的观测。如果到时候没有合适

的观测目标，他会崩溃的。我已经保证会在周二之前提供一些超新星的位置给太空望远镜科学研究所的控制中心，时间仅仅剩下 60 个小时了。他们会按照原计划的时间进行观测，但是如果彼得没能在那之前找到一些超新星，这个世界上最贵的望远镜将会把观测时间浪费在一些没有超新星的视场。布鲁诺·雷奔德古特拥有一个属于欧洲南方天文台（European Southern Observatory）、位于智利北部的 8 米口径大望远镜，22 小时之后就会开始观测。如果我们没有超新星的话他的观测将会变得索然无味。

一个小时之后，彼得的坚持不懈推进了我们的事业。

"太好了！我们找到了一个！"

在机房单调的日光灯下，彼得的同事们在他们的电脑屏幕上简单地查看了一下。

"你去买下一个比萨。"尼克·桑泽夫说。

找到一个超新星很好，但是他们需要在早晨之前找到另外三个。找到它们的唯一方式就是整晚坚持。前一个晚上的图像是正在硬盘中旋转的上千兆字节，充满了错误的警报和仅有的几个真正的珍品。

彼得仍然在继续寻找。

这个宇宙随着时间的变化非常缓慢，以至于询问祖母的童年记忆并不能帮助我们理解恒星的年龄、重元素的累积或者宇宙的膨胀。超新星爆发则是一个例外。这些剧烈的事件发生于人类的时间尺度中的几天、几个月、几年。但是即使我们无法更清晰地看到宇宙的变化，就像蜉蝣无法清晰地看到红杉树的岁月变迁，整个宇宙仍然在发生改变。在微观尺度下，组成宇宙中的恒星和气体的原子随着时间的推移而变得更加复杂，因为恒星通过将较轻的元素聚变成较重的元素来维持它们的灿烂星光。当恒星作为超新星而爆炸的时候，它的残骸会将核聚变的新鲜产物排出到恒星际的气体中。

在大尺度下，星系标记了宇宙的膨胀。彼得·查利斯正在寻找其证据 —— 他正在寻找宇宙中距离适中的超新星，来检验从这些遥远的爆炸发出光线开始，宇宙的膨胀是如何变化的。超新星可以很好地测量宇宙尺度下的距离，但是我们不想使用一个我们不能理解的标尺。很长一段时间以来，彼得所在的团队都在尝试理解超新星的物理性质和运行机制。这些研究的根源恰恰可以回溯到现代天文学的开端。 17

我们怎样才能知道一颗遥远恒星的碎片中包含着哪些原子？我们怎样才能了解宇宙中天体的运行规律？现在这些已经是常规的处理过程了，但是在 1835 年，权威们还认为这些事情是不可知的。法国哲学家奥古斯特·孔特宣称道：

> 对于恒星这个话题，所有不能最终转化为简单的可
> 视观测的研究都是 …… 必定不能为我们所了解的。即便
> 我们可以设想确定它们的形状、大小和运动规律的可能
> 性，我们也将永远无法用任何方式来研究它们的化学成

分……我认为任何有关各种恒星的真实平均温度的概念都是永远不能被我们所知的。[1]

科学家喜欢引用孔特的话，因为就在他发表这些言论的时候，恒星的化学性质和温度成为天文学所掌握的知识。孔特显示了宣称物理世界的一些方面超出了人类的理解范围是有风险的。不可知的空间进一步缩小了。在 19 世纪，这个正在缩小的领域是恒星的性质，在 20 世纪，这个正在缩小的领域是宇宙的大尺度性质，如今，这个正在缩小的领域则涉及宇宙的最初和最终时刻，及其真实的组成成分，这些问题从对这个观测的世界的纯粹思索中浮现。

从 1704 年牛顿发表他的著作《光学》开始，物理学家已经清楚如何分解光线，也就是使用棱镜来从白光中分解出彩虹。1814 年，夫琅和费，一个慕尼黑的光学仪器制造商，使用了一个比牛顿的更加优雅的分光镜，发现了阳光的光谱并不是一个从蓝色到红色的连续的彩虹。在光谱中有一些狭窄的缝隙 —— 彩虹中遗失的颜色。没有光的地方包含着揭示宇宙化学组成的关键。天文学家就像侦探一样收集证据，来建立一个过去事件的图景。光谱就是识别元素所需的指纹。

18　　　光谱或者光栅可以将恒星发出的光分散成彩虹的色彩。科学家的工作就是拍下这些美丽的图景并转化为图像。我们画出每个颜色（或者波长）的光的强度。牛顿没有看到光谱中的暗线或者缝隙，但是夫琅和费看到了。恒星光谱中的暗线成为图像中的深沟，而明亮的线则是画出的光谱上尖锐的峰值。例如，如果拿元素钙来说 —— 它存在于粉笔、奶酪和骨骼中 —— 像本生在他的燃烧器中所做的那样将它加热，它会在特定的波长下发光。如果我们看到了这些发射线，我们就知道观测到了钙原子。

就像在一只狗的夜间探索活动中那样，通过关注光谱中什么都没有的地方，我们揭开了遥远恒星化学性质的神秘面纱。[2] 恒星大气中的钙原子吸收光线的波段恰恰就是地基实验室中的钙原子发光的波段。光谱学使得我们可以跨越光年的距离来测量遥远天体的化学成分。

对恒星进行光谱分析开始于 19 世纪 50 年代，这在天文学中引发了一场巨变。为了夺得这个理论，由美国天文协会于 1899 年发起的新期刊被叫作《天体物理学》—— 在 1899 年，"天体物理学"指的正是光谱分析学在天文学中的应用。如今，"天体物理学"仅仅是天文学的一个更加令人生畏的同义词 —— 如果在飞机上你的邻座是一个话多的陌生人，而你不想聊天，你就告诉他你是个天体物理学家，这通常能让他闭嘴。如果这个方法不管用，你就告诉他你是个物理学家。这总是能终止谈话。另一方面，如果你感觉非常健谈想要聊天，你就告诉他你是一个天文学家。"噢，真的吗，一个天文学家？我是个狮子座。"

亚原子世界是颗粒状的，以一种与日常世界十分不同的方式。在靠近一个带正电的原子核的地方，电子的能量被限制于特定的离散值。这就像一部电梯 —— 我们可以在楼层之间升降，却不能停在中间。电子在相当于楼层的定态之间进行量子跃迁。原子的光谱就是由这些定态之间的能量间隔决定的 —— 一个氢原子只能吸收或发射能量为 19

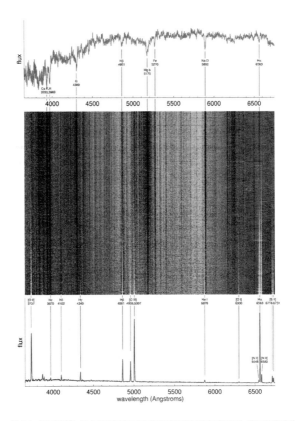

图 2.1　星系光谱。天文学家拍摄星系的光并且将其分解成彩虹。然后他们建立像顶端和底部所展示的那样的图像。彩虹上部分的星系光谱中含有吸收线，而接近底部的含有来自气体云的发射线，在气体云中原子被恒星发出的紫外线所激发。版权归属于芭芭拉·卡特，哈佛 - 史密松天体物理中心。

两个能级能量差的光子。观测到的恒星光谱就取决于这些微小系统的内秉机制。

　　通过对原子结构的理解和对量子力学中违反直觉的规则的掌握，天体物理学家中的先驱者将汇编成庞杂目录的天文光谱学的经验主义世界，转化为分析物理学宇宙的有力工具。

　　这并不仅仅是定性的知识，同时也是定量的。我们知道在典型的 [20]
恒星大气中每种元素的含量。最简单的元素，氢和氦，是目前为止含
量最丰富的。除此之外最丰富的元素，碳和氧，要少 10,000 倍，并
且比氦重的元素加起来只占恒星总质量的 1%。在遥远的过去，复杂
的原子甚至更加稀少 —— 随着时间的推移，宇宙中的重元素会变得
越来越丰富。像太阳那样的第二代和第三代恒星都从它们的祖先那里
继承了传家的银子。同样也有传家的碳、钙和铁。

　　恒星就像气态球，在恒星内部来自热气体的向外的压力平衡了
引力向内的拉力。恒星从它的表面发射光线，同时其内部的能量必须
保持平衡。如果一颗恒星没能补充它所辐射出去的能量，它就会开始
收缩，然后在短短一亿年内走向终结。在 19 世纪中叶，这个冷却时
间，100,000,000 年，曾经是约定俗成的太阳年龄。当开尔文勋爵，
一个杰出的理论物理学家，于 1862 年清楚地表达了这个有限太阳年
龄的论点之后，这个理论是如此的清晰有力，以至于它威胁到了查尔
斯·达尔文。[3]

　　首版《物种起源》根据地理侵蚀现象估计了地球的年龄，大约为
300,000,000 年。由于他对理论物理的力量充满敬畏，而这个过长
的时间尺度和太阳的年龄并不相符。在接下来的几版中，达尔文忽略
了对于时间尺度的讨论，使得这个严肃的问题悬而未决。他提出的自
然选择有足够的时间来运行吗？基础物理的理论总是会以一种庄重
的权威口吻响亮地提出，而且开尔文勋爵的宣言绝对不是这个现象出

现的最后场合。但是开尔文勋爵所无法知道的是，就在 20 世纪初发现的亚原子世界提供了一个可靠的时钟，使得我们既可以测量地球的年龄，又可以得知恒星能量的稳定来源。

我们现在已经知道，地球的年龄远远超过了开尔文勋爵所宣称的，或者达尔文从地形的磨损中所估计的数值。我们的时钟是岩石中放射性衰变产物的积累，在这一过程中一种原子核会变成另外一种，非常缓慢但是极其稳定。核力比决定山的高度和棒球弹性的电力强得多。即使温度或者压强的极端变化也不会影响原子核中质子和中子之间的转变率。当一个核子在放射性衰变中发射亚原子粒子的时候，它就会变成另一种元素。放射性轴元素成为最稳定的起始元素。从母元素和子元素的相对丰度中，我们可以积累证据来证明地球和太阳系的年龄大约为 50 亿年。达尔文可以从他的重压之下解脱出来了。自然选择有了足够的时间来运作。从沉积岩中的化石记录中我们可以得知，生命从 30 亿年前开始以单细胞的形式缓慢演化，然后在 600,000,000 年前开始迅速成长 —— 太阳稳定发光的时间远远长于开尔文勋爵所假设的年龄。而这也是一件好事，因为地球上的复杂生命需要更长的时间来演化。

20 世纪 20 年代，天文学家对太阳的能量来源进行了猜测，但是他们对恒星寿命的估计因为仍处于初级阶段的原子物理而很不完善。太阳的能量来源是恒星炽热而致密的核心中的核聚变反应。但是这是一个稳定的转化链。在太阳的核心深处，许多步核聚变反应将四个氢元素的原子核转化成一个氦原子核。由于太阳主要是由氢组成的，所以用于聚变的燃料十分丰富。与普通的反应不同的是，组装好的氦的质量比原料的总质量要小。这一平衡体现为与一个众所周知（但是没有那么广泛地被理解）的方程 $E = mc^2$ 相联系的能量。

更加定量地说，聚变 4.000 千克的氢可以产生 3.972 千克的氦。爱因斯坦的方程显示，消失的 0.028 千克的质量以 c^2 的比率被转化成了能量。因为 c 的数值很大，c^2 更是一个极其大的数值（每千克的质量可以释放出 10^{17} 焦耳的能量），所以核聚变释放的能量大到不可思议。按照如今的电力市价，纯能量的价格为每千克 10 亿美元。普通的化学反应只是对原子外面的电子部分进行重新安排，这些电子被原子核通过电力束缚着。蜡烛燃烧释放的能量从根本上来自于电力。但是核反应则是对比原子小 10,000 倍的原子核中的质子和中子的重新安排。核力作用于更小的尺度，却更加强大：原子核变化释放的能量一般为化学反应的 100 万倍。 [22]

现在天文学家理解了太阳的结构和组成，也知道了核聚变是如何产生能量的，我们终于可以对太阳的未来进行预测了。我们使用与开尔文勋爵当年一样的权威声音来宣布，但是这一次我们的理解更加充分。太阳有丰富的氢原料供应，可以进行另外 50 亿年的稳定燃烧。这为长期财产投资的期限提供了一个十分有用的上限。

最终，氢核聚变的尘埃——氦核，累积起来开始改变恒星的结构。因为核聚变反应将四个氢核合成为一个氦核，所以在恒星核心中游荡、提供气体压以抵抗引力的粒子变少了。恒星需要平衡使其膨胀或收缩的内部作用力。在太阳形成的 100 亿年之后，也就是从现在开始的 50 亿年后，它就会进行调整以变成明亮但是较冷的红巨星，它的直径会比现在大 100 倍。从地球上看去，太阳就会覆盖几乎一半的天空。太阳绚丽的晚年不会成为一个适宜地球人生活的时期，如果到了 50 亿年之后还有地球人的话。因为地球会被加热，剩下的海洋将会沸腾，首先将所有的龙虾煮熟，然后融化岩石，最后使得我们最喜欢的行星全部蒸发。

太阳的哥哥们，那些在银河系的历史上与太阳相似但是形成较早的恒星，已经有足够的时间来变成红巨星。我们可以在球状星团中看到比一个太阳质量稍小的红巨星，这些银河系中的巨大星团拥有 100,000 个恒星，其中的所有恒星都有着非常接近的年龄。基于我们

图 2.2　球状星团 NGC 6093。一个球状星团中包含了几千颗在银河系历史早期同时形成的恒星。通过测量最近变为红巨星的恒星的性质（在彩色图像中可见的星团中淡红色的明亮恒星），我们可以揭示星团的年龄。最年老的球状星团的年龄为 120 ± 10 亿年。版权归属于美国航空航天局和哈勃传承计划（空间望远镜研究所 / 大学天文研究联合组织）。

对恒星中聚变的时间尺度的理解，这些球状星团中的恒星大概有 120 亿年的年龄。球状星团中的恒星就在那个时间形成于我们星系中的弥散气体。它们的光谱为从它们形成以来银河系的化学改变提供了证据。银河系中年老恒星的铁元素丰度只有太阳的大约 1/100，或者在极端 23 情况下 1/1000。从大约 120 亿年前第一代球状星团恒星的形成，到 50 亿年前太阳的形成，这个时间段内发生了一些重要的事件。银河系从一开始的贫血状态，到现在富含铁元素以及其他所有重于氦的元素。

　　球状星团中的红巨星并没有生产日期的标记，但是恒星年龄鉴定艺术的从业者们认为，对我们星系中最古老恒星的年龄的测量精度大约为 10 亿年。他们会很愿意用两美元和你赌一美元，赌这些恒星的年龄在 10 亿年之内。那是一个 1σ（一个希腊西格玛）的结果。基于数学家卡尔·弗里德里希·高斯提出的钟形概率曲线，研究球状星团 24 的学生会乐意以 20 比 1 来打赌，这些恒星的年龄在 2σ，也就是 20 亿年之内。高斯曾对随机实验中得到一个错误结果的可能性进行评估。小概率事件有可能发生，但是它们不会非常频繁地发生。高斯告诉球状星团专家们，他们应该乐意以 370 比 1 来打赌他们在 3σ，也就是 30 亿年内是正确的。如果你相信高斯统计学，你会很乐意以你的金鱼（4σ）、你的房子（5σ），或者你的狗（6σ）来打赌。在天文学中，知道测量中的不确定性可以与知道测量值本身一样重要，因为它能告诉你可以在多大程度上信任你的结果。对于重要的测量，我们会尝试给出测量值和 1σ 误差。但是没有人会真的足够信任统计学到拿他们的牛头梗来冒险的程度！对于最老的恒星的年龄，我们写作 120 ± 10 亿年，这里的"± 10"是为了反映 1σ 的误差，这是真实答案在没有任何人犯错的情况下的可能结果 —— 也就是说，仅仅是偶然的。不确定性不是一个好东西，但是知道不确定性是好的。这使你可以在数据匮乏的时候远离自负，也可以让你在有所凭据的时候获得勇气。

当太阳膨胀为红巨星的时候，太阳的能源会从氢的燃烧变为氦的燃烧，这是一种完美循环再利用模式的一个优雅阶段，此时的氦元素 —— 氢核聚变产生的废物，成为新的燃料。自然界中不存在由五个核子组成的稳定原子核。这个亚原子物理中的事实意味着没有简单的方法来将氦元素（它的原子核中有四个核子，两个中子和两个质子）转化为下一个元素，比如通过将一个质子绑在氦原子核上的方式。它们就是不能粘连在一起。所以恒星要形成氦后面的元素有一定的困难，包括锂、铍和硼。相反，红巨星直接跳过了这个缺口，这就像踩着一条鲑鱼跨过一条溪流那样不可能，它们可以将三个氦核直接合成为一个碳核。（碳原子核中有 12 个核子：6 个中子和 6 个质子，由 3 个含有 2 个质子和 2 个中子的氦核形成。）另外，当太阳成为红巨星之后，其中的碳和氦可以通过核聚变合成氧。

这个恒星能量产生的标志性阶段通过原子核物理的细微之处阐释了重要的天文现象。弗雷德·霍伊尔提出了这一观点，埃德温·萨尔彼得在 20 世纪 50 年代将其详尽阐述。[4] 1997 年，在斯德哥尔摩，伴随着小号的演奏，他们二人因为这项工作从瑞典国王的手中获得了克拉福德奖。在晚饭的时候，国王和获奖者坐在中心，宾客们则按重要的程度螺旋向外依次而坐。为了平衡学者中稀少的女性，我的未婚妻，杰恩·洛德，被安排到了更加靠近高贵的中心的位置。在最外圈，我和弗雷德·霍伊尔的处在青少年时期的孙女们坐在一起。我告诉她们我是一个天文学家，以及实际上，也是狮子座。

在恒星通过上述获奖工作所涉及的物理过程合成碳和氧之后，仍然有更多的能量可以从核聚变过程中挤出来，这个过程可以途经每个元素直到有 56 个核子的铁。但是太阳不会燃烧它的碳和氧。只有更大质量的恒星，通常为 10 倍太阳质量，可以完成整个从核聚变中提取全部能量的工作。

铁核是聚合最紧密的原子核。恒星从以轻原子核生成重原子核的聚变反应过程中提取能量，这个过程一直向上持续到铁元素。这使得铁成为聚变之路的尽头，但是铁不可能是自然中最复杂的原子核。铅、金和轴都是更加复杂的元素，它们的原子核比铁核含有更多的中子和质子。轴 -238 有 92 个质子和 146 个中子，这远远超过了铁核的 56 个重子数。地球上的动力反应堆从裂变中释放核能 —— 通过将轴原子核分裂为较小的原子核。在这种情况下，较小的原子核加起来的质量要少于起始的轴核的质量。所以我们可以从将轻原子核聚变直到铁的过程中得到能量，并且也可以从将重原子裂变直到铁的过程中得到能量。铁本身就是一个原子核中的萝卜，不可能从中挤出一点血来。

这些原子核物理中的细节影响了恒星产生能量的方式，也影响了我们星系和其他所有星系的化学过程。锂、铍和硼在整个宇宙中都是很稀有的元素。它们是由较重的元素在作为宇宙线飕飕地穿越星际空间时分裂而成的。这些稀有的轻元素就是在恒星将氦元素聚变成碳元素的过程中跳过的元素。碳元素和氧元素要丰富 100 万倍。每个人都曾见过石墨、煤炭或者钻石中的碳元素。而且碳元素是生命化学的基[26]础 —— 至少在这里，在地球上。钻石也许是女孩们最好的朋友，但是你最好的女朋友却是碳。

恒星根据原子核物理设定的微观规则来制造元素。像我们这样的碳基生命形式起源于星尘，而星尘的成分则取决于恒星中心剧烈的核碰撞过程的细节。有时候人们为了探寻我们的起源而望向恒星——按照字面的意思，我们确实源于那里。但是我们可并不是坐着金光熠熠的飞碟从那来的，我们是一个原子一个原子地到达那些在 50 亿年前形成太阳系的气体和尘埃中的。我们自身 DNA 中的碱基对中所含有的碳核，是于太阳形成之前在红巨星剧烈燃烧的灶台中合成的。就像忠诚的毕业生们一样，连续不断的一代代恒星将它们的原子贡献给了银河系的化学捐赠事业。球状星团的恒星不得不在它们形成之时的星系早期的稀粥中艰难度日，而我们的太阳则形成于大约 70 亿年之后，所以它幸运地从消失已久的恒星那里继承了重元素。

经过作为红巨星的短暂却又灿烂的 10 亿年，太阳就会吹开它的外层大气，而它的核心仍盘踞于原处，在无情的重力作用下坍缩成为一个致密的，只有地球一般大小的白矮星。在转化的过程中，恒星和它吹出的气体形成了一个美丽的"行星状星云"——在早期望远镜中这种天体看起来类似于行星。白矮星的表面很小，也不发出太多光芒，我们只有在它们非常近的情况下才能看到它们，就像天狼星 B 那样（与我们在地球上看到的最明亮的恒星——天狼星，相伴的那颗跳蚤一样的白矮星）。白矮星是由电子之间的量子作用力聚合在一起的，而不是通过气体压力。这种"简并压"能够支撑一个白矮星，即使它已经冷却到光学不可见的程度。但是如果超过一个约为 1.4 个太阳质量的上限，白矮星的重力就会压过其量子力学支撑力。苏布拉马尼扬·钱德拉塞卡（这是一个恰如其分的天文学家的名字：钱德拉在梵语中是"月亮"的意思）解出了这个白矮星质量上限，它被称为钱

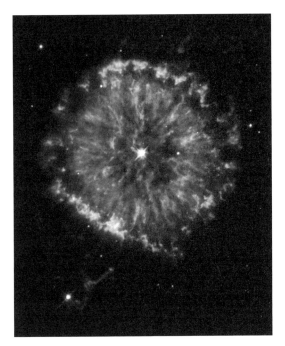

图 2.3　行星状星云 NGC 6751。在大约 10 亿年的红巨星阶段之后，像太阳这样的恒星就会吹开它外部的包层，同时它的核心收缩成为一个白矮星。恒星状星云是从进行核聚变的气态恒星到没有能源的固态恒星的美丽过渡。版权归属于美国航空航天局和哈勃传承计划（空间望远镜研究所 / 大学天文研究联合组织）。

德拉塞卡极限。

　　一颗独立存在的白矮星会从它的表面辐射出一点点光线，但是不会再有核子的熔炉来补充它所辐射掉的热能。一颗白矮星像一段记忆那样冷却并缓缓消散，慢慢地滑落到探测极限之下。这将会是太阳终结的方式：它不会消失于一声巨响，而仅仅是一阵呜咽。热传导的简单物理学原理显示了这些暗弱的恒星残渣是如何随着年龄渐长而逐渐暗淡下去的。最寒冷的、最暗弱的、最无趣的白矮星提供了一个宇宙的时钟，来和球状星团的年龄进行比较。最无聊的白矮星用了 100 亿年进行冷却 —— 它们看起来只比最古老的球状星团恒星年轻一点点。

28　　　这是一个很好的结果。球状星团的专家们可以保留他们的美元、金鱼、房子和狗了。当天文测量结果相符的时候，在这个情形中，是根据白矮星冷却得到的星系年龄与球状星团中红巨星的年龄，这会使我们感觉自己正跌跌撞撞地走向真理。与此同时，这两个论据都十分复杂，有一些很难估计大小的不确定项，有很多种方式来反对，但是只有一种方式来接受。这并不能证明两者都是对的，但是当独立的路径导向同一个结论的时候，我们就有希望相信我们并不只是在愚弄自己。

　　　有伴星的白矮星可以做一些比缓缓进入美好的夜晚更有趣的事情。天狼星和天狼星 B 被它们相互之间的引力锁定，翩翩共舞。距离更近的双恒星可以相互作用：当双星中的白矮星接近钱德拉塞卡极限的时候，它可以发生Ⅰa 型超新星爆炸。这个过程不会发生在太阳身上，因为它是一颗单独的恒星，但是大部分恒星都诞生于多星系统，在这里可能会有过于慷慨大方的成员将其气体倾倒于绕转的白矮星，这便预示着一场灾难。认为Ⅰa 型超新星源于白矮星爆炸的原因是十分有力的，但是主要是理论上的。迄今为止，还没有人在爆炸之前确认这样的系统，然后观测到它的爆发。迄今为止，我们还没有观测到任何这些没那么无辜的旁观者被这种爆炸撕碎的迹象。还没有被排除的另外一种可能是，Ⅰa 型超新星源于两颗恒星都是白矮星的双星系统，它们以引力波的形式辐射它们的轨道能量并且旋转着靠近彼此，从而产生一场爆炸。[5] 尽管我们对于白矮星如何走向一个剧烈的终点的精确过程仍不确定，但是我们确实知道恒星产生了爆炸，并且有大量证据表明白矮星正是Ia型超新星的源头。

Ia型超新星被发现于所有类型的星系，从如今仍在形成大质量恒星的漩涡星系和不规则星系，到像球状星团那样在120亿年前就发生了大部分恒星形成过程的椭圆星系。Ia型超新星是如今在椭圆星系中观测到的唯一一种类型，如今这里的恒星形成率已经非常之低。这表明了形成这种类型的超新星的路径一定异常地漫长与缓慢，鉴于这很可能是一个处于双星系统中的一个太阳质量的白矮星。等到中等 [29] 质量恒星用完它的原料，这个过程很轻易地就花掉了几十亿年，然后它在红巨星阶段度过一段时间，最后作为白矮星稳定下来。如果它的伴星也是一个低质量恒星，它可能要过很久才能开始缓慢地倾倒那些推动白矮星走向热核毁灭的额外质量。

Ia型超新星是热核爆炸——拥有一个恒星的质量的原子弹。当白矮星内部的碳和氧开始聚变的时候，反应释放的热能会加速更多的聚变反应，从而增强了席卷整个致密小星的强烈的核燃烧火焰。这种火焰将恒星的大部分燃烧直到铁元素，释放的能量如此之大，在之后的几周内，一颗很小的恒星会像40亿颗太阳一样明亮。这就是我们所见的称之为Ia型超新星的现象。

这些爆炸是壮观而与众不同的。尽管氢是宇宙中最丰富的元素，Ia型超新星的光谱中没有任何氢元素。这很好地暗示了超新星源于已经发生了重要改变的恒星。Ia型超新星用一种非常与众不同的方式先变亮再变暗，先花费大约20天来达到最大亮度，然后在接下来的两周内亮度下降两个量级，最后在接下来的一年半中以每天 1% 的速率变暗。计算表明，这种光变曲线是由周期表上铁附近的放射性元素的衰变来驱动的，这些元素是在爆炸将白矮星烧成灰烬的过程中产生的。更精确地说，白矮星的剧烈毁灭过程中的核燃烧产生了放射性的镍元素。所存的镍元素每 6.1 天衰减一半（半衰期）变成钴元素，钴则以 77.1 天的半衰期变为稳定的铁。Ia 型光变曲线提供了一个原子核驱动的时钟。

这并不只是一个概念。如果 Ia 型超新星是由镍衰变到钴再到铁来驱动的，我们应该可以看到这些元素丰度的改变。钴的谱线应该会

图 2.4　超新星 1994D。这个 Ia 型超新星（左下方的亮点）在距离 5000 万光年的处女座星团的一个星系中。在一个月中，一个单独的爆发中的白矮星发出的光像 40 亿个类似太阳的恒星那样明亮。版权归属于 P. 查利斯，天体物理中心 /STScI/美国航空航天局。

变弱，同时这些钴核变为铁核。1994 年，一个哈佛的本科生跟着我做他的本科毕业论文，马克·丘赫内尔，与博士后菲尔·平托和布鲁诺·雷奔德古特一起，使用Ⅰa 型超新星的光谱来寻找这些改变。我们 [30] 测量了在最大光度之后的数周内拍摄的光谱并且发现了钴元素丰度的下降和铁元素丰度的上升。就像预测中的一样。在几个月的时间中，我们能够看到一个元素在我们眼前通过放射性衰变逐渐转化为另一个元素。[6]

Ⅰa 型超新星负责制造地核中的铁，埃菲尔塔中的铁，和我们血液中的铁。在Ⅰa 型超新星的爆炸中，恒星被完全地摧毁了。我们预料这些超新星不会留下任何东西，除了一个炽热的、发光的、富含铁的恒星碎片组成的星云，辐射着 X 射线。这些爆炸都是非常相似的，也许是因为它们正是恒星质量增加到白矮星的钱德拉塞卡质量上限所引发的爆炸，这使得它们成为测量宇宙的最佳方法之一。

如果所有爆发中的白矮星都正好发出等量的光，那么根据Ⅰa 型 [31] 超新星的亮度来判断它的距离就会成为一个精确测量宇宙中距离的途径。事实上，超新星爆发的能量发射是有一定范围的，我们正在努力研究以理解这个变化机理。在过去的 10 年中，这些提高Ⅰa 型超新星作为宇宙标尺的精度的努力获得了回报：如今超新星是测量其他星系距离的最佳工具。它们就是彼得·查利斯在拉塞雷纳的数据房中如此焦灼地寻找的目标。

1983 年，我在密歇根大学的天文系。一个 10 月的清晨，我很早就被一个来自安娜堡新闻的凌晨电话吵醒了。

"你听说关于诺贝尔奖的事情了吗？"

这看起来绝无可能。我做了什么值得这个奖项的事情？诚实地讲我想不起任何事情。这很糟糕。也许我做了什么伟大的事情，但是现在我处于阿尔茨海默症早期，所以我无法记起我做过什么。为什么他们不早一点给我打电话，趁我还能理解这些的时候？我从床上坐起来，控制不住地流汗。幸运的是，我当时无力说任何话，很快记者的声音就将我拉出了这个自我欺骗的内心漩涡。

"他们把诺贝尔物理学奖颁发给了威廉·福勒，还有，那个人的名字怎么读来着？钱——达什么什么的，"记者继续说道，"你对此有什么看法？"

"哦！……哦，这太棒了。钱德拉塞卡。送气发出 k 这个音而且所有的 a 都是弱读音。"我停顿了一下，慢慢地恢复了大脑功能。这没什么，我什么都没做，但是至少我还有记忆。

"这就像月光一样。"我说。

"嗯？"记者熟练地询问道。

"我们都在享受着这种反光！你看，他们两人给出了将核物理和量子力学应用于恒星的方法。比如说白矮星的钱德拉塞卡极限……"

这是一个复杂的故事：关于白矮星、双星、简并星中碳和氧的失控聚变反应、镍衰变到钴再到铁产生的放射性能量，以及恒星的完全毁灭。有什么办法能测试这个图景是否正确吗？我们不可能对这整个复杂的系列事件进行实验室检验，但是如果这个理论是真的，我们应该可以通过观测超新星看到这些基本的成分。

我们所看到的大部分超新星都位于非常遥远的星系：我们可以收集的信息受限于目标的暗弱程度。如果你看向成千上万个星系，你每年可以发现几打超新星。稀有的事情确实在发生。如果我们的星系也像其他星系一样，我们在遥远恒星系统中观察到的事件也会发生在附近，只是比较少见。如果你将你的注意力局限在银河系内，你将不得不等上几个世纪，但是银河系中的恒星爆炸只有几千光年远，因此这会是一个非常令人惊异的景象。

1572 年，在望远镜发明之前，24 岁的丹麦天文学家第谷·布拉赫还没有像现在这样举世闻名，他报告了我们星系中观测到的最近的 Ia 型超新星爆发事件。

> 在 [1572 年 11 月 11 日] 比晚饭稍早一些的时候……在散步期间我注视着天空的不同方向……为了在晚饭后继续我的观测，瞧，一颗奇怪的星星突然就出现在了头顶正上方，闪烁着夺目的光彩落在了我的眼中。我惊喜不已地站住了，简直是呆若木鸡，将我的目光固定在这颗星上看了一段时间，并且注意到了在很靠近这颗星的位置上原来有一颗归属于仙后座的恒星。当我对于从未有这类恒星突然闪耀的事实感到十分满意的时候，我因为这件事的难以置信程度而陷入了困惑，开始怀疑我的眼睛是否可靠，所以我转向了陪我散步的仆人，指着头顶上方的天空，询问他们是否也能看到那颗极其明亮的星星。他们立刻异口同声地回答道，他们完全可以看到，而且那颗星异常明亮。但是，尽管他们如此肯定，由于这件事如此古怪，这一切

仍然十分可疑。我询问了碰巧坐在马车上经过的镇上居民，他们是否能看到那个高度上的那颗星。这些人确实喊了出来他们看到了那颗巨大的星星，之前从没注意到它在这么高的位置上。最后，当我确定了我的视力没有欺骗我，而是一颗不同寻常的星星真的在那里，超出任何已知类型的范围，并且这片天空曾带来过许多奇迹、与其他恒星相比完全不同的新现象，我立刻就准备好了我的仪器。我开始测量它的位置和与仙后座中的邻近恒星之间的距离，并且十分勤勉地记录下了这些肉眼可见的内容，包括它的视大小、形状、颜色和其他方面。[7]

天色渐晚，黎明又至，彼得·查利斯的超新星列表中的候选者增加了。没有坐在马车上路过的小镇居民来检验他的工作。通过在显示屏上的图像中仔细搜寻，彼得陆续找到了比金块更加珍贵的东西。彼得·查利斯正在从遥远星系的图像中找出超新星，一步步走向对宇宙膨胀历史的理解。黎明到来的时候，他提交了他的列表，小组的其他成员将会马上开始行动。他们会收集来自彼得的遥远发现的光线，将它们分别分散成光谱，并且极其勤勉地记录下一些仅凭肉眼不可见的事情。这些光谱将会揭示每个超新星对于遥远星系中的重元素激波的贡献，并且为对未来宇宙的膨胀过程进行科学预言奠定基础。

第 3 章
另一种爆炸机制

神奇的是，在大自然中存在着不止一种毁灭恒星的办法。两种恒 [34]
星爆炸方式会产生数量大致相当的光线，所以在早年间超新星的类型
曾经被混淆。Ia 型超新星源于爆炸的白矮星。但是其他的恒星会通过
坍缩而爆炸。超新星也源于坍缩恒星的概念是由弗里茨·兹威基和沃
尔特·巴德在 1934 年提出的。根据威廉·福勒和弗雷德·霍伊尔在
1960 年的阐释，8 个太阳质量或者更重的恒星不会在恒星燃烧的末
期变成白矮星，而是会以另一种不同的方式爆发。对于大质量恒星来
说，爆炸的能量来源于引力而不是聚变反应。尽管大质量恒星拥有不
同的演化历史、不同的结构，以及不同的爆炸能量来源，但是它们发
出的光线却没有那么不同，所以我们花了数十年才将引力驱动的超新
星与热核反应驱动的那些区分开。如果你想用恒星的光度来估计它的
距离，这一区分就显得十分重要了。为了得到比较好的结果，你最好
对同样的目标进行比较。如果你不能辨认出所有不同类型的超新星，
你肯定会在距离的判断上出现错误。

大质量恒星比小质量恒星更快地耗尽它们的燃料。一个 10 倍太
阳质量的恒星有 10 倍的燃料，但是却以 10,000 倍的速度进行燃烧，
从而可以比太阳明亮 10,000 倍，而会以 1000 倍的速度耗尽它的核

³⁵ 能源。数量是很重要的：10 倍太阳质量的恒星的 1000 万年寿命与太阳的 100 亿年寿命区别很大，这和 10 元纸币和 1 分钱之间的区别一样。对于一颗恒星来说，1000 万年显得十分短暂。

尽管大质量恒星的生命十分短暂，但是它们活得更加彻底。它们可以从由碳和氧到硅和硫再一直到铁的一系列核聚变反应中榨取能量。虽然此时恒星中的大部分仍然都是未燃烧的氢，但是这些有趣的东西深深地埋藏在恒星的核心，在这里存在着氦元素和更重的原子核。氢燃烧的剩余产物是氦，氦燃烧产生的灰烬则是碳和氧，氧燃烧产生硅附近的元素，而硅的聚变则很接近聚变反应的尽头：铁。核合成每个阶段的产物包围着铁核，就像树木的年轮一般，与此同时，恒星的核心残酷无情地继续着它走向毁灭的脚步。

在铁核不断积累的那个点，一颗大质量恒星就像一个拿着信用卡的年轻人。它有一个巨大的外流，但是铁核却无法作为维持平衡的能量来源 —— 对于一颗恒星来说，那是抵抗重力向内的无情拉力的压力平衡。在低质量恒星内，量子力学的干预使得 1.4 倍太阳质量的冷碳氧核不会坍缩，但是大质量恒星则是通过热气体的压力来平衡引力。当核心收缩的时候，重力以开尔文勋爵所设想的那种方式转化成热能，于是核心的温度不断升高。

在早一些的燃烧阶段，当大质量恒星点燃碳的时候，每到达一个更高的温度都会点燃一种新的燃料，它释放的能量会保持一个新的平衡阶段，如果这个平衡阶段有期限的话。当核心变成铁的时候，这个过程就终止了，因为我们不能从铁产生更重的元素的过程中获得任何能源。恒星会从核心中释放出巨大的能量，其中大部分都是以无力的中微子的形式释放的，它们不带电荷，也不会在碰到核子后弹开，所以它们自由地喷涌而出，而不会对外层的物质产生任何支撑作用。事实上，当中心温度达到 30 亿开尔文以后，铁核就开始重新融化成较轻的核子。[1] 这个过程中不会产生任何新的能量，打碎铁核的过程反而需要花费能量。此时无可避免的事情终于发生了。大约 2 倍太阳质量，却只有半个地球大小的核心失去了压力的支撑，瞬间向内坍缩。在致密而微小的核心中，重力是如此强大，这个聚爆过程只需 1 秒钟就可以将铁核向内加速到大约 1/3 的光速。当向内猛冲的核心达到原子核密度的时候，强作用力突然终止了收缩过程，最内部的核心开始形成一颗中子星。这个突然减速的过程就像火车撞到一面墙那样剧烈，会发出非常强大的激波，溯流而上穿过整个聚爆的恒星，并且在中微子冲击波的帮助下，在一个 II 型超新星（SN II）中将恒星的外层弹射出去。

　　中微子只会大量产生于形成初期的中子星外部，大约在坍缩中心之外的 100 千米处。在 II 型超新星，也就是大质量恒星的爆炸模型中，坍缩产生的大部分能量都是以中微子的形式传播开来的，只有大约 1% 的能量会变成爆发恒星的动能，另外只有大约 1/10,000 的能量会进入光线中，使得我们注意到这颗爆发中的恒星。尽管中微子不带电荷也几乎没有质量，但是中微子携带能量，并且冰雹一般迸溅的高能量中微子对促进恒星剩余部分的爆炸起到了至关重要的作用。爆炸恒星的计算机模型（经常在像洛斯阿拉莫斯和利弗摩这样的武器实验室中完成，它们对于突然释放的能量将物体炸开这种物理情形有着专业上的兴趣）显示，形成过程中的中子星外部的热气体能够为上至

36

周期表末端的新元素的合成提供一个很好的场所。尽管由铁合成金需要消耗能量，但是形成初期的中子星外部的区域是由铁组成的，并且这里有大量来源于撕裂了整颗恒星的强大激波的能量。超新星可以将铁转化为金，将金转化为铅（噢！），并将铅转化为铀。比铁重的元素在自然界十分稀有，因为它们是在非常特殊的环境中生成的。

作为超新星爆炸的一部分，大质量恒星也会将它们未燃烧和部分燃烧的厚重外层喷发出去。所以源于大质量恒星的核坍缩超新星仍然会喷射出氢元素，如果这些恒星仍然有外层的话，并且在任何情况下都会有大量的氧和其他中等质量的元素。超过 50 亿年前爆炸的大质量恒星正是我们现在呼吸的氧气的来源。

37　　　　20 世纪 30 年代，弗里茨·兹威基和沃尔特·巴德开始了超新星的现代研究。他们在一个团队中合作，兹威基在加利福尼亚州帕萨迪纳的加州理工，而巴德就在滨湖大道 1 英里外的卡内基研究所的威尔逊山天文台的圣芭芭拉街办公室。巴德和兹威基新创了"超新星"这个名字，来与普通的新星进行区分。新星是白矮星表面发生的爆炸，它们要暗 10,000 倍，而且不会摧毁白矮星。超新星在我们的星系中很少能见到，但是当我们在含有许多星系的更大范围中搜寻的时候，它们就会变得更加常见而且要剧烈得多。尽管巴德和兹威基在一个传统的科学环境——一个美国物理学社区的会议上，讨论了这个理论的精华部分，但是最早最生动的发表版本是一个刊登在 1934 年 1 月 19 日的《洛杉矶时报》上的漫画。[2]

这是兹威基的惊人洞见之一，也许仅次于他对星系团中的暗物质的发现。鉴于超新星和暗物质已经像气泡一般升至天文学浓汤的顶端，兹威基对天文学的影响也越来越大。弗里茨·兹威基逝世于 1974 年，由于一个博士学位需要 5 年来完成，所以已经有五代天文学家在成长过程中仅仅了解了这个传奇而非他本人。对于我们这些真的见过弗里茨·兹威基的人来说，比如一个清晨我在加州理工的罗宾森实验室的第二个附属地下室中与他不期而遇，时间也开始侵蚀我们的记忆，使得他过于凌厉的个性变得柔软起来。多少有一点吧。剩下的部分是与人无关的理论：在兹威基的例子中这使得钦佩他的工作变得更加容易了。

回过头来看，我们看到兹威基和巴德勇敢地将超新星爆炸的能量来源归功于一个信马由缰的想法：中子星的引力坍缩。并且，在这个洞见之后的一年，兹威基在巴乐马山建造了第一台望远镜，一台 18 英寸的施密特望远镜，用来跟进这个理论，从而可以用行动来支持他的言论。因为我们现在已经知道，实际上有一些超新星确实是由引力驱动的，并且真的留下了中子星，所以我们给予弗里茨·兹威基另一个大胆创见的荣誉。

真相远比传奇更加复杂。兹威基在加州理工工作，他开始了对超新星的系统研究，来检查他关于形成中子星的坍缩理论。1936 年弗里茨·兹威基发现了一个超新星，1937 年他发现了 6 个。那些年中兹威基和巴德研究的所有超新星都展示了非常相似的光谱和光变曲线。[38]直到 1940 年，同样在威尔逊山工作的鲁道夫·闵可夫斯基才观测到了完全不同的超新星谱线。在那时，超新星被非常明确地分成两种类型：I 型，原来的类型，以及 II 型，新的种类。[3]超新星生成中子星这一传奇般的洞见激发了兹威基自己在 1936 年和 1937 年对超新星的

观测工作。但是，就像可以预料到的那样，幸运的是，所有这些超新
星都是Ia型——这种类型并不形成中子星。有些时候一个好的故事
比事实更好。或者像新闻工作者在《双虎屠龙》中所说的那样，"当传
奇成为事实的时候，我们就印刷传奇"。

图 3.1　和老顽童博士一起"科学范儿"。弗里茨·兹威基在 1934 年发表的简洁
的论文对引力坍缩的恒星的超新星爆发作为中子星的起源进行了大胆的猜测："14 英
里厚的小球。"现在这被认为是Ⅱ型超新星的机制，尽管在 1934 年，兹威基谈论的是
I型超新星。版权归属于美联社。

　　Ia型超新星的故事是十分复杂的，与简并白矮星和钝齿状的核
子燃烧火焰相关，但是Ⅱ型超新星的机制，包含核坍缩、反弹和产生
激波，看起来却全然像巴洛克风格那样过分修饰。我们怎么才能检验
大质量恒星是否真的像洛斯阿拉莫斯和利佛摩的计算机预测的那样

完成所有的步骤呢？我们完全无法在拉斯维加斯附近的沙漠中做一个超新星的可控检验。天文学是一门观测科学，这意味着我们需要耐心、好运，以及检验我们想法的很多条证据。

形成Ⅱ型超新星的大质量恒星变得成熟并最终爆炸的过程太过迅速，它们可能就在形成它们的气体和尘埃星云中爆发。在最靠近银河系的星系——大麦哲伦星云（LMC）中，有很多仍然活跃的恒星形成区域，包括巨大的剑鱼座 30 区域，在这里炽热的年轻恒星通过剥去周围气体的电子使之发光。LMC 是我们星系周围环境的一部分——它是银河系的一个伴星系，但是仅在地球的南半球可见。LMC 中最明亮的恒星拥有我们期望中大约 20 倍太阳质量的恒星的观测亮度。回到 20 世纪 60 年代，凯斯西储大学的尼克·桑度列克编译了一个 LMC 中亮星的列表。它们中的一个现在已经不在那里了。

这颗恒星，桑度列克 -69202，最晚在 1986 年下半年仍被观测到明亮地闪耀着——作为 LMC 中的一颗大质量的蓝超巨星。但是那颗恒星在 165,000 年之前就已经爆炸了，超新星爆炸的辐射在世界时的 1987 年 2 月 23 日星期一的 7：36 到达了地球。这就是超新星 1987 A。[4] 在任何人看到这颗恒星开始变亮之前，中微子——这些几乎没有质量也不带电荷的粒子，从超新星 1987 A 正在形成的中子星中喷发出来，到达并穿过了地球，因为地球对中微子来说是透明的。

在智利北部的卡内基研究所的拉斯坎帕纳斯天文台，大约凌晨 2点（世界时的 2 月 24 日星期二的 5 时），望远镜操作员奥斯卡·杜阿尔德从 40 英寸口径的斯沃普望远镜下来休息片刻，将天文学家们留

40 在了数据室，走到楼下去为他的夜间咖啡煮开水。当咖啡壶温在炽热的金属板上时，他走出房间去看一眼夜空。那是个美妙的晴夜，在这种天气下天文学家可以测量恒星的亮度，而不用担心云层会污染数据，这是个被天文学家称之为"可测光的"夜晚。当奥斯卡看向南方，他看到了 LMC 的模糊团块。就在靠近剑鱼座 30 —— LMC 中的一个恒星形成区的地方，奥斯卡看到了一些新的东西，那是一颗他从未见过的明星。其他任何人都没见过。

他知道这个发现值得提醒观测者们，巴里·马多雷和罗伯特·杰德热哲乌斯基，但是当他走进控制室的时候，他们正好讲到一个段子的妙处。在他们解释为什么意大利人把惯用的英语转化成智利的西班牙语时特别滑稽的时候，奥斯卡完全忘记了这颗新星。巴里在音响系统里调高了回声与兔人乐队（Echo & the Bunnymen）作品的音量，然后他们都回去工作了。

伊恩·谢尔顿，一个在多伦多大学的望远镜工作的年轻加拿大天文学家，当时也在拉斯坎帕纳斯，他在凌晨 4 点走进了控制室，有点像第谷·布拉赫向"碰巧乘坐马车经过的小镇居民"寻求确认一样。伊恩在他的 LMC 的照相底片上，靠近剑鱼座 30 的地方发现了一个巨大的实点。在他早些时候的底片上相同的地方没有任何恒星。他走出房间并用肉眼看到了它，但是他仍然需要对这颗 LMC 中的超新星进行确认。

"哦，是的，"奥斯卡说道，"我看到了。两个小时之前。靠近剑鱼座 30。我看到了。"

"一颗新星？"巴里是在 LMC 距离尺度上的专家，他想了片刻，在脑中进行了平方反比的计算。"不，"他说，"那应该是个超新星。"

这个事件就是超新星 1987A，自从 1604 年以来观测到的最亮的超新星。

理论预测，核坍缩超新星的大部分能量都以几乎无质量也不带电荷的中微子的形式湍流而出。对于超新星 1987A 最有趣的一个观测不是用望远镜进行的，而是用地下水箱中大量的水，这个装置被设计用来判断质子是否是永恒的，还是只是非常长寿。这个实验期望于探测到质子在容器中的死亡所产生的光子的闪光，并且测量质子的有限 ⁴¹ 寿命。这本可以很有趣，由于我们所看到的周围的物理世界都是由质子组成的。它本可以展示物质是短暂的 —— 仅仅是自然所经历的一个相位。质子的衰变被称为大统一理论的有趣粒子物理学理论预测为可以将强力、弱力和电磁力统一到同一个理论框架内的过程。理论学家们是如此地具有说服力，实验学家们就在一个盐矿内部挖掘出一个房间并且建造了一个巨大的水箱，其中含有 6000 吨极纯的水，来确认这些预测。他们没有检测到这种衰变。就在能源部马上要砍掉他们的经费的时候，一束发射于恒星的坍缩核心的中微子穿过了他们的探测器。这是一颗诞生在超新星 1987A 核心深处的中子星发出的尖锐哭叫声。

当这个超新星由它的光学辐射而被发现的时候，报告被递到了布里安·马斯登那里，他是天文电报中央局的幕后人员。他的办公室离我大约 200 英尺远，但是我没有从他那里听说超新星 1987A 的事情。

克雷格·惠勒从得克萨斯州给我打电话。一个得克萨斯的毕业生正在多伦多，在那里每个人都在谈论伊恩·谢尔顿的发现。这个学生给克雷格打了电话，然后克雷格给我打了电话。

"鲍勃，在大麦哲伦星云里有一颗超新星。"

"哈，哈，哈，克雷格·惠勒！骗过我一次，是你的耻辱；骗过我两次，是我的耻辱。"

9 年之前，克雷格策划了一个恶作剧，他给当时正在意大利的一个遥远山村的我发了一条十分紧急的电话留言。"马上回来！M51 中的明亮超新星。"这个假消息是这样说的。我当时正处于一次复杂的机票改签过程之中，克雷格和他的同伙却毫不怜惜地把我玩弄于股掌之中。我已经忘了吗？怎么可能！

"不，不，不。这个是真的！"

克雷格开始用大量的细节对我进行轰炸。我打断了他。

"克雷格，晚一些再告诉我这一切。也许我们可以用 IUE 来观察这个小东西。先挂断电话，我会看看我们是否可以让 NASA 继续做这件事情。"

IUE 是国际紫外探测器，一个可以在地球大气不透明的紫外波段观测的灵活的小人造卫星。我已经递交了一个"可能的目标"的提案来观测任何可能出现的明亮超新星。鉴于这个是 383 年以来最明亮的一颗，我非常确定他们会接受我们的请求并将卫星对准 1987 A。但是我不想浪费任何时间，如果我们行动迅速，我们也许能看到来自膨胀中的炽热恒星表面的紫外线，就在来自恒星核心的强大激波刚刚爆发开来的时候。

当我的电话响起时，我正在查找戈达德太空飞行中心的电话号码。是近藤阳次打来的，他是位于戈达德的 IUE 项目科学家。阳次十分彬彬有礼，但是同时极其兴奋。他的心情极富感染力。

"鲍勃，早上好。"

"早上好，阳次。"我对着听筒微微鞠了一躬。

"也许你已经听说了关于大麦哲伦星云中超新星的事情。"

"是的，我刚刚和克雷格·惠勒通过话，他告诉了我这个事件的信息。"

"我们认为你可能会有兴趣进行一些观测。"阳次说道。

"是的，我认为那会非常有趣。"

"他们已经开始了。"

"浑蛋！"

我在这个项目中的合作伙伴，乔治·索恩本，一个戈达德太空飞行中心的 NASA 工程师，那时正在 IEU 控制台用 IEU 对超新星 1987 A 进行这些非常及时的观测。我们的数据显示，这颗恒星的外层正在以 30,000 千米每秒的速度向外扩散，这已经达到了 1/10 的光速。在接下来的几周中，超新星冷却下来并在我们的紫外波段的视野中消散了，但是我们在发生爆炸的地方仍然看到了两颗明亮的炽热恒

星。这很令人困惑。桑度列克－69202 有一个已知的靠得很近的蓝色
近邻。也许桑度列克的恒星和它较暗淡的邻居都幸存了下来，而那就
是我们用 IUE 所看到的。也许这颗爆炸的恒星其实是大麦哲伦星云中
拥挤的社区中的另一颗恒星。

在 1987 年的几周中，我都不确定桑度列克－69202 是否真的蒸
发了，我在公共场合中也是这么说的。斯坦·伍斯利，加州大学圣克
鲁兹分校的一个超新星理论学家，并没有被说服。他的理论模型和观
43　测事实符合得太好了。斯坦说："如果那真的不是桑度列克－69202
的话，这颗爆发的恒星也与它十分相像。"幸运的是，我并没有正式
发表我的错误结论，尽管我已经和别人讨论了太多次，多到该被颁发
一只填充了馅料并装饰着蔓越莓酱的烤乌鸦。对于旧数据的仔细测量
发现，并非一个而是两个其他炽热的蓝色恒星在附近，隐藏在桑度列
克－69202 的光芒之下。IUE 看到的就是这另外两颗恒星。事实上，
恒星 202 已经消失了。尼克·桑度列克喜欢展示一个克利夫兰报纸的
标题来得出结论，"桑杜列克爆炸！"这种错误确实不会对人类的认知
造成永久性的伤害，特别是我们的观测"事实"并没有说服斯坦·伍
斯利他的模型是错误的。但是这个经历我再也不想重复了。[5]

1987 年 2 月，在那个令人兴奋的周二，我那时刚刚从密歇根大
学搬到哈佛。在密歇根的时候，物理学院有几个人参与了欧文－密歇
根－布鲁克黑文实验来探测质子的衰变。由于他们仍然没有发现质子
的寿命，我觉得我有责任打电话提醒他们可能会有来自 LMC 的超新
星的中微子爆。我给密歇根物理学院打了电话。我遇到了一个奇怪的
情形：我打给的每个人都在法国默里昂，在一个非常重要的宇宙学和

粒子物理会议的滑雪度假村里。毫无疑问他们正在学习雪沫在物理学家的引力驱动下降中的作用。过了 20 分钟我终于发现没有人在家，所以我只是留了一条信息。

"这次不是关于质子的生命，而是你们生命中唯一的超新星 —— 寻找中微子吧。"

幸运的是，中微子也在他们的矿坑中的数据记录仪器中留下了信息。在超新星的光学发现之前的几个小时，这个小组发现一个中微子闪光进入了水箱（并且穿越了整个地球！）。在日本有一个相似的探测器，之前在寻找太阳中心核反应所发射的中微子，它也观测到了同样的事件。有两个独立的测量可以让我们更加自信自己在观测的是一些真实的东西，而不是仪器中的噪声。

约翰·巴赫恰勒当时正从普林斯顿的高等研究院到哈佛访问。他来到我的办公室，想来聊聊超新星，顺便借个刮胡刀。他是那天早上 [44] 到的，还没有刮胡子，他想在下午的物理讨论会之前把自己清理一新。约翰使我们获得了关于太阳中微子的令人困惑的测量的最新进展，测量结果显示只有预测值的1/3。约翰做了这些预测，他想说服我们这个差值是真的，而不是因为他可能遗忘了什么东西。就像他的刮胡刀那样。

我桌子里一直有个刮胡刀，因为我有时候会在智利的观测之后乘夜间的航班回来，这个时候难免会有些不整洁。约翰用了刮胡刀。胡子整洁头脑清醒之后，约翰开始思考有关超新星 1987 A、光学观测和中微子信号的问题。在这一天的最后，在和他在物理学院的朋友聊过之后，约翰给《自然》杂志写了一封信（这个科学杂志认为它是世界上最负盛名的），利用中微子到达的时序来给出中微子质量的严格限定，这个限制比 1987 年的任何地基实验工作给出的都要好。在 1999 年，巨大的地下水箱检测到了源于太阳核心以及太阳大气的太阳中微子，对这些中微子的测量暗示了它们的质量并不精确为零，这是一个粒子物理中的非常重要的事实，也是宇宙学中暗物质的一个很小的来源。

大麦哲伦星云中超新星 1987 A 的爆炸是四个世纪以来研究大质量恒星坍缩的最佳时机。俄亥俄州和日本的地下探测器因为一束长钉一般的偶然的中微子爆而受到了震动，这是一颗中子星诞生于垂死恒星中心的信号。由于我们知道蟹状星云的中心有一颗正在旋转的中子星，这是一颗在 1054 年 7 月 4 日被中国宋朝的钦天监记录下来的超新星，我们可以很自然地想到超新星 1987 A 中可能也有一个，所以急切的研究小组已经开始寻找在灾难中心旋转着的致密珍宝所发出的能讲故事的闪光。毫无疑问的是，1989 年，一个由卡内基天文台的杰里·克里斯蒂安领导的小组，包括来自劳伦斯伯克利实验室的里奇·穆勒，卡尔·彭尼帕克和索尔·珀尔马特，报告了以 37σ 的可信度观测到了这个脉冲 —— 所见过的最年轻的中子星的确实信号。[6] 如
45　果你会在 5σ 的时候用你的房子打赌，你也许应该在 37σ 的时候用你的生命打赌，但是没有人如此严肃地对待统计学。另外，事情有很多种出错的方式，而统计学并不能包含其全部。

我受邀于 1989 年 4 月在华盛顿的美国国家科学院进行报告。学

者们经常邀请还不够资格成为科学院候选人，但是工作于有趣的新领域的人们去他们的日常会议来逗他们开心。那是我第一次走进那个科学的殿堂。我被学者们的高寿所惊呆了。科学研究肯定对人们的长寿很有好处（现在我已经是这个老年团体的成员很多年了，但是它的成员们都是一群老古董，这件事情让我感觉自己仍然是个孩子 —— 也许这就是这些成员保持生命力的秘诀）。当我们走下楼梯去报告的时候，弗兰克·普莱斯 —— 科学院的主席，比尔·普莱斯的父亲，我在哈佛的天文学同事之一，告诉我说他特别有兴趣想听到有关超新星1987A中心的令人惊奇的中子星的更多细节。根据克里斯蒂安等人在《自然》上发表的通讯文章，这颗中子星正在以每秒 1968.629 次的速率旋转，与之形成对比的是蟹状星云脉冲星从容的每秒 33 次。研究者说他们对于数据的进一步分析给出了一个诱人的暗示，这颗脉冲星可能正在以 8 小时的周期围绕一个看不见的伴星运转，也许是一颗行星。这是个出人意料而令人兴奋的发现。

然而，我令弗兰克·普莱斯失望了。我提到了脉冲星的数据，但是我并没有在报告中提及太多有关这个的内容，因为不像俄亥俄州和日本观测到的中微子，它看起来没有能够汇聚到一起使得科学结果更加可靠的独立证据。为了避免显得像个愚蠢的家伙，我觉得强调有趣而且真实的事情而忽略仅仅有趣的事情会更好一点。尽管这颗脉冲星在《自然》杂志上以很高的精度被报道了，但是它只在一个晚上被看到了，也就是 1989 年 1 月 18 日。在其他的晚上，同样的仪器和同样的分析都没能成功地探测到这个惊人的目标。通常来讲，如果一个东西是真实的，那么证据会随着时间越来越强。在这种情形下总是存在这种可能性，膨胀中的残骸的云层也许只允许我们对真实现象进行短暂的一瞥。当其他人尝试测量这颗脉冲星时，他们仍然什么都看不到。
46 这是一个不好的信号。如果这东西是真的，使用相似仪器的其他小组
应该能够测量到同样的东西。需要不止一个组来测量重要的东西，这
已经不仅只是一个好主意了。这是问题的关键。

经过整个 1989 年，事情变得越发神秘了。原始的观测会不会有
什么错误，尽管最初的测量的统计学看起来是如此的明确？最终，做
出了这个测量的小组查清了真正的原因，原来是他们自己的问题。这
个看起来如此确定是超新星 1987 A 中心的旋转中子星迹象的信号其
实是，唉，产生于在数据采集期间引导望远镜的电视摄像机的电路。
在这个小组做出这个 "发现" 的那个晚上，当他们拍摄超新星数据的
时候这个电视摄像机开着，但是随着黎明的到来，他们在拍摄校准
数据的时候为了防止损坏敏感的电视摄像机而将它关上了。所以这
个信号存在于超新星的测量中，却不在他们用于检查虚假噪声的校
准数据中。哦！有很多方法可以得到错误的结论。科学最伟大的事
情就是，当你自己愚弄自己的时候，最终大自然会告诉你真相。真正
的目标可以被重复测量，或者被其他人测到 —— 虚假的信号终究会
被筛选出去。

所以，在超新星 1987 A 的中央到底有没有中子星呢？我们仍然
不得而知。尽管中微子信号正是被预言为来源于正在形成的中子星，
我们仍然没有任何清晰的证据表明在超新星遗迹中有中子星。[7] 有
一种可能性是内部的残骸有一些落回到了中子星上，并且将它推到
了这些天体的上限之上（大约 3 个太阳质量的某处）。在这种情况下，
重力会取得决定性的胜利，恒星核心会坍缩成为黑洞。黑洞是空间中

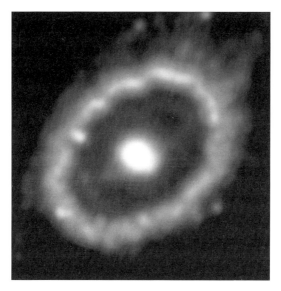

图 3.2　超新星 1987 A。超新星 1987 A 所在位置的空间望远镜图像，拍摄于 10
年之后。爆炸的恒星本身是明亮内环中心的圆点，被爆炸中产生的放射性元素的衰
变所加热。内环来自前超新星恒星所损失的气体，被爆炸产生的光线所激发并一直
闪耀着光芒。这个圆环是国际紫外探测器在 1987—1988 年所观测到的辐射的来源。
版权归属于 P. 查利斯和 SINS 合作小组，哈佛 - 史密松天体物理中心 /NASA/STScI。

的一个区域，在这里引力强大到连光线都无法逃脱。尽管如此，看不
见的目标也可以有一些可观测效应 —— 黑洞可能会吸引一些我们可
以测量的物质在围绕着它的轨道上旋转。

在 10 年之后，超新星 1987 A 爆炸的位置仍然可以用哈勃空间望
远镜（HST）来进行研究。我的研究小组，超新星深入研究小组
（SINS），从 HST 发射升空就一直在观测超新星 1987 A。那颗 20 个太
阳质量的明亮恒星，桑杜列克 −69202，已经确信无疑地消失了。在
这个地方，爆炸的白热遗迹仍然清晰可见。从地面上研究超新星 47

1987 A 是十分困难的，因为从两颗长寿的近邻恒星（就是这两颗星在 1987 年给我造成了一堆伤心事）发出的光芒污染了来自超新星的光。这些近邻恒星是超新星如今亮度的 100 倍，从地面上看来，大气的模糊效应将它们变成了很大的光斑，遮挡了超新星本身。如今爆炸恒星的残骸已经比 1987 年奥斯卡·杜阿尔德在智利用肉眼看到它时暗了 1000 万倍。它仍然是白热的，因为爆炸产生了新鲜的元素，有一些仍然在以放射性物质的形式继续激发着残骸。超新星 1987 A 如今的能源就是放射性钛元素的衰变，这将会使残骸继续发光数十年。但是由哈佛大学的本科生珍妮·格雷夫斯为了她的本科毕业论文进行的，对于 SINS 小组拍摄的超新星 1987 A 的图像和光谱的仔细检验，并没有显示出来自任何中央致密目标的辐射。

尽管没有任何人活了这么久，能写下记录让我们能够追溯到仅仅几千年前，但是我们现在已经对于恒星在数亿年的时间尺度下如何变化有了一个很好的认识。它们用轻核合成重核，并将产物喷发到星际空间的气体中去。这便成为了产生更加富含元素的新一代恒星的材料。所有这些恒星的变化都发生于星系之中，而这些星系则是一个演化中的宇宙的一部分。

第 4 章
爱因斯坦的常数

恒星是产生微观变化的巨大场所。因为恒星的存在，宇宙中的原子随着时间的流逝开始变得更加复杂：恒星可以将质子和中子结合成更加复杂的核子。钙、铁、氧和碳的含量在过去的 120 亿年中增加了 1000 倍，我们可以通过本星系中最古老的恒星的光谱来判断它们过去的丰度。在过去的几十亿年之中，I型和II型超新星都有过一些爆发，它们和没那么壮观的恒星的贡献加起来，造成了太阳系现有的化学元素丰度。我们星系的大部分元素富增过程都发生在其历史早期，在太阳从一勺这种经典的宇宙营养汤中形成的 50 亿年之前。如今银河系气体中的重元素比太阳要丰富一点点，因为在银河系历史的前 50 亿年，恒星形成（和爆炸）的过程要比后面的 50 亿年活跃得多。

光谱可以告诉我们关于化学的一切，但是它们也可以揭示运动的情况。把它与声波进行类比也许会有帮助。我们都曾听到过汽车在高速上急速驶来时的经典声音模式。想象一辆车在州际公路上路过一个孤独的搭车者。这个搭车者听到了"呜呜呜呜呜呜，"不仅仅是车靠近的时候响度提升，还有当车急速驶过的时候绝对会有个音高从高到低的过程。甚至当你闭着眼睛的时候，音高从高到低的变化都可以告诉你，什么时候这辆汽车由驶近你（你仍然怀有希望，不管它如何渺茫，随时可能会消失）变为远离你而去。司机飞速经过你的时候并没注意到有任何变化，仅仅有引擎和轮胎稳定的轰鸣声，和一点点你伸开挥舞的手指的模糊尾迹。

移动声源发出的声音的表观音高的改变被称为多普勒效应。这个概念是由克里斯蒂安·多普勒于 1842 年在布拉格提出的，这篇文章发表在《波西米亚皇家科学学会》杂志上。蒸汽机技术使得对多普勒效应的检验变得可行。1845 年，一个叫作赫里斯托福·白贝罗的富有怀疑精神的荷兰人开始尝试驳倒多普勒的理论。他在火车上安排了一些小号手，并且将受过音乐训练的听众聚集在铁轨沿线。然而和他的预期相反的是，当小号手们经过的时候，白贝罗的听众们都听到了音高的改变，大约像从钢琴上一个键到另一个键那么大的改变。

对于我们而言，多普勒效应已然变为了常识，但是这仅仅是因为我们已经习惯了很多机器能以声速的很可观的比例移动这个现实。在内华达州的 80 号州际公路上的一辆 18 轮的福莱纳以声速的 12％ 的速度行驶，当它风驰电掣地驶过之时，它的音高下降相当于钢琴上四个键的大小。我们不再需要成为一个音乐家来检验多普勒效应。也许多普勒效应并不是克鲁马农人的常识。克鲁马农人没有高速公路、货车或者小号。

无论如何，在光线的多普勒效应面前我们就像我们的祖先一样——那并不是我们的常识。一个原子辐射的波长是比任何小号手希望做到的更稳定的波动来源。一个原子发射或者吸收的不同波长的光被我们的感官识别为颜色，当它靠近时会向红端稍作移动，当它远离时则稍移向蓝端。但是光速是声速的 100 万倍，所以对于同样的移动速度，光的改变是声音的改变的 100 万分之一，这位于我们肉眼能探测到的颜色改变的阈值之下 —— 即使是对于玛莎·斯图尔特而言也是如此。这就是为什么这个效应属于寂寞的铁路哨声传奇的一部分，而不是它们的头灯。日常的物体不会以光速的一个很大的比例快速移动，所以光的多普勒效应并不是一个常识范围内的现象。

天文学家根据恒星光谱的吸收线或发射线的波长变化来测量恒 51 星的速度。这里就是菜谱：用望远镜收集光线，用棱镜或者光栅将其发散成光谱，然后仔细地测量谱线的波长。将测得的波长与标准原子的波长进行比较，比如说钙或者其他元素，标准原子波长是在实验室中使原子在火焰中静止的情形下测得的。波长的变化可以给出速度。在这种测量方法下，银河系中的恒星或者像起跑枪声响起之前的帆船那样随意地兜着圈子，或者系统地围绕着我们星系中心运转，它们的速度为几千米每秒到几百千米每秒不等。

在 20 世纪 90 年代初期，银河系仍然是整个已知宇宙。所以如果你是 1917 年的阿尔伯特·爱因斯坦，并且你向你最喜欢的天文学家询问了有关宇宙中的运动的问题，这个天文学家（在爱因斯坦的例子中，威廉·德西特，荷兰的莱顿大学的天文学教授）可以自信地告诉你，光谱显示恒星的速度相对较小，而且它们的运动没有什么模式。这是千真万确的，但是因为银河系并不是整个宇宙，这使得爱因斯坦走上了一条史诗般的令人遗憾的歧途。

我们如今的星系图景是作为数十亿相似星系之一而出现的，这在爱因斯坦年轻的时候还不是常识观点，甚至都不是专家之中的流行观点。通过对银河系恒星进行计数，天文学家希望能够精确测量这个太阳嵌入其中的系统的范围和形状。但是星际之间的尘埃使得这项工作变得极其容易出错。在一些方向上，暗弱恒星的计数的减少是因为这里确实恒星较少，所以天文学家正确地推论出我们所在的是一个扁平的盘状系统。但是还有一些方向，恒星计数随着距离而下降是因为来自这些恒星的光线被其间的星际尘埃吸收了，这使得我们在盘中的真实位置变得扭曲。在天文学中尘埃总是一个大难题。

结果就是，20 世纪初人们对银河系的看法是，太阳可能在其中心或者在其他任何地方，而且银河系可能就是整个宇宙。如果你在迷雾中的一艘小船上，你看起来总像是处于一切的中心。宇宙中的迷雾就是尘埃的吸收作用，这给了我们一个错觉，好像太阳位于一个延展而扁平的系统中心，系统的形状有点像一个古老磨坊的磨石。恒星的微小速度看起来显示了整个系统并没有膨胀也没有收缩，而只是静止在那里，保持惰性而毫无变化。然而到了 1930 年，这个图景中的每一个部分都被彻底地反转了 —— 我们的位置远离银河系中心的观点被清晰无误地确立了，银河系被看作只是数量巨大的类似星系中的一个，并且我们观测到的整个宇宙纤维都被展开了。

到了 20 世纪 30 年代，我们向内的探索之旅导致了我们对原子核和恒星能量来源的理解，与此同时，向外的旅程则扫除了对我们的位置和宇宙状态的误解的迷雾。1916 年，阿尔伯特·爱因斯坦正在试图理解引力在宇宙中的作用机制。当他在 1905 年取得了伟大的成功，发明了相对论、发现了光子、阐释了原子的存在性之后，他不再是一

图 4.1 银河系。这张图像显示了尘埃星云在星系中心的明亮核球上形成的阴影。注意到由于星际尘埃会挡住更多的蓝光而不是红光，尘埃会使得核球看起来变暗变红。版权归属于阿克塞尔·梅林杰。

个在瑞士专利局（临时）工作的三等技术专家，反而颠覆了当时正致力于检查发动机设计和否定永动机的物理学。到了 1915 年，爱因斯坦已经变成了柏林的威廉二世皇帝协会的博士教授先生。在这里他为构造他的广义相对论的数学结构而奋斗：即表达为几何学的引力理论。[53] 通过应用高斯和黎曼在 19 世纪创造的充满想象力的数学，爱因斯坦致力于建立一个将引力视为弯曲空间的效应的新视角。这是一项要求颇高的工作 —— 当爱因斯坦完成他的工作的时候，他形容自己为 "zufrieden aber ziemlich kaputt"（"与其说是心满意足，不如说是筋疲力尽了"）。[1]

　　爱因斯坦因他接近物理理论的美学途径而著名。他对于数学美的内在感受极大地帮助和引导了他对这个世界的运转机制的理解。但是无论爱因斯坦对于指导造物者合理设计宇宙开了多少玩笑，他知道对于一个理论的最终检验不是你多么喜欢这个想法，而是它能够多好地描述真实的世界。在爱因斯坦的弯曲空间中，质量（或者等效于质量的能量）卷曲了时空的纤维。光或者物理物体沿着曲度决定的路径穿越弯曲的宇宙。这是一个解释引力的激进的新理论。爱因斯坦知道它的美丽之处，但是需要实验的检验才能知道它是否正确。

　　阿尔伯特·爱因斯坦勤勉地用他的新理论计算了最内侧的行星 —— 水星的轨道。因为水星的轨道离太阳最近，它受到了最强的引力效应，而且它的轨道是寻找新理论和牛顿在 17 世纪初创造的久经考验的理论之间的差别的最好地方。水星的轨道非常接近于椭圆，每 88 天就沿着同样的路径绕太阳一周。但是事实并不精确如此。它的轨道不是严格闭合的，所以水星轨道的长轴会缓慢地旋进，每个世纪快 565 角秒 [2]，就像一个巨大的呼吸记录仪，所以轨道长轴的方向会在 22,500 年中旋转一个整圆。在牛顿引力论中，这种"岁差"，也就是空间中轨道的缓慢重定位，是由其他行星的引力效应引起的，其中最重要的是质量最大的一个 —— 木星。1859 年，勒维耶计算了这个岁差的预期大小。随后这个值被西蒙·纽康重新检验并发现其每个世纪比观测值小 43 角秒。没有人能够理解这个额外的岁差来自哪里。

54　　让这个轨道完全像牛顿引力理论预言的那样缓慢旋进的其中一种可能是存在一个看不到的行星。它被提议称为火神星，距离太阳很近，藏在我们的视线之外，恰好提供扰乱水星轨道所需的一切。这看起来走得有点太远了，因为我们没有关于火神星的存在的其他任何证据，尽管因为观测效应我们越来越习惯于暗示看不见的质量的存在。事实上，我们已经有了一个强有力的先例。因为在 1846 年，海王星就是由对天王星无法解释的运动轨迹进行分析而被发现的。但是在爱因斯坦的引力理论中，太阳附近空间的曲度恰好对行星的轨道产生了一点比从牛顿引力的平方反比律中所计算出的额外的偏折。这个净结果正是更多的一点引力，一个太阳附近的更加弯曲的轨道，以及额外的岁差，而且不需要引入任何其他行星。当爱因斯坦进行这项计算的时候，他在报告中写到他感觉"心悸"。[3]他根据广义相对论所计算出的轨道的额外改变量就是每世纪 43 角秒，正好就是所差的那部分。与实际上的数量的精确吻合拥有着真理的光环，而且这十分令人激动。

广义相对论的另一个检验方式就是测量光线在经过太阳附近的弯曲空间时所产生的偏折。这是一个比解决水星轨道的困难更重要的检验。虽然水星轨道的偏差在 50 年中一直是天文学上的谜团。这个新的测试方法更有意义，因为正是这个理论，没有经过任何调整，同样预言了一个我们从未观测过的全新效应。重新考虑旧的预测是一件很好的事情，但是做出全新的预测是科学理论的一个卓越的特点。这给了观测者一个查看你是否错误的方法。预测是一个理论将自己置于危险境地的方式。

经过了一个错误的开始，爱因斯坦的完整理论预言了星光在太阳边缘有 1.75 角秒的偏折，一个很小的但是可以测量的量。当时第一次世界大战正在进行，所以甚至柏林和伦敦之间的良性交流都是很困难的。爱因斯坦给在荷兰莱顿的威廉·德西特寄了一份他的文章的副本，然后德西特将他的副本转给了在英国的亚瑟·斯坦利·爱丁顿。1916 年的时候，爱丁顿 34 岁，已经是剑桥大学的普鲁密安天文学教授。他是一个杰出的理论学家，可以快速掌握爱因斯坦用于描述弯曲空间的微分几何。爱丁顿也同时负责了皇家天文学会的杂志 ——《皇家天文学会月报》。他安排德西特用英语写了三篇长文来将爱因斯坦的新理论介绍给德国之外的科学世界。爱丁顿成了爱因斯坦理论的得力拥护者，他在科学家中宣扬这些理论，并把它们解释给更广泛的公众。

一个科学家能给予一个理论的最高赞美就是身体力行地去检验它。爱丁顿为检验爱因斯坦的预言投入了大量的努力。当第一次世界大战终结于 1918 年 11 月的休战的时候，爱丁顿已经做好准备去位于非洲海岸线上的几内亚湾的普林西比岛，对 1919 年 5 月 29 日的日食进行观测，同时另一支探险队去了巴西的索夫拉尔。在最好的情况下，全食那一刻的黑色太阳会恰好位于毕星团的中心，那是一团组成金牛座头部的明亮恒星。它们未经偏折的位置可以被提前精确地测量，并且它们在天空中的位置应该会因为太阳边缘附近时空的卷曲而发生可以观测到的改变。

在第一次世界大战的余痛中，柏林仍然处于封锁之中，这次探险成为科学，尤其是天文学，有时能够超越种族主义的感人事例。从宇宙的视角来看，地球确实看起来很小，很难想象在位于天狼星的一头雾水的观测者们眼中，这些积极进行着手足相残的芥末色气体，这些炮弹轰炸，这些坦克轰鸣，以及这些战壕、沟渠看起来会是怎样的一番光景。无论如何，爱丁顿（作为一个和平主义者和教友会信徒）为了检验爱因斯坦（作为一个和平主义者但不是教友会信徒）的预测而花了六个月乘船旅行。后来爱丁顿称这次日食测量为"我生命中最伟大的时刻"。[4]

这次观测的结果是，"在太阳附近确实发生了光线的偏折并

且 …… 正是爱因斯坦广义相对论所需要的大小 ",在 1919 年 11 月 6 日,提议了这次日食探险的皇家天文学家,弗兰克 · 戴森先生,在皇家协会和皇家天文协会的联合会议上报告了这次观测的结果。在接下来的那个早晨,伦敦的《泰晤士报》宣称,"最伟大的专家们确信无疑,我们已经准备好抛弃数个时代以来的真相,来寻求一个关于宇宙的全新哲学。"据报道,爱因斯坦在听到这个结果之后说道,如果他的预测没有被证实,"我就会为亲爱的爵士大人感到非常遗憾 —— 因为这个理论是正确的 "。[5]

观测发现了牛顿引力理论没有预测出的新效应,这给了爱因斯坦将引力视为几何效应这个激进观点一个有分量的背书。报告了这次测量的戴森写信给乔治 · 埃勒里 · 海尔,位于美国加利福尼亚州帕萨迪纳的威尔逊山天文台的建立者,说:"我自己就是个怀疑论者,我期待一个不同的结果。"海尔回信安慰道:"祝贺你已经取得的杰出结果,尽管我承认相对论的复杂性已经超出了我的理解能力 …… 无论如何,这并不会影响我对这个问题的兴趣,我们会竭尽所能地为之努力。"像大多数天文学家一样,海尔对于广义相对论令人生畏的高深数学不甚熟悉,但是他的天文台对于人们理解爱因斯坦理论做出了切实的贡献,特别是当它应用于作为一个整体的宇宙的时候。在爱因斯坦发现自己一夜成名的 10 年之后,就是在海尔的威尔逊山天文台,爱德温 · 哈勃发现了宇宙的膨胀。你并不总是需要理解数学上的细节就可以对科学的发展做出贡献。你只需要面对正确的方向前进,去做你知道该如何去做的事情。

爱丁顿在 1919 年测量的太阳引力场引起的光线偏折很小,这个

56

测量是十分困难的，因此，事后回想起来，对理论的信念可能对于从不确定的数据中引出强有力的结果起到了一部分作用。但是毫无疑问的是，这个现象是真实的，独立于观测者的心理状态。光线的引力偏折在其他的很多场合下都被观测到了，在这些场合下它产生了更为明显的效应，很容易被现代仪器发现。在 1936 年，爱因斯坦同样预言道，一颗恒星的引力场在恰当的环境下可以表现得像一个透镜，从而放大一个背景的光源。

图 4.2　阿贝尔 2218 形成的引力透镜。弯曲的弧线是背景星系形成的引力透镜图像，它们的光芒被星系团中的物质（主要是暗物质）所偏折。版权归属于 NASA，A. 弗鲁赫特和 ERO 团队（STScI，STECF）。

在特殊的情况下，星系团的巨大质量卷曲了空间，表现为一个自然的透镜来制造一个宇宙放大镜。一个致密的星系团有时会显示出围绕星系团中心的细弧。这并不是来自星系团中星系的光线，而是由星系团中的质量所引起的海市蜃楼，是更遥远星系的扭曲图像。这有点像透过酒杯的底部看过去 —— 远处的光线被卷曲成环。引力透镜特别生动地演绎了爱因斯坦关于质量弯曲空间的概念。它们也同样是那些具有重要效应却无法观测到的物质所存在的线索。星系的光芒是由恒星的炽热表面发出的，但是并不是所有的质量都很炽热，也不是所有的质量都在恒星之中。星系团中的大部分质量都不在星系中，而是处于我们无法看到的冷暗物质之中。更为古怪的是，大部分这种暗物质可能并不是由质子、中子和电子这些组成我们的身体和我们所知的世界的物质组成的。但是引力透镜效应无法给出关于它们的成分的线索：它只取决于质量。

爱因斯坦最初的广义相对论公式是应用于宇宙整体的，能够适用于一个或膨胀或收缩的宇宙。爱因斯坦询问了 1917 年仍被困于迷雾的天文学家。德西特正确地报告了在像磨石一样的"宇宙"中，银河 58 系中的恒星速度是很小的，没有给出关于宇宙膨胀或收缩的任何线索。爱因斯坦面对了这个现实，在他的方程中添加了一个额外项，宇宙学常数 Λ，尽管他的公式没有这一项看起来更加美观。这产生了一个爱因斯坦认为会使得宇宙永恒静止的数学解（这在后来被证明并不是十分正确：宇宙可以是静止的，但是只是一瞬间）。宇宙学常数在广义相对论中表现为希腊字母 λ。爱因斯坦使用了小写的 λ，但是（为了使它在成绩"通货膨胀"[1]的时代显得更为重要）我们现在用大写的 Λ。Λ 对太阳系中广义相对论的检验没有任何效应，但是它让空间有一个膨胀的趋势，爱因斯坦为了产生一个像观测到的那样的静态宇宙（如果银河系是宇宙的话）进行了这项调整。

这个数学策略和广义相对论的早期公式完全一致，但是并不必要。这个常数是"宇宙学的"，在这个意义上它不会对可以被太阳系内的观测所检验的局部物理效应产生任何影响，比如太阳引起的光线的引

---

1. 大学生的平均成绩逐年越来越高的现象。——译注

力弯折或者水星近日点的进动，而是只会在更大的距离尺度上变得十分重要。理论物理学看重的是简洁和优雅，避免添加非必要的数学项。事实上，这个审美学原则已经被提高到信条的高度——我们称之为奥卡姆剃刀，一个将概念剃到它们的根本之处的誓言。奥卡姆剃刀宣称"如无必要，勿增实体"，或者更简洁地说，"简单的图像是最好的"。但是爱因斯坦选择了添加这个宇宙学常数。他坚持这样做是为了与天文观测数据保持一致。

甚至爱因斯坦在引入这个宇宙学项的时候就已经进行了道歉：

> 无可否认的是我们必须引入一个对引力场方程的拓展，而根据我们事实上对于引力的知识，这并不合乎情理……这个［宇宙学］项仅仅是根据恒星的速度十分微小这一事实的要求，必要于使得物质的准静态分布成为可能。[6]

59　　爱因斯坦为了满足他在 1917 年所了解的观测证据而引入了宇宙学常数。但是随着观测图景的不断改变，这个已经在一些方面令人厌恶的宇宙学常数，让人愈发感到"臭不可闻"。在 1917 年，天文学家认为银河系就是整个宇宙，恒星的速度就是对宇宙膨胀的检验。但是"漩涡星云"的光谱和威尔逊山的望远镜所做出的观测改变了一切，将宇宙学常数彻底变为了悔恨的源头。

第 5 章
宇宙膨胀

在 20 世纪初，恒星曾是天文学研究的主要问题，但是有些奇特 [60] 的研究却在尝试着理解漩涡星云，它们在天文照片上看起来就像小型的风车。在 20 世纪的前几十年，维斯托·梅尔文·斯里弗正在美国亚利桑那州的罗威尔天文台工作，这个机构是由帕西瓦尔·罗威尔建立的。罗威尔是一个波士顿企业家的后裔，他曾经痴迷于研究火星上的生命。他用他那些位于马萨诸塞州罗威尔市的暗无天日压榨劳动力的磨坊产出的巨额财富，在亚利桑那州的旗杆市附近建立他自己的天文台，来观察火星文明在做什么。尽管听起来好像罗威尔是一个想象力过于天马行空的人，但是在 19 世纪晚期，人们关于具有先进文明的智慧生命正在火星上活跃耕耘的可能性有过严肃的讨论。现在我们已经将电视摄像机、化学实验室和伽马线光谱仪送到了火星表面，所以进行猜想的空间已经小了很多。尽管在火星上有着引人遐想的流水侵蚀的特征，而且火星岩石中有一些可能存在的微观结构看起来就像有生命的事物，但是在这里没有罗威尔想要观察的运河灌溉系统的任何迹象。相反，火星看起来就像开发者们到来之前的图森。[1]

当爱因斯坦将他的引力理论公式化的时候，漩涡星云仍被视为我们银河系中的一部分，也许是正在形成中的太阳系，所以研究它们顺

61　理成章地成为罗威尔天文台的任务的一部分。在新的天文学精神中，斯里弗用他的小望远镜和效率不高的照相底片付出了史诗般的努力，来获得这些漩涡星云的光谱。1912 年，他成功地获得了 M31，也就是仙女座大星云的光谱，然后他继续勤勉地工作，汇编了更多这种神秘目标的光谱。这些漩涡星云光谱的一部分与恒星光谱相似，有着与太阳光谱上一样的标志性吸收线。这个特点使得斯里弗可以从星云谱线的改变中测出它们的速度。除了 M31 和它的伴星系 M32，他测量的几乎所有漩涡星云都在远离我们，其中很多都在以比我们测得的任何银河系恒星的速度都大得多的速度移动。斯里弗也许认为他的测量是在研究漩涡星云是否是正在形成的小太阳系的一部分。但是亚瑟·斯坦利·爱丁顿则认为这些漩涡星云的速度也许是基于广义相对论的宇宙学的一个中心线索，并且他在 1923 年出版的教科书《相对论的数学理论》中包括了斯里弗尚未发表的 41 个星系的速度，其中 36 个是退行速度，最大的一个达到了每秒 1800 千米。有人在思考漩涡星云和广义相对论的联系，以及宇宙膨胀的可能！正如爱丁顿所言："正速度（退行速度）的优势地位是非常显著的。"[2]

　　星系的光谱一般不在常见的位置显示出常见的吸收或者发射谱线，向较长的、较红的波长方向移动。斯里弗包含 41 个星系光谱的史诗级收藏提供了理解膨胀宇宙的自然性质的关键一半。另外一半来自亨丽爱塔·斯万·勒维特在哈佛大学天文台的工作。在哈佛等级分明的家族制系统中，由主管来分配任务 —— 然后一个引人注目的女性小组负责执行。哈佛在位于南半球的秘鲁的阿雷基帕有一个观测站，这里产生了数量惊人的用于测量的麦哲伦星云的图像。为了寻找麦哲伦星云中的变星，亨丽爱塔·斯万·勒维特对这些照相底片进行了仔细的研究。通过对不同夜晚的数据进行一丝不苟的比较，她发现在麦哲伦星云有着很多明亮的变星，它们在以一种周期性的规律方式有韵律地变亮变暗。我们通过研究我们自己的星系了解了这类变星：它们被称为造父变星。造父变星是以几天到几个月的周期进行脉动的黄色巨星。 [62]

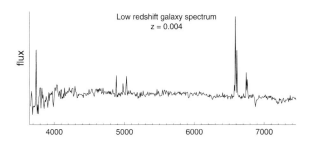

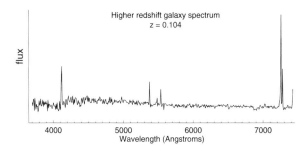

图 5.1　星系红移。星系的红移可以通过光谱中发射线或者吸收线的波长的改变来测量。宇宙学膨胀将整个光谱向红端拉长。图为两个星系，一个是低红移，另一个是高红移。它们的光谱是相似的，只是向红端拉伸的程度不同。版权归属于芭芭拉·卡特，哈佛 - 史密松天体物理中心。

　　在我们的星系中，有些造父变星就在我们附近，有些则距离遥远。如果没有其他证据，我们很难知道一颗恒星的真实亮度。闪光灯在我们眼中比一个灯塔要亮，甚至可以亮过一颗超新星 —— 但是它只是比较近而已。在麦哲伦星云中，整个系统都距离我们足够遥远，星云

63 中的所有恒星到我们的距离都非常接近。这说明看起来明亮的目标确实是明亮的，看起来暗淡的也确实是内禀的暗淡。亨丽爱塔·斯万·勒维特应用这个简单的事实发现了一些关于造父变星的非常有用的信息。

到了 1908 年，勒维特发现了"较亮的变星周期较长"。[3] 明亮的造父变星在物理上比较大，它们的震动需要更长的时间，就像一个大钟听起来调子较低，而比较暗淡的造父变星比较小，震动较快，就像一个小钟的响声调子较高。这个周期和光度的关系就像能够从遥远的亮灯泡上读出标签一样。

我们可以通过测量一些不依赖于距离的量：脉动的周期，来辨别哪些恒星相当于 100 瓦的灯泡，而哪些只有 40 瓦。这些恒星非常明亮（一颗周期为 30 天的造父变星的亮度大约为太阳的 10,000 倍），而且它们的周期在一个非常方便计算的范围内，从几天到几周不等，所以造父变星变得对于测量恒星系统的距离很有帮助。假设我们在一个漩涡星云中发现了一颗造父变星。如果它和大麦哲伦星云中的一颗有着同样的周期，那么据推测它很可能也有着同样的内禀亮度。通过测量它的视亮度并且应用平方反比定律，我们就可以得出我们到这个漩涡星云的距离。那会告诉我们它们是否在银河系之中。但是到了 1920 年，都没有人去做过这样的工作。

1920 年，美国国家科学院发起了一个关于漩涡星云的自然性质的辩论。希伯·柯蒂斯认为漩涡星云十分遥远，不是我们的银河系系统中的一部分。来自威尔逊山的哈罗·沙普利则反对这种"孤岛宇宙"的假说。他断言道，现有的证据支持漩涡星云是银河系的一部分。

沙普利的最好的论据之一提到了一些研究得最透彻的漩涡星云中的恒星的突然爆发。例如，在 1885 年 8 月 20 日，爱沙尼亚的塔尔图天文台的哈特维希报告了一颗位于 M31 中心的明亮新星，这颗星已经达到 6 个星等，明亮得足以被一个小双筒望远镜看到。人们也从漩涡星云中看到过其他的新星。沙普利合理地论断道，如果这些恒星与人们从银河系中近邻的区域中观测到的新星一样，由于它们表现得如此 64 明亮，这意味着漩涡星云肯定很近，是我们星系的一部分。

不然的话，沙普利评论道，如果漩涡星云在银河系之外，那么这些新星就必须要近乎荒谬地明亮，比太阳明亮 1 亿倍。设想存在比现有知识所要求的更多类型的新星与奥卡姆剃刀原理相违背。沙普利不会设想"超级"新星并且认为这"超出了问题讨论的范围"。很好的修辞学，但是并不一定是很好的科学。

在另一立场上，柯蒂斯有更多的理由支持星云位于银河系之外，而且他认真地反驳了明亮新星的困难。他说："漩涡星云之中的新星和我们星系中的那些之间的区别可能达到 [10,000 的量级]…… 将它们分成两类也不是不可能的。"[4]

科学讨论是一个确定的信号，说明我们的数据还不够好。在其他领域，讨论或者敌对就像一次试炼，也许会是我们发现可被接受为事实的观点，或者至少是一个结论的最好方式。在科学研究中，只有当没有决定性证据的时候才会有辩论，所以我们需要一点健康剂量的观点来使得现有的事实可以被理解。事实真相就在那里，毫无疑问，但是我们还没有抓住它。由于真相正在耐心地等待我们摆脱苔藓覆盖的错误和幻觉，容易犯错的人类有足够的时间来跌跌撞撞地朝着真实的故事走去。而正确的工具会提供帮助。

　　哈罗·沙普利离开了威尔逊山天文台，成为了哈佛大学天文台的台长。在沙普利漫长而精力充沛的事业期，他有一个著名的圆桌，为天文台事务、科学研究、当前通信、手稿都保留了一个楔形区域，在工作日中他会在他面前旋转合适的角度来进行不同的主题。当我在 1970 年见到他时他已经退休了很久，已经是一个 85 岁的矮小佝偻的老人，穿着蓝色的西装。那个活动是哈佛监察理事会巡视委员会的访问，这是一个由外部人员组成的独立小组，每隔几年就过来测量一下哈佛大学天文学院的"水温"。

　　作为哈佛大学的一名本科生，我做了一个关于蟹状星云的初级项目，这是一个在公元 1054 年观测到的位于银河系的超新星的遗迹。这个项目很有趣，尽管那时候我对我能够对这个领域有所贡献毫不知情。大四的时候，我进行了一些太阳的紫外波段的观测工作，使用了由当时哈佛大学天文台的台长，莱奥·戈尔德贝格领导的卫星项目的数据，莱奥也是天文学院的院长，他每年都会发一个措辞熟练的便笺给学生。他鼓励我们将大四论文提交给一个叫作鲍登奖的奖项。

　　"奖项委员会抱怨了自然科学领域参选者的持续缺乏。"

　　当我查过"缺乏"一词的意思之后，我提交了我关于太阳紫外观测的毕业论文。我仔细地问过了很多委员会成员，发现尽管获奖文章有着严格的字数限制，但是图片（显然不属于"文字"）却并不计算在

65

内！我用大量的插图丰富了我的文章并且改掉了用乔伊斯的标点风格写就的段落，[1] 最后赢得了"（英语）实用优雅文献奖"。从那时开始，我就尝试着做到既实用又优雅，但是其中之一比另一个更甚。

　　我在哈佛管理大楼的九层领取了这个奖项，乘坐电梯下到四层，用它偿还了一个学生贷款。我仍然可以回忆起当电梯加速向下的时候那种变轻的感觉，以及电梯停止时的沉重。几年后，我妈妈说："你那时应该买一条东方地毯。"

　　作为一个写出了一篇获奖论文的大四学生，我被选出作为我们向访问委员会的长官们展出的狗马秀的一部分。作为回报，我被邀请参加了天文台提供的午餐。作为另外一个庆祝场合，主要参与者们坐在一起，不太重要的人坐在外围。沙普利坐在我旁边，在最外圈。我想问他关于他对我们在银河系中的位置的发现和他对与柯蒂斯的辩论的印象。唉，当时他只对他的虾肉开胃菜感兴趣，那一小盘菜占据了他所有的注意力。虽然如此，触碰过去还是很好的。无论如何，沙普利知道乔治·埃勒里·海尔，那是可以追溯到伽利略的宗徒继承的主线。

　　海尔对解答爱因斯坦的艰深理论提出的难题"尽我们所能做出贡 66
献"的方式是富有实践性的。他在美国加利福尼亚州靠近帕萨迪纳市的威尔逊山上建造了一个 100 英寸的望远镜。从它在第一次世界大战之后建成开始，到第二次世界大战之后位于巴乐马山的 200 英寸

---

1. 詹姆斯·乔伊斯的意识流巨著《尤利西斯》最后一章整章只用了两个标点符号。——译注

图 5.2　威尔逊山上的 100 英寸望远镜。在 1917 年 11 月开始运行之后的 30 年
中，这个望远镜都是世界上最大的。爱德温·哈勃使用这个 100 英寸望远镜搜寻并
测量了近邻漩涡星云中的造父变星，来得到星系的红移。尽管威尔逊山已经不再是
一个足够黑暗的场地，但是这个望远镜仍在使用中。版权归属于华盛顿的卡内基协
会天文台。

望远镜的建造为止，它都是世界上最大的望远镜。威尔逊山是一个极
好的台址，拥有晴朗的夜晚和稳定的大气，从 1904 年开始海尔就一
直在为天文学而发展这个台址。100 英寸望远镜是以泰坦尼克号的工
程学风格建造的 —— 有着钢铁铆钉和巨大的电子开关，以及火花四
溅的继电器，时不时在安静的观测夜里让人想起科学怪人电影中的恐
怖场景。通过谨慎地避开和冰山的任何联系，这架望远镜不像泰坦尼
克号那样，它仍旧在使用中。无论如何，洛杉矶这个小山村在威尔逊
山刚刚开始为天文学而修建的时候仅仅有大约 150,000 人口，它的
不间断增长使得如今的天空背景对于用这架望远镜研究暗弱天体来
说已经过于明亮了。

67　　　　在 20 世纪 20 年代，这架望远镜正是终结这场关于漩涡星云距

离的辩论的最佳工具。而爱德温·鲍威尔·哈勃，曾经的密苏里州律师，有时是拳击手、罗德学者、炮兵上尉、亲英派、吸烟斗者、飞钓者、急切而敏捷的阶层跨越者，正是拥有天时地利的找到决定性数据的那个人。哈勃在位于帕萨迪纳市圣芭芭拉大街 813 号的威尔逊天文台工作，他使用 100 英寸的望远镜在漩涡星云中搜寻变星。他找到了它们。

通过重复地对 NGC 6822、M33 和 M31 进行拍照，勤勉地将一幅图像和下一幅进行对比，就像亨丽爱塔·斯万·勒维特对麦哲伦星云所做的处理那样，哈勃认证了这些星系中的造父变星。M31 中的造父变星比亨丽爱塔·斯万·勒维特在麦哲伦星云中观测到的同周期的造父变星要暗 100 倍。恒星的视光度按距离的平方反比的规律下降。为了使同一颗恒星看起来只有 1/100 那么亮，M31 中的造父变星必须在 10 倍远的地方。大麦哲伦星云现在的 165,000 光年的距离使得 M31 位于将近 200 万光年之远。哈勃对于这些星系中造父变星的发现发表于 1925 — 1929 年这个时期，显示了这些恒星系统肯定不像斯里弗所推测的那样是形成之中的太阳系，或者像沙普利所推断的那样是一些银河系郊区的奇怪漩涡。仙女座大星云，以至于其他的漩涡星云都是巨大而遥远的恒星系统 —— 星系，它们都相当于整个银河系。

并不是只有一个巨大的中央星系，我们身处其中，周围是无尽的虚空。宇宙中的明亮物体都是由星系组成的，或大或小，但都是十亿颗恒星的尺度，彼此之间隔着数百万光年。哈勃同时注意到了明亮新星的存在 —— 比如 M31 中的 1885 年事件 —— 在遥远的系统，这是一个"那一类可获得光度相当于它们出现的系统总光度的可观比例的，不同寻常的神秘新星"的例子。[5] 如果这个星系非常遥远，这些绝

不是普通的新星。这些就是兹威基和巴德将会称之为超新星的那些
目标。柯蒂斯是对的 —— 将新星分成两类并不是不可能的。事实上，
这正是我们所需要的：存在着我们在本星系和最近的漩涡星系中所
见的那种普通新星，以及爆发于遥远的漩涡星云的明亮得多的天体，
超新星。

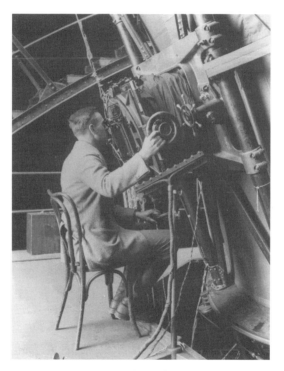

图 5.3　哈勃正在用 100 英寸望远镜观测。1923 年，哈勃，穿着骑马裤和骑兵靴，
正坐在 100 英寸望远镜的牛顿焦点前的一把弯木制椅子上。他正握着干板暗盒的控
制器，在照相底片的曝光过程中它需要持续的指引来抵消望远镜驱动过程中的微小
错误。版权归属于华盛顿的卡内基协会天文台。

维斯托·梅尔文·斯里弗根据星系光谱中吸收线的位移测量了它
们的速度。哈勃用造父变星测出了少数星系的距离，然后用它们校准

了星系中最明亮的恒星。他的距离之梯的下一个横木就是倚仗于星系 69
本身的性质来测量更大的距离。这个推论链的精度并不是很大，但是
尽管有一些错误和漏洞，他的早期结果已经足以展示关于宇宙的一些
十分深奥的事实。

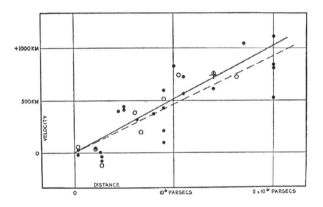

图 5.4　最初版本的哈勃图。在 1929 年，爱德温·哈勃画出了根据红移得出的
星系速度，随着根据造父变星和其他方法测得的距离变化的图。这个图表显示速度
正比于距离，尽管我们可以注意到单个的星系会偏离这个关系，而且极少数很近的
星系（像 M31）在靠近我们。哈勃图的斜率就是哈勃常数，单位是千米每秒每兆秒差
距，比在 70 千米每秒每兆秒差距附近的现代值大了超过七倍。版权归属于美国国家
科学院出版物。

当科学家有两列数据的时候 —— 一列红移和一列距离 —— 你知
道他们会做什么？他们会画一个图。那是因为我们需要寻找支撑观测
的数学原理。自然之书是用数学的语言写就的，图表是我们发现两个
量之间如何联系的最简单的办法。

就像哈勃在 1929 年所画的那样，红移和距离之间的关系显示，
我们生活在一个膨胀的宇宙中。就像多年之前爱丁顿从非常碎片化的
数据中所敏锐地指出的那样，几乎所有的星系都是红移的 —— 它们

70 正在远离我们 —— 哈勃展示出它们的速度和距离成正比。观测一个两倍远的星系时，我们会发现它在以两倍的速度远离。有个简单的公式将测得速度与测得距离联系在一起：

速度 = 某个因数 × 距离

$$V = H_0 \times D$$

我们称这个方程为哈勃定律，这个因数，也就是哈勃常数，就是在哈勃的速度与距离关系图表上的斜率。我们用符号 H_0 来代表哈勃常数现在的值。H 代表了"哈勃"（尽管他谦虚地使用了 K，而我很想恢复这种用法）。H_0 读作"aitch-nought"，这里的"nought"表示哈勃常数就在近邻宇宙中，也就是在我们所在的地方、我们所处的时刻测量的。尽管它叫常数，但是哈勃常数在遥远的宇宙学过去是不同的。H_0 是在天文学家的单位下测量的，即千米每秒每兆秒差距，这里的一个兆秒差距是大约 300 万光年。这种特殊形式的单位使得物理学家自觉敬而远之。[6]

哈勃定律绝不是一个常识 —— 但它是显示我们生活在一个膨胀宇宙中的必要观测。我们机构的大部分本科生（而且我猜测还有大部分教授）都十分以自我为中心。如果他们稍微思考一下哈勃定律，他们就会认为这证实了他们的观点，即宇宙是以他们为中心组织的，其他任何人都在远离他们。这就是以自我为中心的宇宙。

但是如果我们能从我们在宇宙中的位置，或者从天文学史中学到任何东西的话，那就是我们人类可能并不是宇宙的中心。地球不是太阳系的中心，太阳也不是银河系的中心，如果我们仍然坚持认为我们的星系占据着宇宙的中心位置，那么我们就太过迟钝了。

今天的天文学没有假设我们在宇宙中处于一个拥有独特视角的特殊位置，而是采用了相反的路线。我们假设我们的视角是完全典型的，从任何位置看去，宇宙的大致样貌应当是相同的。首先，我们假设宇宙在各个方向都是相同的，并且宇宙中的每一处都是相同的。所有的星系彼此之间都并不相同，所以从 M31 看去的景致不可能和我们星系完全一样。但是如果我们选择一块足够大的宇宙，平均来说，各个区域都很相似。

现在这是一个简单而吸引人的假设，但是它仍然必须要经过观测的检验。不像政治理论，我们不支持科学理论不证自明。我们通过测量来检验它们。我们可以通过对星系的位置进行成像，并且经验地确定我们需要测量多大的一部分宇宙来得到合适的样本，以确定宇宙中是否处处相似。测量星系红移使我们能够测量它们的距离有多远，至少对于那些遥远得宇宙膨胀效应大于个体运动的星系来说是这样的。

1983 年，我们中的一个团队通过数百个星系的红移样本瞥见了宇宙的最大尺度结构。我们很幸运地探测到了牧夫座中的巨大空洞，这是一个在大约 100 Mpc 宽的范围内都没有星系的巨大区域。[7] 因为我们只知道这是我们自己的研究中的最大结构，而且这是我们一直以来能看到的最大结构，所以我们并不是很清楚能拿它来做什么。我

在哈佛 - 史密松天体物理中心的同事们，玛格利特·盖勒和约翰·修兹劳领导的后续的红移研究显示，众多星系形成了一个由巨大空洞和巨大城墙组成的条状结构，它们的特点是在所有方向都差不多是牧夫座空洞那样的大小。在 20 世纪 90 年代初的最大的红移巡天中我们揭示了，一旦我们达到了这个尺度，事物就开始变得均衡起来。我们到达了庞大结构的尽头和宇宙均一性的开端。[8]

今天，红移巡天是个很大的计划，我们用高度自动化的系统对数十万个星系的红移进行系统化的测量。这个领域已经从家庭手工业变成了流水线作业。空洞和条状物的观测尺度要求我们必须选择边长为至少几亿光年的立方体进行观测，来得到本地宇宙的平均性质。一旦我们将视角在这个尺度上进行模糊，宇宙的每一片都是相似的。一旦我们选取同时包含孔洞和美味固体的一大片瑞士奶酪，它会有个特定的平均密度。这就是为什么人们可以按磅来销售这种奶酪。对于空洞的尺寸来说，几亿光年听起来很大，但是可观测宇宙包含了超过 10,000 个这个尺寸的小区域，所以它同样可以有一个合理的特定密度。

如果每个人从宇宙的不同位置观测时所见的和我们相同，那么我们足以根据哈勃定律推测出宇宙正在膨胀这个事实。我们从一维的情形开始 —— 一条很长的有弹性的橡皮筋。如果我们在橡皮筋上每隔 1 厘米粘上一个小扣子，然后将它拉长，这些扣子就会彼此远离。如果我们将橡皮筋拉长到它原长的两倍，每个扣子都会距离彼此两倍远。如果我们分别以每个扣子上面的蚂蚁的视角来考虑，每个蚂蚁都会看到它的邻居在离它远去，而且越遥远的移动得就越快。事实上，这个

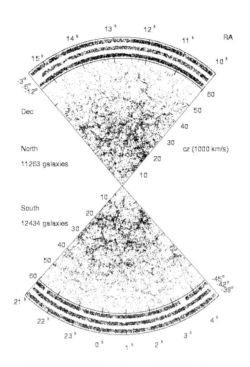

图 5.5　拉斯坎帕纳斯红移巡天。作为这个合作项目的一部分，由一个哈佛研究生林兔[1]测得的 23,697 个星系的红移。这些星系是根据它们的视亮度，从全天的六个窄切片中选出的。拉斯坎帕纳斯上方的天空在这个图像的中央，它使用了天空中的红移和位置来表示星系在空间中的位置。在大约 7000 千米每秒（在哈勃常数为 70 的情况下为大约 100 Mpc）之下的所有尺度内，它们彼此凝结成块，形成巨大的空洞、薄片，乃至团块。在更大的尺度上，结构看起来变得均匀了 —— 这个研究是第一个尺度大到能够看到庞大结构的尽头和宇宙均一性的开端的。版权归属于林兔和拉斯坎帕纳斯红移巡天。

简单的拉伸产生了一个位移，一个恰恰正比于距离的膨胀率。这个过程精确地重复了哈勃定律。这就是哈勃定律。

---

1. 本书作者指导过的一个博士生，于 1995 年取得博士学位，其博士论文题目即为《拉斯坎帕纳斯红移巡天》。他现在费米实验室工作。我们通过本书作者联系到了林兔本人，确认了他姓名的中文用字。—— 译注

但是哈勃定律并不仅仅只是一种阐述。它是在我们所居住的真实的宇宙中测量的。在二维、三维或者四维中想象这一切是最困难的部分。二维情形有点像充气的气球拉伸的表面。气球表面上的蚂蚁就会观察到哈勃定律。在三维情形中，试着想象一个充满正在生长的竹子的巨大森林馆。如果一直待在其中一个交叉点，我们会看到周围所有的邻居们都在缓慢地后退，而遥远的玩伴们会后退得非常迅速。这时我们就观察到了哈勃定律。

当这个问题升至三维情形时，是我们的常识使得我们很难理解这些概念。我们能看到天气气球随着时间推移而膨胀，看到二维表面的拉伸。但是我们不能很好地想象一个在三维（或者四维！）中膨胀的空间。一个我们熟悉的，但是很有益处的比喻是，想象你是一条正在烘烤的葡萄干面包上的一粒葡萄干。在烘烤的过程中面包会向四周膨胀，所有其他的葡萄干都在离你远去，遵循着哈勃定律。宇宙学膨胀并不依赖于某条边界，也不需要有一个中心 —— 对于任何观察者来说，它看起来就像本地的空间正在被拉伸着离你远去，而且看起来就像你就在你自己的果壳的中心。

但是如果你从任何其他星系看去，也都会看到同样的景象。一个位于 M31 的观察者会基于从 M31 的观察来建立一个自我为中心的常识宇宙，另一个位于室女座星团的某个星系的观察者也会做同样的事情，一个位于哈勃空间望远镜视场深处的星系的观察者也是如此。你可以说他们都同样有理由认为他们自己是宇宙的中心。这也就是说，根本不是这样的。每个人的常识都出现了轻微的偏差，因为我们无法从我们的日常经验中了解膨胀空间的性质。也许我们应该多建立一些种着竹子的森林馆。

虽然多普勒的火车上的喇叭是观察运动与声调之间的联系的生动方法，但是宇宙学红移并不完全是同一件事情。把红移想象成当光线从遥远星系传来时的宇宙拉伸效应会更有帮助。从遥远星系中的一颗恒星辐射的光线，有着由量子力学决定的特殊波长。在光线传播的过程中，这个波长会被宇宙膨胀所拉长。路程越长，红移就越大。这就是哈勃定律。从形式上来说，红移只是一个数值，我们用符号 z 来表示红移：

$$z = \frac{观测波长}{发射波长} - 1$$

对于比较小的红移，光速（c）乘以红移（z）给出了一个速度。尽管我们经常用一个速度来表达红移，但是这并不完全是一个通常意义上的速度。红移并不会告诉我们星系多快地穿过一个空间的网格；它测量的是在星系发出的光线传播的过程中所发生的空间膨胀。

这个差别在我们测量星系团中运动的星系的速度时会产生不同。在这里，所有的星系本质上都有着同样的距离，并且有着同样的宇宙学红移，但是除此之外，它们有一个朝向我们或者远离我们的额外速度，是由它们自身在本地引力场的网格中的运动引起的。通过给出星系团引力效应的定量测量方式，星系在星系团中的运动揭示了宇宙中物质的量。这就是兹威基第一次探测到暗物质时所用的方法。

那么膨胀的宇宙是否意味着我们周围的一切都在膨胀呢？并不

是这样的。

75　　在伍迪·艾伦的电影《安妮·霍尔》的最初几分钟里，阿尔维·辛格的妈妈正确地回答了这个问题。阿尔维的妈妈带他去看家庭医生，弗利克尔医生，因为小阿尔维为膨胀宇宙中的作业的无意义性感到沮丧，不想做他的作业。当阿尔维解释他的焦虑的时候，他妈妈突然插嘴，咆哮道："这和你有什么关系？布鲁克林又没在膨胀。"

在这一点上她是对的。像地球这样的物体（同时也可以推广到布鲁克林），它们的结构是由原子之中电子间的电磁排斥力或者本地引力决定的，并不随着空间的整体膨胀而膨胀。

在 20 世纪 20 年代，爱因斯坦由于广义相对论的成功而举世闻名，加上亚历山大·弗里德曼等人对宇宙膨胀问题的正确表达，使得宇宙学常数成为了理解宇宙的中心元素。按照我们通常讲述这个故事的方式，哈勃在 1929 年的结果是突破性的。如果宇宙正在膨胀，而不是静止不动的，那么我们就不再需要宇宙学常数了。宇宙从一开始就是在膨胀的，并且会一直膨胀下去。

到了 1931 年，爱因斯坦已经抛弃了这个宇宙学项，称哈勃的观测为"广义相对论理论能以一种自然的方式来解释的现象，也就是说，不需要一个 λ 项"。而且他还用酸葡萄的诅咒来送它上路，说它是"无论如何在理论上都是不能令人满意的"。物理学家乔治·伽莫夫在他的自传中公开了这个传奇的故事（但是从未出现在任何爱因斯坦自己的手稿中），就是爱因斯坦称宇宙学常数为"可能是我一生中最大

的错误 "。[9] 我猜测爱因斯坦（或者也许是伽莫夫）的意思是，如果爱因斯坦忽略了天文学家们的看法，坚持他公式中的数学美形式，而不引入 Λ，他就会在天文发现的 10 年之前预测宇宙膨胀，这就会成为伟大理论的另一个壮举。当然，他也同样有可能预言引力引起的宇宙学坍缩，也许引用斯里弗在 1912 年观测到的 M31 靠近银河系的现象。这样的话，当人们发现 M31 以外的星系并没有显示蓝移的时候，那就真的会成为他最大的错误。

　　奇怪的是，亚瑟·斯坦利·爱丁顿 —— 爱因斯坦在科学家中最杰 76 出的倡导者和公众面前的代言人，并没有这么快宣布放弃。他在 1923 年写的关于相对论的书中就提到过斯里弗的速度测量证据，他认为哈勃观测到的宇宙膨胀可能会是宇宙学常数的作用的线索，而它除了平衡引力之外还能做得更多：它可以导致膨胀并产生一个加速的宇宙。到 1929 年他还没有抛弃宇宙学常数。在 1932 年 9 月，爱丁顿在马萨诸塞州的剑桥举行的国际天文联合会上的一次生动的公众演讲中阐述了他的观点。在这个关键点上，他拓展了将天文学家隐喻成侦探的说法：

　　　　我是一个正在搜查罪犯 —— 宇宙学常数的侦探。我知道他在这，但是我不知道他的样貌；比如我不知道他是矮个子还是高个子……我要做的第一件事就是在犯罪现场搜寻脚印。我们的调查已经找到了脚印，或者看起来像是脚印的东西 —— 漩涡星云的退行。[10]

　　爱丁顿认为哈勃测量的膨胀也许源于宇宙学常数的排斥效应。也许星系在很久以前曾经从静止缓慢地开始膨胀，我们如今看到的膨胀正是 Λ 在漫长年代中加速宇宙的累积效应。所以，当哈勃显示宇宙在膨胀之后，不像爱因斯坦，爱丁顿没有立刻抛弃 Λ，尽管它是为了造就一个静态宇宙而被发明出来的。相反，他将 Λ 看作是观测到的膨胀的来源。如果膨胀速度因为恒定的斥力而随着时间有所增加，这会在哈勃图上有所表现，远处的星系会比在由大爆炸抛出的宇宙中我们所期望的退行得慢一些。爱丁顿时期的测量没有延伸到足够远的距离，以看进宇宙历史的深处去检验这个加速效应。所以，尽管爱因斯坦放弃了宇宙学常数，但是爱丁顿并没有。在将近 60 年中，爱丁顿用夸张到近乎疯狂、近乎愚蠢边缘的修辞宣称道：“就算相对论都变得声名狼藉，宇宙学常数也会是坍缩的最后中心。抛弃宇宙学常数就会将空间抛弃到底掉。”[11]

图 5.6 爱因斯坦造访威尔逊山天文台办公室。1931 年，爱因斯坦造访了威尔逊山天文台的帕萨迪纳办公室。乔治·埃勒里·海尔，100 英寸望远镜的建造者和天文台的建造者，正从他位于图书馆中的肖像中向下看去。哈勃（很明显被海尔拍着头）站在左边；爱因斯坦拿着粉笔，站在黑板前。版权归属于华盛顿卡耐基研究院天文台。

随着黑洞的发现、对引力透镜的成像、对太阳系微弱引力效应的预言的精确检验，以及对锁定在极近轨道的中子星的更有力的检验，相对论理论正在从一个胜利走向另一个胜利，而宇宙学常量则处于一个理论的污染源的特殊地位 —— 一个要被避免的概念。[12] 爱丁顿则从理论发展的主流中越走越远，沿着他自己的道路走向荒野。

"我一生中最大的错误"是爱因斯坦的诅咒（不管他是不是真的说过！）。Λ 不时地被人们从爱因斯坦的垃圾篮中拿出来进行进一步的检验，但是总的来说，宇宙学常量已经声名狼藉，并且大部分时候 78 都被排除在实际宇宙学的讨论之外。无论如何，它曾经令爱因斯坦深感尴尬，它又会对我们这些凡人做什么呢？但是我们将会看到，宇宙学常数或者一些与它非常相似的概念，已经卷土重来，但是这一次它们有了证据的支持。现在看来也许是爱丁顿笑到了最后，而我们都开始在爱因斯坦的垃圾箱中搜寻。

图 5.7　爱因斯坦在威尔逊山天文台办公室中谈话所用的黑板。这显示了爱因斯坦在 1931 年仍然在使用 Λ ！版权来源为加州理工。

1932 年，爱因斯坦和德西特写了一篇论文，在文章中他们发誓不再使用宇宙学常量，直到"未来从观测中得到更加精确的数据允许我们确定它的符号和数值"。[13]

那时爱丁顿还没有做好放弃宇宙学常数的准备，他责备爱因斯坦和德西特道：

> 在那之后很快爱因斯坦就过来拜访我，我让他谈谈关于［文章］的事情。他回答道："我个人不认为［抛弃 Λ 的］这篇文章很重要，但是德西特非常热衷于此。"就在爱因斯坦走后，德西特写信给我说要来拜访。他还说道："你可能已经看过了爱因斯坦和我一起写的那篇论文。我个人并不认为这个结果很重要，但是爱因斯坦看起来这么觉得。"[14]

爱因斯坦的广义相对论在宇宙膨胀中的应用问题在 1922 年被俄国气象学家亚历山大·弗里德曼解决，在 1927 年被比利时人阿贝·乔治·勒迈特再发现，然后又被物理学家霍华德·P. 罗伯逊第三次发现。甚至早在哈勃的发现之前，膨胀宇宙和引力之间的联系就已经被很好地理解了。引力减缓了宇宙的膨胀。

如果在这时，在宇宙学膨胀发现之后，你效仿了爱因斯坦的例子（而不是爱丁顿的），把宇宙学常数束之高阁，可能性就被限制了。在这种情况下，宇宙的膨胀完全是由运动之间的竞争主导的，表达为哈勃常数 H_0，还有由引力质能的密度给出的引力。我们有一种快速的方法来讨论宇宙的平均密度。我们将观测的密度和一个"临界密度"进行比较，从而区分宇宙会永远膨胀和在遥远的某个时刻转为收缩这两种情况。这两种速度的比值只是一个数值：为了给予它最终的桂冠和一点末世论的味道，我们使用希腊字母表的最后一个字母，Ω（欧米茄），作为这个比值的标志。

最简单的图景就是宇宙中没有任何物质。或者，没有足够的材料来组成物质。如果物质的密度 Ω 除以临界密度的结果接近 0，而且宇宙开始了膨胀，那么接下来的膨胀就不会被引力所明显减慢。宇宙膨胀就会无限制地继续下去，不会加速也不会减速，就是无限期地拓展它的边界。如果从一个大爆炸开始，我们会得到一个膨胀的宇宙，其中的所有观测者都适用于哈勃定律。

如果宇宙有一个合理的质量密度，Ω_m 为 0.3、0.6、0.9，或者任何比 1 小的数值，在 $\Omega=0$ 的情况下宇宙就会继续无限制地膨胀。在这里，我写了 Ω_m，这里的脚标"m"是为了提醒我们正在讨论的是物质的效应，而没有包括宇宙学常数。弗里德曼求得的广义相对论的解 80 预测了开始于膨胀宇宙的宇宙膨胀过程。在大量具有引力效应的物质存在的情况下，引力会减慢膨胀。一个 Ω_m 小于 1 的宇宙会在持续的膨胀中变得稀薄——当我们解出物理细节的时候，这个膨胀的过程永远不会停止。尽管这个过程总是会变慢，一个 Ω 小于 1 的膨胀宇宙会一直保持着，永远膨胀下去。

临界密度本身是一个令人惊叹的小量，大约 10^{-26} 千克每立方米，或者说在每个普通立方米的宇宙中只有大约 6 个氢原子。[15] 我们无法从每天生活的日常世界中获得对于这些数字的概念。在你正置身其中的房间里，每立方米的空气中包含了大约 10^{25} 个粒子。在一个非常理想的实验室"真空"中，比如在粒子加速器中的一个射束或者在一个实验室的镀铝罐中，1 立方米中大约会有 10^{15} 个原子。我们觉得是"空虚"的东西却超出宇宙平均值的千万亿倍。预测宇宙膨胀的未来的其中一个方法，就是从一个像拉斯坎帕纳斯红移巡天这样的大样本中，计算每立方兆秒差距中星系的平均数量，然后乘上单个星系的质量。当我们这样做的时候，我们发现对于聚合成星系的物质来说，Ω_m 是大约 0.3 ± 0.1。

在宇宙密度和几何学之间还有一种简单的映射。如果 Λ 是图像的一部分，我们就必须要通过计算真空能量的等效质量来包含它的效应，我们称之为 Ω_Λ。广义相对论基于爱因斯坦关于物质（和能量）弯曲空间的创见，是一个经受了透彻检验的引力理论。我们发现 $\Omega = \Omega_m + \Omega_\Lambda = 1$ 与平直的空间相关，这就是那种我们都在高中学过的平行线不会相交的空间；大于 1 的 Ω 与球面的几何相联系，就像地球表面的几何，地球表面的经线在赤道看起来是平行的，而在极点相交。一个 Ω 小于 1 的低密度宇宙，其几何形状是马鞍形，在这种宇宙中距离和角度的关系与在球面中我们所看到的恰好相反。

空间的几何学并不只是一种抽象的概念。如果有恒定亮度（天文学行话中的"标准烛光"）或者恒定大小（"标准尺度"）的目标，那么天文学家就可以对宇宙的几何学进行测量。1961 年，哈勃唯一的学生和继续进行他的观测宇宙学项目的继承人 —— 艾伦·桑德奇，在《天体物理学报》上发表了一篇文章，开启了一个项目来对宇宙几何学进行测量，来通过天文观测确定宇宙的命运。这篇文章，《200 英寸望远镜辨别候选宇宙模型的能力》，描述了如何使用巴乐马山的海尔天文台来测量宇宙的形状，以及观测宇宙中质量造成的减速。[16] 桑德奇证明了最好的办法就是测量膨胀宇宙中天体红移和距离的关系。通过测量观测得到的现有的膨胀速率和减速速率，我们可以确定哪个"候选的宇宙模型"可以代表现在居住的宇宙。桑德奇的这篇经典文章中的大部分讨论都是在 $\Lambda=0$ 的情况下进行的。为了完整性考虑，桑德奇在这篇长文的末尾包含了简短的一节，来证明如何探测会产生加速宇宙的宇宙学常数，但是在接下来的 35 年中，人们的讨论都集中于寻找仅仅两个数：现有膨胀率 —— 哈勃常数 H_0，以及现有减速速率，（对于 $\Lambda = 0$ 的情况）可以给出 Ω。[17]

桑德奇想要基于海尔望远镜的项目画出一个更大的哈勃图，可以延伸到足够大的距离，从而几何学的宇宙学效应和减速效应会对指定红移的目标的视星等造成可观测的差别。对于直径为 12,000 千米的地球来说，当我们穿越数千千米的距离的时候，地表弯曲的效应会变得引人注目。飞越大西洋的时候，我们当然希望飞行员能够将弯曲考虑其中，在从巴黎到纽约的路上飞过纽芬兰。这就是为什么一个球形对于理解大距离十分有帮助，而一个平面的可折叠道路地图可以很轻易地让我们在波士顿迷路。对于宇宙来说，自然的时间尺度就是膨胀时间，大约 140 亿年，自然的距离尺度是 140 亿光年。所以为了能够看到一个明显的区别，我们需要看向几十亿光年的过去来观察由广义相对论预言的球形效应。当我们看向宇宙学起到重要作用的大距离的时候，技术困难变得越来越大：天体变得越来越暗弱，并且我们在观察它们非常年轻的时候。就在宇宙学效应开始变得重要的距离，测量

82

的不确定性开始变大。

在数十年中，桑德奇在巴乐马用这架 200 英寸的望远镜进行着这个项目，他使用最明亮的星系作为标准烛光，因为我们可以在宇宙尺度的一半处看到它们，而且它们的内秉亮度看起来相差很小。一个大型星系有 500 亿颗恒星那么亮。但是星系是很有趣的东西。它们并不真的是单独的"东西"，而是恒星的集合，而这些恒星本身会随着它们的年龄变化在几十亿年间改变它们的亮度。另外，星系相比于它们的间隔来说并不是那么小，所以在几十亿年间，星系，尤其是星系团中的那些，会彼此碰撞、融合，然后生长。这些星系性质的变化可能会遮盖宇宙产生的红移对亮度的微小改变。通过观测星系来确定宇宙形状和命运的事业持续了 25 年仍没有盖棺定论。[18] 但是通过将同样的想法应用于更好的标准烛光，Ia 型超新星，并使用优于 200 英寸的更加强大的望远镜，宇宙膨胀的历史得到了更加强有力的出乎意料的暗示。宇宙学常数又回来了：只是这一次，是伴随着证据。

第 6 章
现在几点？

　　站在 21 世纪回头望去，我们很容易发现，斯里弗对星系红移的 [83] 观测和哈勃对星系距离的测量提供了证据，表明我们正生活在一个充满星系的巨大的动态宇宙中。但是在 20 世纪 30 年代，我们对于如何解释星系红移并不十分清楚。从恒星而来的宇宙学时间尺度和宇宙膨胀的时间尺度并不吻合。从 1917 年开始，宇宙学膨胀和广义相对论之间的联系成为天文学卷宗中的老问题，但是哈勃的观测并没有达到空间中足够遥远的距离，或者时间中足够久远的过去，来追踪宇宙学膨胀的历史。得到宇宙中温度和密度随着时间变化的直接证据是非常近期的事情。现在我们能够显示的是，宇宙膨胀并不是一个图例或者假设，而是宇宙历史的事实。宇宙从一个炽热而致密的、接近标准的亚原子粒子热汤演化而来，成为现在这样寒冷而团块状的，由空洞、星系团、星系、恒星和行星组成的，由从氢和氦到锌和铀等元素做成的羹汤。致密与稀疏的明显差异因为引力的累积作用而增长，微观结构通过恒星中的原子合成活动来进行发展，而通过宇宙膨胀这一简单的制冷效应，炽热转变为寒冷。

　　如果膨胀宇宙是过去的真实历史，我们就可以问一些简单的定量问题。这些都是经典的旅客问题，通常都以一种尖锐的噪音从家庭车 [84]

的后座传来："我们在哪？""现在几点？"以及那个挥之不去的问题，"我们什么时候能到？"

　　我们现在知道了自己的位置。我们是生活在自己的小星球上的小动物，我们的行星绕着一颗位于银河系其中一条悬臂外缘的中等质量、中等年龄的普通恒星运行，而银河系则是一个含有 1000 亿颗恒星的扁平圆盘。我们的星系只是 1000 亿个相似系统中的一个，它们距离彼此几百万光年，散布在一个 140 亿光年的可观测区域内。几个、几十个，或者成千上万个星系聚集成更大的团组，除此之外也有延伸到几亿光年的令人生厌的空洞，在这里星系十分稀少。在更大的尺度之上，起伏开始显得平均，我们可以自信地讨论宇宙的平均性质。例如，我们可以测量星系普查中每立方兆秒差距的宇宙产生的光的平均量。一旦我们确定了这些星系中每单位光度代表了多大的质量，我们就可以估计宇宙中引力质量的密度，Ω_m，这是连接宇宙成分和它的几何学，以及它的未来的重要量之一。

　　现在是什么时间？这个正在膨胀的宇宙已经膨胀了多久？这个世界有多么古老？这个有趣的问题已经以很多形式出现过了。一个早于相对论宇宙学的早期尝试，应用了《圣经》中的记述来计算从创世纪以来的时间。在 1658 年，通过将赛特、以诺、贾里德和玛土撒拉的年龄相加，这样一直追溯到亚当，詹姆斯·乌雪主教发现一切开始的时间是公元前 4004 年 10 月 22 日，周六傍晚的六点。根据他的估计，这个世界开始于大约 6000 年之前。这是一次用人类历史去寻找宇宙时间尺度的严肃尝试。尽管这次认真的努力在现在看来略微有些滑稽，乌雪的工作显示了人类历史和传奇仅仅能达到几千年之前。但是我们不应该这么快得出结论说有记录的历史的时间尺度就是整个人类的存在时间，或者说人类的时间尺度就是宇宙学时间尺度。这个宇宙并不是按照人类的尺度建造的。与行星和恒星的令人迷茫的物理年龄相比，或者与宇宙的巨大的膨胀时间尺度相比，源于《圣经》年表的世界年龄仅仅是羔羊尾巴的一次摇动。甚至这相比于人类学发现的数 85 百万年的人类时间尺度都不算是很长。[1]

　　如果你关注一下你最早的记忆中所知的最年老的人，你也许可以追溯到一些出生于大约 100 年之前的人。然后他们接下来也许会记得一些关于出生于更早 100 年的人的事情——我父亲生于 1919 年，在 20 世纪 20 年代，当他还是个小男孩的时候，他记得一些来自共和国军人联合会的游行者、南北战争老兵，在游行中沿着第五大道前进。在这些速度迟缓的前进者之中，最老的那些可能生于 19 世纪 40 年代，他们肯定知道一些生活在托马斯·杰斐逊的时代的人。这带着我们在历史中溯流而上，一直到 1776 年，美国建国的时候，而只需要仅仅四步。所以即使是回到 6000 年前亚当和夏娃在伊甸园中裸身嬉闹的时刻，也不会花费令人无法想象的那么长时间——这只是 60 到 100 个人类的直接联系的延伸而已。我不认为人类事件的记录链仅仅能够回溯几千年，或者如今的人们仍然会遇到像该隐和亚伯、大卫和扫罗之间的一样的问题，是十分令人惊讶的事情——情欲、嫉妒、过于自大仍然存在。但是看向 6000 年前，我们仅仅是勉强开始窥视宇宙时间的峡谷。这些人看起来就像我们今天知道的那些人一样，正是因为 6000 年前本来就像昨天一样。

　　岩石的年龄给了我们与《摇滚时代》不同的视角。[1] 化石证据显示，最早期的人类骨骼大约有 200 万年的历史。对地球年龄的物理估计显示，我们的人类祖先曾经在已经十分古老的岩石上漫步，甚至是早在他们拖着蹄爪活动的时候就是如此。如今的放射性同位素测年法给出了太阳系最古老的岩石年龄，约为 46 亿年，这为地球上生命的缓慢演化提供了一个广阔的舞台。

　　人类是地球上最晚出现的生物之一。我们有记录的历史仅仅是时间尺度表面的一片薄板，同时，我们的无记录历史是其 1000 倍长，与宇宙学时间的延伸范围相比也同样十分短暂。我能想起的最长的一个下午是一个去华盛顿特区的家庭旅行的一部分，那时我才 12 岁。在坐过众议员的椅子并参观过参议院之后，我们离开那里，向西走了 7000 英尺去了华盛顿纪念碑。那是个 8 月的一天，那时的华盛顿，天气十分闷热潮湿，对于疲劳的小孩子来说，那段路程看起来永远也走不完。或者至少是从大爆炸开始以来的所有时间。想象一个巨大的时间线沿着从华盛顿的国会大厦到华盛顿纪念碑的商业街延伸开来。如果这个距离（大约 7000 英尺）代表了 140 亿年的宇宙年龄，那么每英尺代表了 200 万年。大爆炸应该在国会大厦的圆顶上，氢冷却到宇宙变得透明的时刻会在西边只有两英寸的地方。走下国会大厦的台阶，你就会置身于暗物质开始凝聚成一个致密水槽的复杂网络的时代，重子会尽数流往这里。最初一代恒星的活跃形成会改变宇宙的化学，并且以一种不可预测的方式影响随后的结构形成。星系，包括我们的银河系，在大爆炸后大约 10 亿年时开始形成 —— 在这个模型中

---

1. 岩石和摇滚都是 rock。——译注

距离国会大厦仅仅 500 码，仍然在国会大厦前宽敞的广场上。重元素聚变到我们在太阳中看到的那种程度的过程会发生在接下来的国家航空航天博物馆。50 亿年前太阳和太阳系中行星的形成会在路程三分之二处的国家广场，这里靠近史密松城堡。地球上的第一代生命，无性繁殖的单细胞生命，出现在大约 30 亿年前，位于纪念碑在黄昏中的阴影中。200 万年前的史前人类只会延伸最后的一英尺。在 6999 英尺的宇宙演化之后，石器时代所有具有新闻价值的重大事件将不得不拥挤在这么小的空间中。（燧人生起了火！华胥烧烤了巨兽！伏羲发明了轮子！[1]）自文字的发明之后的 6000 年时间仅仅占据了最后的一英寸的 4/100，大约是一张硬纸板的厚度。你将不得不把乌雪主教的所有历史谱系写在其边缘！地质学、天文学乃至宇宙学的深远时间并不是你能寄期望于从人类文明的文字记录来了解的。从大爆炸以来的大历史远远超出了我们的常识和集体记忆。

我们可以从观测到的膨胀率来估计宇宙的现有年龄。也许一个延伸的比喻会有所帮助。波士顿市每年都会举办一个盛大的体育活动来形容宇宙的膨胀：那就是波士顿马拉松。关于马拉松，很好的一点就是它提供了正义。至少从很大程度上来说是这样。而且这非常精确，因为在长跑中，开始的细节并不重要：一旦比赛在认真地进行中，你不需要卡尔·弗里德里希·高斯来告诉你，你旁边的跑步者有着和你相同的平均速度。

---

1. 原文使用的是几个作者杜撰的原始人名字（Throg、其妻 Throgella 和其子 Throg Jr.，经原作者同意，这里改成了中国神话中对应意思的名字：相传燧人发明了火，华胥为燧人之妻，伏羲为华胥之子。中国神话传说中一般说轩辕黄帝为车的发明人，但似无明确的"轮子发明人"，这里翻译为伏羲是为尊重原句体现的家庭关系。——译注

前面的人速度比较快；而后面的人（如果有的话）速度比较慢。为了简化，想象一场参赛者都不会疲劳的马拉松（理论是不是很有趣？），这样每个人都会以恒定的速度跑完整个 26 英里。现在想象枪响后一个合适的较长时间，一个叫作艾迪的参赛者携带着一些不同寻常的仪器，从霍普金顿[1]的起点出发，开始在衣衫单薄的人群中进行测量。艾迪选出了前面的一个绿色上衣的参赛者，使用雷达枪确定了她相对于他自己的速度。他的雷达枪是警察和棒球巡视员所用的那种，可以发射波长确定的射电波。这些电磁波以光速传播，从他的目标的绿色上衣上反弹，然后返回他那里。因为他的目标在他前面，所以她离他越来越远，反射的光波会被这个动作多普勒位移到更长的波长。雷达枪通过测量发射和反射的射电波的波长差，来计算移动目标的速度。

艾迪还有一块电子停表，可以计算射电波以光速（每纳秒 1 英尺）出发和返回的时间。研究者们也有像这样的小器具。所以艾迪测量了绿衣人远离他的速度，也测了她的距离。假设他发现她正在以 1 英里每小时的速度远离他，她的距离为 5280 纳秒（1 英里）远。艾迪并没有真的尝试着去赢得比赛，他把这个翠绿色衣服的大步流星的人的速度和距离记在了他的笔记本中。然后他转过头来向回跑了几步，这时他记录到了落后于他 1 英里的穿蓝色上衣的某人的相似数据。蓝衣男同样在以 1 英里每小时的速度相对于艾迪退行。现在他有了更大的雄心，测量了一个位于前方 2 英里处的红衣服的人的距离和速度。88 确信无疑的是，红衣女通过跑得更快而公平正直地到达了那里，多普

---

1. 马萨诸塞州的一个小镇，哈佛大学马拉松挑战赛的起点设在这里。——译注

勒位移显示她正在以 2 英里每小时的速度远离艾迪。对于某个穿黄衣服的落在 2 英里之后的人来说事情是一样的 —— 他也在以 2 英里每小时的速度远离艾迪。在马拉松中的一群延伸开来的参赛者中，每个人（像焦虑的美联储主席那样）都会看到向后的退行和向前的退行。距离更远的参赛者退行得更快。这正是哈勃定律：艾迪测量的所有参赛者的速度都正比于他们到艾迪的距离。参赛者们在赛道上的延伸给了艾迪以及参赛的每个人和爱德温·哈勃通过从我们星系看向其他星系所观察到的相同的观点：近邻的物体缓慢地远离我们，遥远的物体快速地远离我们。

那么，苦读这些冗长段落的好处是什么呢：一碗炖汤、一张塑料垫子和一顶桂冠？不。是更有价值的东西：一个测量宇宙年龄的方法。如果我们虚构的艾迪，太过沉迷于他的雷达枪、笔记本和对于其他人上衣的困扰，而忘记了他的腕表，又会怎么样呢？根据他在笔记本上简略记下的观测，艾迪可以毫无困难地推导出从开始枪声的巨响之后经过了多长时间。如果他看到某人在 2 英里的距离上以 2 英里每小时的速度奔跑，艾迪就不需要他的手表（或者计算器）来发现这场比赛已经进行了恰好一个小时。

现在有趣的部分来了：无论他是在分析绿上衣、红上衣、蓝上衣还是黄上衣的参赛者的数据，他都是在计算一个相同的时刻。也就是一个小时。另外，黄上衣、蓝上衣、红上衣或者绿上衣的参赛者的视角都是一致的，他们中的任何一个人都可以通过观测艾迪或者彼此，计算出相同的时间流逝。一场马拉松，也就是一个沿着赛道延伸的一维赛跑者人群，有着就像哈勃定律一样的数学关系，联系着每个参赛者的距离和退行速度，以及一个你、艾迪和任何波士顿田径联合会成员都能从相同的信息，代入哈勃定律来直接推导出的完全相同的年龄。

89   这些想法同样可以有限地应用于我们在宇宙中观测到的膨胀。基于我们在附近观测到的速度和距离的关系，也就是哈勃定律，我们可以估计任何星系到达我们如今看到的距离的时间。在一个均匀的宇宙中每个方向都是相同的，选择哪个星系并不重要 —— 如果我们看向两倍远的地方，速度就会变成两倍大，这样时间就会保持不变。

由于距离和速度以同样的方式增加，所以"膨胀时间"是独立于距离的 —— 它正是：

$$时间 = \frac{1}{H_0}$$

近邻的星系正在缓慢地退行，而遥远的则快速地退行，但是哈勃定律暗示了只有时间和膨胀相关，也就是"哈勃时间"，由 $1/H_0$ 给出。如果哈勃常数的值为 70 千米每秒每兆秒差距，那么相应的哈勃时间就是大约 140 亿年。[2]

如果宇宙是以恒定速率膨胀的，那么宇宙已经膨胀了大约 140 亿年。如果这个图景是真实的历史，那么在大约 140 亿年前就会存在一个时刻，这时宇宙十分致密，我们如今所看到的（和看不到的）一切都源于自大爆炸以来质量和能量的复杂演化。

一场马拉松并不是从大爆炸以来的膨胀过程的完美比喻，因为如果宇宙真的是从一个点开始的一场爆炸，其中的星系向着所有方向四散开来，而仅仅与它们的速度相关，那么当我们向着越来越远的方向望去，星系的密度会十分迅速地下降。但是星系并没有随着距离而变得稀薄。宇宙始终都是富含星系的。这个证据支持了一个均一的各向同性的宇宙——（一旦在足够大的区域内取平均）在每个方向的每一处都是相同的。大爆炸并不像是一场爆炸，星系像弹片一样射出。大爆炸并不以某个特定位置为中心——当我们看向任何方向的时候，我们都会看到遥远的物体。大爆炸是宇宙膨胀在整个宇宙中开始的那个时刻。 90

宇宙真的像我们所知的那样是从 140 亿年前开始的吗？常识（并不意味着教条信仰）在创生的想法那里逡巡不前。爱因斯坦在 1917 年通过使用宇宙学常量制造一个静态永恒的解来回避这一点。如今哈勃时间与其他测量宇宙年龄的独立方法之间的和谐、大爆炸产生的余晖的物理证据、第一代恒星之前的氦合成和对宇宙组成成分随时间变化的直接观测，这些都指向这是一个物理世界的真实年谱，可以填充沿着国家商业街的时间线上的巨大空白。

因为哈勃常数是由星系的退行速度除以它的距离来进行计算的，我们对于哈勃常数 H_0，以及它所暗示的宇宙年龄 $t_o = 1/H_0$ 的了解，不会超过我们对于星系距离的了解。测量星系的距离是哈勃的伟大贡献的一半，清晰地显示了 M33、M31 和其他漩涡星云不是我们银河系的一部分，但是早期的测量并不像测量者以为的那样精确。

事实上，在 70 年之后回顾历史，我们可以眼尖地发现，天文学测量大部分都不像测量者们所认为的那么好。估计哈勃常量并确定这个困难测量的质量的客观方法看起来被科学家对他们自己结果的热情沾染上了主观的色彩。当然，这个规律只适用于其他科学家。

在哈勃的时代，（在一种俗气的精确氛围中）人们使用的哈勃常量为 528 千米每秒每兆秒差距，对应于 20 亿年的膨胀时间。由于当时根据放射性衰变测定的地球年龄估计为 16 到 30 亿年（高于根据太阳辐射热能而做出的更简单的估算），严肃地将哈勃时间作为宇宙年龄的真实证据是有可能的。

哈勃本人对于用这种方式来解释红移是极度警惕的。也许这是因为理解广义相对论的史诗般的困难性。[3]也许是因为考虑一个演化的宇宙的新奇性，或者是由对那个加州理工太湖大道的疯狂的弗里茨·兹威基的敏感反应引起的谨慎，兹威基提议道，在很多其他可能性之外，红移还可能并不是因为膨胀，而是源于光子在穿越空间的过程中损失的能量，就像一个真实的马拉松参赛者会感到疲倦。在任何情况下，哈勃都没有太快地断言说观测到的红移是宇宙膨胀的天才测量，而是倾向于使用一个不置可否的说法——"表观速度"。哈勃同样很谨慎地没有给出结论，宣称观测到的速度-距离关系暗示了德西特研究过的宇宙学常量主导的膨胀，而这正是爱丁顿非常想看到的。哈勃在 1931 年给德西特写了一封心虚的信，来为他自己和他的观测搭档，米尔顿·赫马森解释：

> 我和赫马森先生都深深意识到您对关于星云速度和距离的文章的亲切赏识。我们使用"表观"速度一词是为了强调这个关系的经验性特点。我们认为，对此的进一步解

释，应该留给您和其他很少数的能够胜任对这一观点的讨论的权威人士。[4]

　　哈勃远离了这个冲突，但是其他人，不管他们能否胜任，都冲进了这个从哈勃定律揭示宇宙年龄的问题中。结果是令人困惑的。在哈勃的时代，根据 $1/H_0$ 计算的宇宙膨胀的时间还不是宇宙历史的完整图像的一部分。在 20 世纪 30 年代，恒星的寿命还没有被充分理解，这成了调和时间尺度的最大障碍。

　　在 20 世纪 20 年代，爱丁顿和气体理论学家开始注意到，恒星的能量与最小尺度的物质结构相联系，而且可能来源于亚原子变化。但是，如果考虑整个恒星的所有质量都转化成能量，用 $E=mc^2$ 来计算恒星中可获得的能源，就会造成巨大的高估。早期的工作者们意识到了将能量转化成质量的可能性，但是在原子核本身得到理解之前无法理解具体的机制，所以他们作出了这个假设来计算一颗恒星能够产 92 生的能量，这里的 m 应该是整颗恒星的质量。为了回答恒星能够发光多久的问题，他们用从恒星的整个质量计算出来的能量除以现在的能量释放率，来得到恒星的寿命。这得到了几万亿年的结果！由于哈勃的宇宙膨胀年龄是大约 20 亿年，这个设想使得宇宙中恒星的年龄比宇宙本身的年龄大了成千上万倍。这符合得并不是很好。天文学家们认为他们知道了恒星的年龄，所以他们并不急于接受 528 千米每秒每秒差距的哈勃常数的暗示。

　　在 1932 年，爱丁顿通过重新探讨恒星的年龄生动地解释了这个问题，此时世界经济正在陷入低迷：

正沉浸于巨大的时间尺度的奢侈中的天文学家,正在遭受一个剧烈截断的威胁。即使是对于这些天的经济,一个大约99%的截断也是完全不能被相关机构所接受的。我承认我并没有清楚地看到我们怎样才能解决津贴减少的问题;我也没有倾向于责怪这些第一反应是寻找漏洞来避免截断的人们。[5]

宇宙学常量引起的加速度可以改变哈勃常量 H_0 和膨胀宇宙的现有年龄 t_0 之间的关系。宇宙学常量提供了一个减小时间尺度的难题的"漏洞"。但是在1932年,真正的问题变得更加严重了:恒星时间尺度是基于不完备的物理,而天文学时间尺度是基于对星系距离的错误测量。在20世纪30年代早期,没有人对原子核有足够的理解,可以分析出恒星从聚变产生能量的每一步。很重要的一环缺失了,那就是中子——这种核子直到1931年才被发现。有了这种质子的中性伙伴在手,由质子和中子构成的原子核的结构,就能与宇宙学时间的难题联系起来。对微观世界的理解经常是解开大尺度结构上的宇宙之谜的关键。

在20世纪30年代末期,人们对于构成轻元素核子的质子和中
93 子的组合方式有了一个清晰的理解,也对能够从聚变产生能量的核子变形有了百科全书式的信息,汉斯·贝特和其他物理学家得出了发生在太阳中心以保持太阳光度的原子核反应链。贝特因为这项工作在1967年获得了诺贝尔奖。[6]这个由贝特在将近70年前确认的精细转化将氢元素聚变成了氦元素,但是仅仅将不超过1%的质量变成能量释放出来。在一个真实的模型中,只有恒星的中心是足够热的,可

以驱使质子猛烈地彼此碰撞，剧烈到可以发生核反应。恒星的大部分质量被留在了核燃烧的边缘。这些调整的结果是，类似于太阳的恒星的理论寿命下降了 1000 倍，变为了大约 100 亿年。哈勃对将红移 - 距离关系作为宇宙时间内的真实膨胀的证据的保守看法变得可以理解了。人们对于恒星计时器都进行了如此重大的修正，分辨宇宙时间更是十分困难的。当哈勃常量给出了 20 亿年的时间尺度，而恒星给出了 100 亿年，人们很难认为天文时间就是物理世界的真实历史。

时间尺度之间的不相符并不全部归结于恒星燃烧机制的理论误解。使得事情更加令人费解的是，因为在测量星系距离时的一长串微小的错误，哈勃和赫马森测量的哈勃常量的数值有着严重的误差。

正像爱尔兰人有很多关于雨的词语，因纽特人有很多关于雪的词语，天文学家也有很多关于误差的词语。有至少两种方式来从观测中得到错误的结果。一种是用很差的仪器做了很差的观测，所以和每个测量相关的不确定性是非常大的。这些误差是随机的，但是非常大。一个新领域刚刚开始的时候通常就处于这样的状态，比如 20 世纪 30 年代的观测宇宙学。我们在尽可能做到最好，只是无法做到尽善尽美。另一种是系统误差，这样我们的测量每次都互相符合，但是和真实的数值不符，因为我们在测量错误的东西，或者一遍又一遍地重复相同的错误。这种情况更加糟糕，因为它更难被发现。揪出系统误差需要仔细的思考，或者，最好是有独立的方法来测量同一个量。

也许一个熟悉的例子会有所帮助。假设你正在尝试测量一张波形[94]纸板的厚度，就像那种哈勃可能在威尔逊山用过的，用来分开一盒照相底片中的玻璃板。如果你只有一个英寸刻度的尺子，测量这些大约十分之一英寸厚的薄如蝉翼的东西的结果，可能会太不精确而毫无用处。就算你重复测量 100 次然后取平均值，你也只能得到对正确答案的十分含糊的概念，因为每个单独测量都太粗糙了。哈勃得到了一些这类的随机误差，他在试图测量那些在威尔逊山用望远镜照相底片能探测到的极限附近的恒星的亮度。

但是另一种观测误差更加麻烦。一个设计小玩意儿的聪明人造出了一把漂亮的千分尺来测量波形纸板的厚度，而不是挣扎于一把粗糙的尺子。用一把千分尺，你可以拧动一个校准很好的旋钮，直到张开的颚恰好碰到你所测量的物体的两端，然后你在一个螺旋形结构上读出厚度。这是做这项工作的正确工具，它可以给你一个 0.001 英寸或者更好的精度。但是即使是用这样好的工具，你也可能会产生一个更加严肃的系统误差。假设你习惯于将旋钮拧得太紧，而且在毫不知情的情况下，每次测量的时候你都把纸板压扁了。这样，即使你的测量是非常精确的，精确到一英寸的千分之一，它们都会比纸板的真实厚度要小，因为每次你钳制测量工具的时候，你都压紧了纸板。你的测量会是非常精确的，但是不够准确，因为你系统性地测量了错误的东西。如果你相信这些测量的散点能给出一个不确定度的正确估计，就会造成很大的错误。如果你有一个内在的系统误差，你可能会因为盲目地遵从高斯统计学而轻易地失去你的金鱼或者你的狗。

制造哈勃太空望远镜主镜的光学仪器商就产生了这种误差——他们在错误的地方用一个位置十分精确的透镜测试了这个镜子，结果将镜子造成了一个完美的错误形状。哈勃本人在将恒星在照相底片上

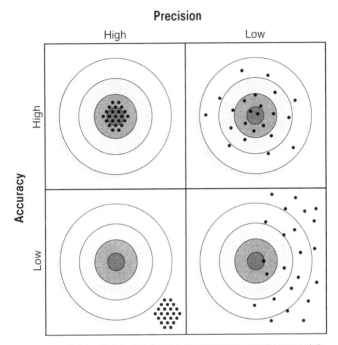

图 6.1　准确度和精确度。准确的测量有着正确的平均值。精确的侧量是紧密集中的，同时具有高准确度和高精确度是最好的。高准确度和低精确度不是那么太好，但是比高精确度和低准确度要好，后者会传达出一种对错误结果的俗气的权威气息。

形成的点与这些恒星的真实亮度的正确联系上也有系统性的问题。仅仅是每次测量都彼此符合并不能保证我们在把事情做对。

　　还有一些与我们要测量的目标样本相关的其他细枝末节的出错方式。假设这堆纸板中混杂着一些来自一个罗德学者的浆硬牛津布衬衫的包装硬纸板，混合在来自纸箱的波纹纸板当中。就算我们从这一堆中认真地测量了一百张纸板，正确地计算了平均值，然后切实地将之记录到千分之一英寸，我们仍然会得到对波形纸板单独而言错误的 96

数值，因为一些无关的东西潜入到了样本之中。如果我们对这些目标没有足够清晰的理解，采样误差就会悄然而至。

天文学家们特别容易受到一个难对付的采样误差的影响，它基于选出足够亮到可以看到的目标。这是一个如此常见的问题，它有自己恰如其分的名字：马姆奎斯特偏差。在近邻，我们可以看到明亮的超新星，也可以看到暗淡的那些。但是当我们看向越来越遥远的样本时，由于平方反比率引起的变暗限制了探测目标的能力，我们就只能看到那些特别明亮的目标，因为那些暗淡的没能超过我们的探测极限。当我们看向更加遥远的目标时，样本的平均内秉亮度变得越来越高。如果我们仍然使用表面亮度来判断距离，距离尺度会在大距离处被压缩。这是非常糟糕的。这就像一把以恒长距离的刻度开始的卷尺，但是它的尺度随着它的展开发生了细微的改变。我们会系统性地低估最大的尺度，因为你在不可避免地仅仅选择最明亮的超新星。我们成了马姆奎斯特偏差的受害者。

这有点像从一个一层的窗户观察从人行道走过的人们。如果你的窗户延伸到地板，你会看到比较高的人们，也能看到比较矮的那些，你看到吉娃娃和大丹狗路过此处。但是如果窗台比地面高出 6 英尺，你会错过所有的狗和小孩，然后你可能会得出你的小镇上的每个人都有 6 英尺高的结论。那仅仅是你能够看到的每个人。这并不总是同一件事。

而且还有一些不那么细枝末节的犯蠢错误的方式。假设这个你正在用的很精密的瑞士千分尺是用厘米尺校准的，但你是一个美国的火箭科学家，而你认为这把尺子是以英寸为单位的。这种误差在技术上被称为尺度误差或者"愚蠢的错误"。你记录下的一切都会差一个数值为 2.54 的因数，尽管每个测量看起来都精确到 0.1%。这些测量会是精确的，但是并不准确，然后你的飞船会在火星附近失踪而不是在火星上着陆。通常来说，你犯错误的证据并不这么生动形象。[7]

系统误差比有着很大的测量不确定性的粗糙测量更加严重。除了导致含糊的结论，一个精确但不准确的测量可以导致有很强确定性的、97 但是错误的结论。哈勃的 528 千米每秒每兆秒差距的测量就是看起来非常精确的（那个"28"会使你认为他将其确定到了仅仅几千米每秒每兆秒差距），但是它是非常不准确的，因为在那个晚上很多细微的系统误差潜入了他的测量。比如，哈勃在近邻星系中证认了造父变星，然后将它们的亮度与麦哲伦星云中的相似变星进行比较。这个到麦哲伦星云的距离错了三倍之多。这就像有一把你以为是测量英寸的千分尺，而其实是测量厘米的。当你使用其他人的工作，如果他们是错误的，那么你也会得到错误的答案。

这些造父变星被发现比哈勃所知道的更加复杂，当他做他的测量的时候，他把两种不同类型的变星放在了一起。这有点像在一堆里面有两种纸板。室女座星系团的红移为大约 1200 千米每秒，为了向外研究到该星团，哈勃需要一些比造父变星大的目标。但是结果是那些他从威尔逊山底片中挑选出来测量距离的最明亮的"恒星"根本不是真正的恒星。它们是巨大的气体云，因为这些气体受内部的许多大质量恒星的紫外线的激发而发光。这有点像挤压纸板——你并没有测量到你认为你在测量的量，而你在不知情的情况下这样做了一遍一遍又一遍。在哈勃的工作中所有这些系统误差的积累是非常显著的。哈勃常量的现代值比哈勃本人的小 7 倍，哈勃时间则大 7 倍。哈勃的哈勃常量关联于一个小得令人不安的哈勃时间，20 亿年，如今在宇宙匀速膨胀的前提下，哈勃时间和恒星时间尺度有了一个合理的吻合。这是一个大大的"假如"，因为测量宇宙膨胀的变化是极其困难的。

我们有很好的理由来相信如今的哈勃常量的测量误差要比 20 世纪 30 年代的小。但是取决于到麦哲伦星云的距离、对超新星类型的理解、在不同环境下造父变星的性质、将单独恒星误认为多个的可能困扰的系统误差，以及可怕的马姆奎斯特偏差仍然如影随形。观测天文学家的挑战就是预想到可能的系统误差，然后尝试着在测量中限制它们。但是人类的头脑是容易出错的，而且有很多种方式来制造细微但是显著的误差甚至错误，而这些并不会被对数据的优雅的统计处理所改善。有时候正是那些我们根本没有想到的困难跳起来咬了我们一口，就像在 SN 1987 A 中的脉冲星那样。只有当独立的证据互相吻合的时候，我们才能确定自己得到了正确的答案。不同小组的人们和独立的测量方式防止了很多类型的误差。

如今人们仍然在活跃地讨论着关于哈勃常量的数量值的问题。距离和红移之间的关系本身并没有争议，但是斜率的数量值 H_0，是很难准确测量的。哈勃的 528 千米每秒每兆秒差距的旧数值偏离太远了，它已经不是现代讨论的一部分了。从 1950 年开始的数值在 50 到 100 千米每秒每兆秒差距之间，最近的测量则将这个范围缩小到 60 到 80。在本书中，我使用了 70±7 千米每秒每兆秒差距，因为我认为这很好地代表了现今的数据，特别是来自超新星的数据。

哈勃在 20 世纪 20 年代使用的基本技术仍然处于现代测量的中心。造父变星在建立宇宙膨胀率的过程中起到了引领的作用，就像它们在默片时代所做的那样。改变了的仅仅是用来测量来自遥远恒星的光线的工具。

伽利略引领了在天文学中应用望远镜的道路。如果你去佛罗伦萨，你可以让别人帮你在乌菲兹美术馆前的长队中占一个位置，然后溜去自然科学博物馆。伽利略在 1610 年的透镜就珍藏在这里（和伽利略自己的手指一起，就像一个圣徒的遗物，虽然他并不曾是圣徒）。伽利略用他的第一台天文望远镜看到了月球上的环形山（并且测量了它们的高度），看到了木星的卫星们（就像太阳的行星运动一样）围绕着那个庞然大物运行，观测了金星的相位（哥白尼太阳系观点的一个预测），观测了横跨夏季夜空的光带 —— 银河，发现它并不像传奇所说是赫拉的乳汁，而是由无数恒星组成，数量庞大到无法用肉眼一一识别。这些对于一个小望远镜来说已经是很好的工作了。伽利略立刻从美的奇家族申请到了科研拨款。这解释了为什么现代科学家认为伽利略是他们的同类。 ⁹⁹

从伽利略时代到哈勃时代的一项伟大的进步就是望远镜口径的稳步增大。这个活动中的主要鼓手是乔治·埃勒里·海尔，他四次精心地建造了世界上最大的望远镜：1887 年建于芝加哥大学叶凯士天文台的 40 英寸望远镜，1904 年建于威尔逊山的 60 英寸反射望远镜，1917 年建于威尔逊山的 100 英寸望远镜，以及于 1948 年在巴乐马山开始运行的 200 英寸反射望远镜，如今被称为海尔望远镜。大型望远镜可以收集更多的光线，并且在其他条件一致的情况下，使我们有能力测量更加暗弱和遥远的目标。

　　另一个重要的进步就是更好的探测器的发明，它们可以更好地测量这些巨型望远镜花费如此巨大的金钱和努力收集的光线。伽利略的眼睛是由自然选择原理花费数十亿年发展而来的，是一个奇迹般的光学探测器（直到他失明），但是眼睛受到了两个基本的限制。首先，没有永久记录——我们可以有目击者描述和绘画，但是没有任何办法来储存实际的数据。第二，我们不能在一定的曝光时间内累积光子，来记录比在认真的一眼中能看到的更加暗弱的目标。天文学中目视研究的最高峰是 1845 年由威廉·帕森思，第三代罗斯伯爵，在他在爱尔兰的比尔城堡宽敞的前草坪上建造完成的"帕森斯镇的利维坦海怪"望远镜。这架望远镜有着 6 英尺口径、3 吨重的金属镜，由厚重石墙中间的铁链和线缆组成的独创性指向机制，还有精心制作的木质脚手架来将观测者升至这个庞然大物的目镜端，使得他能够用眼睛来观测。如果奥法利郡有了一个晴朗的夜晚，这里还有一个很好的绘画板让观测者能够画下观测物的草图。这里肯定有过很多晴朗的夜晚，因为帕森思画出的漩涡星系 M51 提供了"螺旋星云"的形状的第一个证据。

　　每个随后的大型望远镜都建造了摄像设备。天文学证据被记录在化学式的照相底片上：极其平滑的玻璃覆盖着一层胶质的感光乳液，悬浮着银的化合物，这种方法从 1852 年由哈佛大学天文台的大反射镜制成的月球银版照相法照片开始，直到 20 世纪 70 年代还在使用。底片可以曝光很长一段时间，经过随后的发展升级，银金属可以保存一个星光落在它们上面的恒星和星系的记录。这个优势是巨大

100

的 —— 长时间曝光，就像斯里弗拍摄的持续几个小时的英雄般的早期星系光谱那样，可以比人眼更长时间地聚集光子，而人眼只能累积不到一秒的光线。并且这个记录是可以理解并长久保存的，所以哈勃能够一个月又一个月地回去拍摄 M31 然后比较这些底片，在整幅图像中搜寻改变了光度的恒星 —— 能够显示与近邻星系之间距离的造父变星。

　　一项现代天文学中最近的伟大技术变革已经改变了这种麻烦但是简单廉价的方法，这些模拟的化学摄像设备就是光线加上暗房"魔法"，在玻璃板上产生暗点。现在我们有了复杂而昂贵的数码摄像。光线落进仔细放在精心制作的冷冻瓶深处的硅制的微小晶片中，在这里遥远恒星发出的古老光子会激发电子，被一个精致的放大器所测量并且数字化地储存在一台计算机中。

　　为什么这种方式更好？因为摄影感光剂只能探测到落到感光片上的 1% 的光子。从一个遥远的超新星发出的光线穿越了 70 亿光年的星系际空间，穿透地球大气层，从一架大型望远镜的主镜上弹射到照相机内。在经过上百亿年的哈勃时间的旅行后，99% 的光子恰恰损失在这里，因为被摄影底片所吸收而不能被进一步研究。这是一个多么大的浪费啊！硅基的 CCD（电子耦合元件）探测器，这些照相底片在数码摄像机中的复杂同类，能够探测到几乎 100% 的光子。所以使用了现代探测器的老旧望远镜的效率超过它们建成之时几乎 100 倍。

　　这些电子元件直到非常近期都有一个非常严重的缺点。它们太小[101]了。在 20 世纪 70 年代，硅阵仍然只有大约修剪整齐的指甲盖那么大。与之形成对比的是，从 20 世纪 50 年代开始，边长 14 英寸的柯达玻璃感光底片就是巴乐马施密特望远镜的标准配置了。当我在加州理工大学读研究生的时候，在弗里茨·兹威基退休的时候继承了巴乐马超新星研究的天文学教授华莱士·萨金特，要求我在长期观测员查尔斯·科瓦尔度假的时候补上他的空缺。我非常渴望去巴乐马学习如何表现得像是一个真正的天文学家。巴乐马有着从威尔逊山传下来的传统和阶层。在午饭的时候，有人给了我一张在我观测期间使用的餐巾布。上面夹着一个木制的夹子，一侧用铅笔写着我的名字，另一侧写着另一个人的名字。艾伦·桑德奇有一个真正的餐巾环并且坐在桌子的首位。我花了一年才拿到了我个人的夹子。现在我仍然保存着它。

我在黑暗中学习了如何控制这些巨大而易碎的施密特薄玻璃片，通过小心的触摸（黏黏的还是光滑的？）来确定哪一侧覆盖着明胶，哪一侧仅仅是玻璃。我还通过一种不幸的方式懂得了不要让感光片划过我的指尖。如果你没能发现这个规则，惩罚就是在将手指和巨型玻璃片浸在弱酸性定影液之前出现在指尖上的整齐切口。我还学到了不要早起去处理前一天晚上的感光片而忘记关闹钟。当我回修道院吃午饭的时候，从我的房间中传来了巨大的嗡嗡声。艾伦·桑德奇显然很不愉快。

感光片过于笨拙和低效，这令所有人都感到痛苦，但是它们面积很大，对于某些观测目的，比如搜寻超新星来说，它们覆盖超过小片 CCD 1000 倍天空面积的能力，要比多损失 100 倍光子探测效率的缺点重要得多。在那个夏天，我发现了超新星 1971M 和 1971N。唉，发现超新星的感光片是对这两个目标的唯一测量，我很遗憾地说，发现这两个超新星对于增加我们对超新星的理解毫无用处。但是这确实增加了我对于如何在这个领域取得进步的理解：如果你不用更多的观测去跟进你的发现，那么你将不会学到除了如何在暗室中工作这项消失的技能之外的任何东西。尽管如此，我的岳母仍然为我成为超新星发现者而感到骄傲。她将这些超新星的图片放在她的钱包里随身携带，每当其他的史密斯学院校友要求她夸奖他们的孙子孙女时，她就向他们展示这张图片。 [102]

在过去的 10 年里，科技进步倾覆了这个平衡；现在用电子探测器进行搜寻变得更加高效，因为这些探测器变得更大了。CCD 是由和制造集成电路一样的技术制造的，而集成电路是现代计算机的基础。当光线落在硅晶体上，它激发了储存其中的电子，使得电子缓慢地传向一个精致的放大器，被读出以得到对于落在探测器阵列的每一点上的光子数量的定量测量。我们现在用来在宇宙半径的一半处搜寻超新星的 CCD 探测器角径为 6 英寸。存储这样的一张图片要占据 288 兆的计算机内存，与之对比的是，如今我们可以在电器城买到的数码相机的照片仅为大约 6 兆。加减庞大数列的能力取决于计算机硬盘容量、内存和处理器的性能提升。幸运的是，更大的 CCD 和更强的计算机都源于同一种蚀刻硅晶体技术的提升。基本上，是这些技术的进步，而不是什么伟大的洞见，领导了我们对于宇宙组成的观点的主要概念性改变。

在过去的 10 年中，哈勃太空望远镜（HST）最重要的用途之一就是拓展了哈勃在造父变星领域的工作。哈勃太空望远镜有着现代的探测器加上大气层之外的精细成像（原来主镜上的那个错误现在已经用较小的镜片改正了，它们的工作原理就像一组隐形眼镜），所以它可以测量比 M31 远 25 倍的星系中的造父变星。在地面上，这些造父变星和它们的邻居们混在一起，夜空的天光使得找到或者测量它们是不可能的。如今天文学家们可以使用哈勃望远镜来做哈勃曾经想做的事情：测量足够远的星系中的单独恒星来设定宇宙距离尺度。通过对星系进行反复成像，观测者们找到变化的恒星，确定它们的周期，然后由造父变星的表观亮度来估测星系的距离。

用 HST 研究的星系中的造父变星比大麦哲伦星云中同光变周期的造父变星暗 100,000 倍。这意味着它们大约有 300 倍远 —— 距离我们超过 5000 万光年。5000 万光年听起来很远，但是仅仅延伸到宇宙中一个很短的距离，并没有远到足够对哈勃常数进行一个好的测量。在这个距离下，膨胀速度仅仅是 1200 千米每秒。这只是光速的 0.4%，只比单独的星系相对其邻居运动的 300 千米每秒的随机速度大几倍。尽管是用 HST，在我们能够测量造父变星的地方，宇宙膨胀速度仍然太小而不够可信。有时候单独星系的速度就会超过当地的哈勃速度，有时候会小一点，因为每个星系都被作用于几十亿年的周围星系的引力拖曳作用所影响。

哈勃定律的变化意味着，即使在外至 5 千万光年的距离测量都没有任何错误的情况下，想要很好地确定哈勃常数仍然十分困难。因为在那个距离下的宇宙膨胀速度太小了，作为速度和距离的比值的哈勃常量肯定会有很大的不确定性，这暗示了如果没有更长的码尺，从宇宙膨胀速率得到的宇宙年龄并不可信。

这就是测量哈勃常数的进展如此困难的主要原因：最好的宇宙学码尺是造父变星，但是即使是用 HST，在宇宙膨胀下快速移动距离远至哈勃流的星系中，造父变星也太暗弱而不能被观测到。为了测量哈勃常数，我们需要一个能够将我们带到超过不足取的 5 千万光年以外的好的距离测量工具，来到达超过 10% 光速的星系 —— 外至 10 亿甚至 20 亿光年。在那里大约几百千米每秒的独立星系速度将不会太过重要。这个速度会被 30,000 千米每秒的宇宙膨胀的拉伸所淹没。[104]这会给出一个对哈勃常数的好的测量，以及一个相比于其他宇宙学时钟检验膨胀时间尺度的合理方式。

这个测量中的技术问题，是遥远目标的视亮度会随着距离的平方下降。由于我们想要的距离范围大约是用造父变星能够达到的 30 倍，目标会暗弱 30×30，或者说大约 1000 倍。所以我们需要一些亮得多的东西！造父变星已经是我们所知的最明亮的恒星之一，典型的亮度是太阳的 10,000 倍，更加明亮的目标列表是很短的。但是一段时间以来，我们知道有一种恒星事件，可以达到太阳光度的 40 亿倍：超新星爆发。在几个星期之内，这些炽热的宇宙学灾难事件足够明亮，可以作为测量宇宙大小的标尺。

测量宇宙的最佳标尺是 Ia 型超新星，这种超新星源于白矮星的热核爆炸。这些超新星比造父变星亮大约 100,000 倍，所以在像 M100 这样需要用 HST 来观测造父变星的星系中，我们可以轻易地在地面用一台装备不错的业余望远镜来测量来自超新星的光线。如今非常完善的哈勃图就来自于认真校准过的 Ia 型超新星的测量。

　　无论如何，超新星不像造父变星那样重复它们的演化过程。这是
一个通向终结的壮美的单向旅程。更糟的是，我们并不是总能看到超
新星爆炸后第一个月或者差不多时间内的整个光变曲线的上升和下
降。由于搜寻者们的方法策略和注意程度，超新星总是在光度最高
值之后才被发现。为了使用超新星来测量哈勃常量，我们需要使用
这些迟到的测量方法。我们需要确定是否存在标准的光变曲线，可
以用来从我们观测到的光变曲线的片段来外推出我们没有观测到的
那部分。

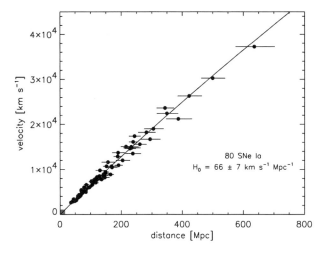

图 6.2　Ⅰa 型超新星的哈勃图。注意速度正比于距离，像 1929 年所标注的一样。
哈勃的原始哈勃图（图 5.4）仅仅延伸到 2000 千米每秒，在这里星系的独立运动增
加了数据的分散度。这个哈勃图延伸到了 30,000 千米每秒，光速的十分之一，在这
里宇宙学的哈勃运动与任何星系相对于近邻的独立运动相比都是足够大的。版权归
属于亚当·里斯，哈佛 - 史密松天体物理中心。

　　在 1989 年，布鲁诺·雷奔德古特在他的博士论文中攻克了这个
问题，当时他在瑞士巴塞尔和古斯塔夫·塔曼一起工作。布鲁诺将几
¹⁰⁵ 个测量得很好的Ⅰa 型超新星的光变曲线合并在一起做成了模板。他

的工作的前提假设是所有的Ia型超新星都是一样的。这个假设在20世纪80年代是令人满意的：将在钱德拉塞卡极限下爆发的超新星视为完全一样是有理论依据的，并且当时的观测大部分还是照相式的，不能好到能够清晰地看到细微的区别。完成毕业论文后，布鲁诺作为哈佛 - 史密松天体物理中心的博士后，回到剑桥和我一起工作。20世纪90年代，在我们小组收集的数据和发展的技术的帮助下，Ia型超新星成为测量星系距离的最佳标准烛光。

布鲁诺有一些瑞士人的传统性格：他非常认真、透彻，并且善于自我批评。这些对于处理光变曲线的人来说都是很好的特性，因为这个过程中有很多出错的可能。但是布鲁诺也有一些不那么传统的特点。有个笑话说瑞士没有军队，它本身就是军队。即使是在和平时期，每个男人都被期待服务于军队并在家里放一把来福枪（而不仅仅是一把瑞士军刀）来保卫国家。在第一次世界大战期间，爱因斯坦在德国的时候，他是一个和平主义者，即使在他帮助教唆曼哈顿计划制造核武器之后，他都是世界和平的发言人。但是在他年轻的时候，他曾被征召参加瑞士军队 —— 然后因为扁平足和静脉曲张被拒绝了。布鲁诺也被征召入伍过，他的双脚和血管没有问题，但是他出于原则问题选择了"不使用武器服务"。布鲁诺是一个独立思考问题并坚守自己意见的人。如果你是一个瑞士公民、古斯塔夫·塔曼的学生，或者我的博士后，这些都是很好的特性。

在很多年中，着装完美、认真仔细、充满活力的塔曼在和艾伦·桑德奇的合作中取得了丰硕的成果。在20世纪80年代后期，他们开始着手于一个用HST发现星系中造父变星的项目，在这些星系中，同时存在着可以使用布鲁诺模板的观测完备的超新星。其中的想法非常简单。你列出一张含有观测完善的超新星的星系列表。你使用布鲁诺的模板来找出最大表观星等。接下来，选择足够近的星系，使得 HST 能够找出其中的造父变星。

然后就进入了举证环节：你必须说服空间望远镜时间分配委员会同意你用 HST 对你的目标星系拍摄很多图像，来寻找造父变星并确定它们的周期和表观亮度。拥有了星系中已知周期的造父变星的表观亮度作为武器，我们就可以通过将这些恒星与大麦哲伦星云中的那些进行对比，来确定这些星系的距离，就像哈勃曾经所做的那样。现在我们将这个问题反过来：如果已知星系的距离，从布鲁诺的工作中可以知道超新星的表观亮度，这样我们就可以做一些算数来得到超新星的内秉能量输出。对足够多的星系做同样的计算来平均掉误差（如果它们是纯高斯误差），然后你就可以研究Ia 型超新星的真实亮度。现有值是大约 4×10^9 太阳光度。

最后一步是使用一组在哈勃流外面发现的远距离超新星，它们的红移反映了宇宙学膨胀，而不是随机移动。使用已知的光度和测得的表观亮度来计算每个超新星的距离。用速度（单位为千米每秒）除以距离（单位为兆秒差距），取平均值来减少误差，然后，瞧！你得到了哈勃常数。

这个过程听起来很简单，但实际上并非如此。首先，超新星很稀有。因为在一个星系中这类超新星每几个世纪才爆发一次，而且自从兹威基和巴德在 20 世纪 30 年代的拓展性工作以来，我们才意识到超新星的存在，只有很少的好例子，观测完善的超新星在 HST 的极限范围内的星系中爆发，从而可以探测到造父变星。艾伦·桑德奇、古斯塔夫·塔曼、阿比·萨哈和他们的合作者们用 HST 开展了这个项目，列出了 9 个在近邻星系中发现的超新星。他们得出的哈勃常数是 60 ± 6 千米每秒每兆秒差距，比将其定为 50 多的早期测量稍高。

温蒂·弗里德曼比桑德奇年轻 30 岁，也在卡内基天文台工作，她曾是一个用 HST 测量哈勃常量的"关键项目"小组的领导者。观测宇宙学并不完全是一个身体接触运动，但是如果你和艾伦·桑德奇在同一个领域工作，并且在同一个机构，特别是如果你得到了一个不同的答案，这有助于使得你的工作变得困难和竞争激烈。温蒂和她的姐妹曾经一直在多伦多大学女子曲棍球队打球 —— 作为一个经验丰富的右翼，天文学中的艰难和磕绊并没有对她造成很大的困扰。温蒂的小组使用了除超新星以外的许多其他方法来测量到星系的距离。她通过检验它们是否吻合，来得到每种方法的特殊系统问题。她称之为对她的数据的"交叉检验"，这在曲棍球中很不好，但是在观测天文学中则很有好处。当关键项目小组在 1994 年第一次发表他们的结果时，他们得到了一个相对较高的哈勃常量数值 —— 接近 80 千米每秒每兆秒差距，这对应着一个自大爆炸以来仅有 120 亿年的短暂历史。她的小组的现有哈勃常量 —— 72 千米每秒每兆秒差距，被广泛认为拥有低于 10％ 的误差。历史表明，我们总是过度自信，但是很少完全正确。或者，也许我们真的正在接近查出哈勃常数中误差的工作的尽头。这和桑德奇小组的结果并不十分吻合，但是它们之间的差别正在缩小。[8]

基本上来说，哈勃常数 H_0，以及从超新星的 $1/H_0$ 得出的膨胀时间 t_0 的精度，取决于拥有Ia 型超新星的近邻星系的距离，这个距离也可以由造父变星测量。到这些星系的距离取决于将其中的造父变星和麦哲伦星云中的同种恒星进行比较。这个对宇宙的分步测量得到了一个奇怪的情况 —— 我们对整个宇宙的尺度和年龄的认知取决于对最近的星系，大麦哲伦星系的测量。我们还没有完全解决这个本地问题，这很令人沮丧，却是一个现实。对哈勃常数的最新重测取决于对麦哲伦星云中的造父变星，而不是 10,000 倍远的超新星的更好测量。

如果如今基于造父变星的距离尺度是错误的，我们怎样才能知道呢？一个方法是比较对相同星系的距离的独立测量方法。到目前为止，我们有好几种不需要依赖于这些恒星的方法来对河外星系的距离进行测量。如果独立的测量方法给出了相同的答案，也许这些方法都精确地测量了这个距离。如果它们并不吻合，那么某个方法就是错误的。

超新星提供了两种距离测量方法，都与基于造父变星的距离尺度无关。第一个是超新星 1987 A 令人惊异的圆环。当 1987 年 2 月这颗超新星被发现时，我和戈达德太空飞行中心的乔治·索恩本，用国际紫外探测器卫星对这颗超新星的变化进行了详尽的记录。第一个变化有点令人失望：超新星发射的紫外光消散得非常迅速，在发现后的最初三天内以 1000 的倍率急速下降。但是接下来，在大约 90 天之后，紫外光谱开始显示出一些令人好奇的迹象：来自高度离子化的氮原子的窄发射线。超新星 1987 A 显示发射线的现象表明，这些光线是由超新星爆发激发的气体发出的。这些谱线很窄，意味着这些辐射气体的速度区间很小。由于超新星本身被一个剧烈的爆炸撕裂，将它的外层以 10% 的光速发射出去，这些小速度的辐射气体不可能是超新星的残余。那么这些东西是什么？

我的瑞典同事克拉斯·弗兰松有一个好想法，可以用一些简单的理论来解释所有的事实。如果在超新星周围有一层，也许是前超新星排出的气体呢？如果它位于适宜的距离，那么由爆炸产生的威力巨大的闪光要花费几个月才能到达球层，激发它并使之发光。一束紫外的闪光会将氮原子的电子剥离出去，从而使它们离子化，但是它不会将气体本身加速到很大的速度。

如果这个理念是正确的，那么我们看到的发射线会在接下来的几个月中变得更强。如果这个球层足够大的话，在 1988 年，光线传播的时间会变得对我们很重要，就像 1676 年对于奥勒·罗默那样；球层靠近的一面会比距离较远的一面近几个光月。事实上，谱线花了大约 400 天才达到了最高强度，我们测得这个值，意味着前超新星曾经被直径为 400 光天的球层所包围。

这些都是关于一颗大质量恒星的弥留之际的非常有趣的信息，但是它还没有提供对大麦哲伦星云的距离的独立测量。那是在 1990 年哈勃空间望远镜的发射之后。在早期的地基观测数据中，就有线索表明，超新星附近有些东西在爆炸之后的几个月内变得明亮。来自 HST 的最早的图像，甚至是它有缺陷的最初成像，都显示了超新星 1987 A 被发射气体云围绕着，就像克拉斯所预测的那样。（见图 3.2）

除此之外，像往常一样，自然远比我们所能想象的更加疯狂。这些气体并不是在爆炸周围的简单球层中，而是在一个圆环中，假定内侧边界是平整的甜甜圈状的气体。甚至在未矫正的模糊版本的 HST 图像上，你都能测量圆环的角径。测量结果大约是 1.6 角秒。由于在良好的天文观测台址处，地球大气的模糊效应通常为大约 1 角秒，位于大气层外的 HST 就成为这个测量的必要设备。现在，如果你从紫外波段的窄发射线到达最大值的时间得知了这个圆环的大小，并且从圆环的形状或者光变曲线测得了它的倾角，而且你还知道从我们星系看过去圆环所覆盖的角度，你就可以轻易地计算出超新星 1987 A 的距离，也就是大麦哲伦星云的距离。

我们发现大麦哲伦星云的距离大约为 165,000 光年，这个距离与温蒂·弗里德曼和她的合作者们基于造父变星的距离尺度的起始距离相同。所以我们使用完全独立的方法，得出了相同的结论。这也许仅仅是巧合，但是也可能我们都是对的。[9]

基于超新星，我们发现了另一种方法来检验造父变星的距离尺度。I a 型超新星是白矮星的热核爆炸，而 II 型超新星则是大质量恒星坍缩的结果。当一个 II 型超新星的外壳被喷射出去的时候，其中仍然大部分是氢元素。一个非常聪明的研究生可以详尽地计算出膨胀变冷的大气层的性质。在罗恩·伊思门去利弗莫尔[1]工作以前，他曾在密歇根大学和哈佛与我一起工作，并在 1989 年做了这个计算，给出了一个用来比较超新星 1987 A 的模型和数据的详细方法。对超新星大气的温度、速度和亮度进行的重复测量，提供了足够的信息来得出大气层的

---

1. 劳伦斯利弗莫尔国家实验室，美国的核武器开发机构之一。——译注

大小，并计算到爆炸的距离。对于超新星 1987 A，这个距离仍然是接近 165,000 光年，和传统距离吻合得很好。[10]

1994 年，我的哈佛研究生布赖恩·施密特在他的博士论文中，对从 1969 年以来的所有可得到的数据应用了我们的"膨胀大气层法"。有趣的是，这些有 II 型超新星数据和膨胀光球距离的星系中的一部分同样在温蒂·弗里德曼的关键项目的样本中。这些结果吻合得非常好。这表明我们可能都做错了，或者都对了。因为这两种方法是完全独立 [11] 的，我们猜想这是一个线索，表明我们正在做正确的事情。

在我对我们的参观委员会作报告，并且和年老的哈罗·沙普利共进了一顿无聊的午餐超过 20 年之后，我成为了哈佛的系主任，并且尝试着为另一个参观委员会设定活动项目。来自加州理工的华莱士·萨金特是这个参观委员会的主席。因为我曾是加州理工的研究生，华对我很了解，而且我非常希望表现出哈佛正在发生的一些好的事情。布赖恩·施密特看起来是对这个外来小组进行报告的自然人选。他对哈勃常数进行了独立的测量，这是一个热点话题。另外，布赖恩是个有魅力的男人，一个活跃的演讲者，也被证明是一个非常优秀的助教。如果他能够处理好哈佛本科生的问题，那么我认为他也能处理好加州理工教授的问题。布赖恩对他的工作进行了一个非常精彩的解说，用科学使得委员会印象深刻，并且用报告使得他们惊叹。

在结尾，华全神贯注地说："很好，今天我们见证了基尔什纳的初次登台，年轻人。"

我和布赖恩都同样地脸红起来。我想知道谁会在午饭时坐在布赖恩旁边。也许会是一些过去的传奇人物。我并不知道，因为他必须坐在屋子边缘的外侧。

所以，现在是什么时间？对这个问题来说，从哈勃常数 70 得出的 140 亿年的宇宙年龄，和 120 亿年的球状星团年龄，或者银河系中最年老的白矮星 100 亿年的冷却时间在一个大致的范围内。如果宇宙一直以不变的速率膨胀，那么这些宇宙年龄看起来就是一致的。形成于炽热开端之后的几十亿年的恒星比作为一个整体的宇宙要更加年轻。这样很好，因为你不应该比你的母亲年长。

但是如果宇宙的膨胀减缓的话，这些年龄之间的和谐就会被破坏。在这种情况下，现有的膨胀率就是对从时间开端以来的速率的一个危险的向导。事实上，在整个 20 世纪 80 到 90 年代，这曾是一个非常严重的问题。如果哈勃常数真的是 80 千米每秒每兆秒差距，就像温蒂·弗里德曼的小组在 1994 年的第一份报告中提出的那样，并且 Ω 是 1，像许多理论学家所相信的那样，那么减速过程会使得宇宙的年龄非常尴尬地小于恒星的年龄。如果宇宙在过去膨胀得更快，就像观察一个疲劳的马拉松运动员那样，如果你忽略这个减速过程，你就会高估这个时间。在这种情况下，$\Omega = 1$ 会暗示一个接近 80 亿年的真实宇宙年龄，这与来自恒星的证据不能很好地吻合。在这个图景中有些东西出错了，是 H_0 还是 Ω？

最终，我们什么时候会到达？如果 Ω 很小，我们就永远不会走到终点 —— 宇宙将会无限地膨胀下去。如果 Ω 是 1，宇宙膨胀将会减

图6.3 1994年布赖恩·施密特向他的博士导师解释膨胀光球法。计算机屏幕显示了施密特用II型超新星画的哈勃图，用膨胀光球法推导来测量距离。版权归属于哈佛新闻办公室。

缓，但不会变为收缩 —— 我们会越来越近，但不会抵达。如果 Ω 大于 1，在遥远的未来的某个时间，宇宙就会到达一个最大容量。我们终将抵达，但是我们也会看到前方的糟糕前景：宇宙的收缩，在一场炽热的大碾轧中，对于千亿年间宇宙变化的所有效果的撤销。所有这些听起来都像是神话传说中的东西，但是我们慢慢地拓展了测量和理性讨论的边界。问题不是概念性的，而是定量的：我们能否测量得足够精确，从而可以信任我们的结果？最终，这些结论忽略了宇宙学常数。如果这个世界的总能量密度是由一些受引力的物质组成的，同时一些暗能量正在使得宇宙撕裂开来，所有的赌局都会终止。

第 7 章
新泽西夏日

114   我们如今观测到的宇宙是正在膨胀的，宇宙中星系之间的距离正
在以哈勃定律增长。在智利、夏威夷和亚利桑那的深山峻岭之上，巨
型望远镜缓慢地收集着来自遥远星系的光子，为我们理解那古老而遥
远的宇宙积累着证据。然而，宇宙的另一个重要成分则被发现于新泽
西州的霍姆德尔，花园州高速公路的 114 号出口附近。在这个平淡无
奇的地方，阿尔诺·彭齐亚斯和鲍勃·威尔逊发现宇宙中充满了古老
的光：来自大爆炸的余晖。

更为确切地说，他们在 1965 年发现，无论他们射电望远镜的天
线指向何方，都可以探测到一种无线电辐射的嘶嘶声。现在我们知道，
这种辐射的光谱是一个不透明物体在温度为 2.725 ± 0.001 开尔文时
发射的。这一温度比绝对零度要高出 2.725 摄氏度。今天，宇宙是透
明的，所以光子可以从遥远的星系传播到我们这里而不被吸收。我们
所看到的来自星系的光是一种复杂的"混合物"，它来自许多不同的
恒星和气体云，而且携带着关于光源成分、温度和运动状态的微妙信
息。但是，彭齐亚斯和威尔逊发现的辐射要简单得多 —— 从各个方
向到来的它几乎完全一样，并且它的整条光谱可以只用一个数字来描
述，那就是温度。没有细节存在。

　　这种温和的低能光子浴是宇宙较早期的遗迹，当时宇宙是炽热而 [115]
不透明的，所以表现得如烤箱一般。在你加热一台电烤箱时，其加热
元件会发射红外光，而较冷的箱壁则吸收这些光，然后它们会变热，
直到它们也开始发出红外光。当一台烤箱预热完毕时，恒温器就会关
闭加热元件。现在，来自箱壁的辐射使烤箱充满了均匀的红外光。当
你把生面团放在一个烤盘里并将它推进烤箱时，它就会吸收在烤箱内
四处弹跳的红外光子的能量，直到它也逼近箱壁的温度。现在你知道
面包是怎么做的了！

　　这就是你烘烤面包的方式 —— 随着生面团吸收红外光，它会升
至烤箱壁的温度。在一台烤箱里，所有的东西都趋于相同的温度。四
处乱撞的光子保证了这种平衡被强制执行。烤箱内，光子的光谱仅由
温度来决定，而不是烤箱壁的化学成分或生面团里的葡萄干种类。普
通的厨房烤箱不足以加热到让人眼看见箱壁发光，但一座陶瓷窑或者
一个充分燃烧的炭火烤架却可以。位于一团火焰中心的炭块发出的红
光就是这种类型的辐射，并且我们都知道，炭块的颜色指出了火焰的
温度 —— 暗红色炭块的温度要低于亮橙色炭块。宇宙微波背景就是
来自热大爆炸的光 —— 但其绝对零度之上 2.725 度的温度意味着我
们的眼睛无法察觉到它：我们需要无线电接收机，就像是彭齐亚斯和
威尔逊建造的那台。

　　在不透明宇宙中的任何区域内，同样的效应也在起作用 —— 在
一个不透明宇宙中，所有的物体都会达到相同的温度，因为光子在
以光速飞来飞去，确保了任何稍冷的区域都会变热，同时任何稍热
的区域也会冷却。彭齐亚斯和威尔逊探测到的光子，其光谱形成于

宇宙不透明时期。简单的计算表明，那时宇宙的温度至少为 4000
开尔文。

所以，在新泽西州观测到的宇宙微波背景光子来自宇宙比今天炽
116　热 1000 倍的时期。自这些光子最后一次从物质上弹开算起，它们已
经随宇宙膨胀拉伸了约 1000 倍。作为可见光发射的它们被膨胀衰减
成了恰好可以被射电望远镜探测到的低能光子。

这些光子穿行于一个透明的宇宙之中，携带着婴儿宇宙在各个方
向上的图像。当它们被发射时，宇宙的尺度要小 1000 倍，宇宙中的
物质密度要高 10 亿倍，而温度则要热 1000 倍。那些光子向我们展示
了宇宙非常年轻时的样子，就在那一刻，它从如烤箱壁般的不透明变
得如窗户般透明。

宇宙整体从不透明到透明的这一物理变化，是由独立电子和独立
质子的微观重排所引发的。当宇宙炽热的时候，能够结合成日常所见
的原子物质的电子和质子移动得太快，以至于无法组装成氢原子。四
处弹跳的光子携带着很多能量，可以撕裂任何要形成的原子。但是，
经过了大约 30 万年的膨胀和冷却，大爆炸后物质和光组成的暖"霾"
最终冷却到足以使电子放弃自由状态。在免受破坏性的紫外光子侵
扰之后，电子终于可以与质子结合形成了氢原子。自由电子善于散射
光；而位于氢原子束缚轨道上的电子，其散射光子的效率则要低得
多：当氢原子第一次形成时，朦胧的宇宙就变得透明了起来。[1]

宇宙微波背景（cosmic microwave background，简称 CMB）提

供了最直接的证据，表明宇宙起源于一场热大爆炸中。这不仅仅是基于星系相互远离获得的直观印象，更是基于随着时间的推移，宇宙中真实发生的物理变化。我们今天看到的宇宙已经随着宇宙时间的推移变得复杂化，从一锅炽热、不透明、均匀分布的汤，变成了一个寒冷、透明、错落有致的宇宙，有着星系、恒星、行星和人类。早期宇宙是简单的，并且使用简单物理就可以预测。然而宇宙一旦转为透明，事情就开始变得有趣而复杂莫测起来。这就是天文学的棘手之处。

对于宇宙学来说，探测宇宙微波背景是一项大事件。早在几十年 117 前，乔治·伽莫夫和他的学生赫尔曼、阿尔弗就曾视热大爆炸为元素合成一个可能场所，但当时并没有引发跟进研究，后来，人们确认了重元素的制造场所其实是恒星和超新星。尽管彭齐亚斯和威尔逊一开始没想去研究跟宇宙有关的东西，但他们意外发现微波背景辐射这件事着实重要，所以他们收获了 1978 年的诺贝尔物理学奖。[2]

然而，关于宇宙微波背景的均匀性还有一些奇怪之处。它那模糊的视界在所有方向上都远及 140 亿光年的距离。并且在任何方向上我们看到的温度都是 2.725 开尔文。但是，转过身去，你也可以在相反的方向上看到 140 亿光年之远，那里的温度也是 2.725 开尔文。[3] 现在，在一台烤箱里，物体会达到相同的温度，因为来自一个温暖区域的光子会消耗热区的能量并加热冷区。但是光子只能以光速传播，当它们在一团迷雾中四处弹跳时，它们的传播速度还会更慢。我们在天空两端看到的区域从未有过光子交换，来让它们得以抹平温度的差异。为什么它们会拥有相同的温度呢？

这有点奇怪。就好像你以光速的 99.999％ 走过了 10 亿光年，降落在一颗行星上，发现这里的居民在打棒球。恰好他们也依据美国职业棒球大联盟的规则：不使用铝制球棒。这会令你感到惊讶，如果你真的是我们中到达这个遥远地方的首位使者，他们又是怎么知道要和红袜队（Red Sox）遵守一样的规则去比赛的呢？所以我们的问题就是，"宇宙是怎样变得如此均匀的？"

有一种观点听起来荒诞不经，但却被有识之士认真考虑过，那就是我们在所有方向上看到的整个宇宙曾经一度小到足以让光子确立一个单一的温度。然后，由于一种与真空有关的能量，宇宙经历了一场惊人的指数膨胀，在这个过程中，宇宙的尺度在大爆炸后 10^{-35} 秒左右增长了差不多 10^{50} 倍。在这一图景中，在"暴胀时期"，可观测宇宙从一个小到光子可以在可用时间内横穿的区域，增长到葡萄柚大小。精确的数字取决于粒子和场在从未被地球上任何粒子加速器观测到的高能标下所表现出的细节，但是这一基本观点并不依赖于这些细节。在这个图景中，目前不断膨胀的宇宙视界正再次遇到曾有过接触的区域。

换句话说，在暴胀之前，可观测宇宙中的物质曾经有过充分的热接触，就像烤箱的内部一样。然后，经历了暴胀时期，宇宙呈指数膨胀，曾有过接触的区域断了联系。暴胀在大约 10^{-35} 秒时结束，然后大量的时间（10^{17} 秒——哈勃时间！）流逝而过。对于每一个地方来说，宇宙的可观测区域都在增长——现在我们能够看到有数十亿光年之远的宇宙其他部分。140 亿年后，当各个区域再次互致问候的时候，它们的温度是一样的，因为就在很久很久以前，暴胀开始前那极为短暂的瞬间，它们有过接触。

这种"暴胀"的观点听起来非常不可思议，只是得到权威学者的严肃对待并不意味着它一定是对的。实际上它在粒子物理的量子世界中有着强大的根基，因为它不止是解决了"视界问题"，让宇宙中刚刚取得接触的各部分有着一致的温度；暴胀让这种接触更像是同产房的婴儿若干年后的重聚，而不是毫无瓜葛的人的首次会面。此外，暴胀也对宇宙相对绝对平滑的偏差，以及宇宙的几何性质作出了严格的预言。这些预言可以经受观测的检验。如果预言没有得到证实，那么至少暴胀理论的最简版本不可能是对的。

就算预言得到证实，那也并不一定意味着暴胀就是正确的图像。毕竟，还有一些其他的可能性存在，那些可能性也许是我们还没有想到，却也会做出同样这些预言的。但如果暴胀能不断通过观测的检验，那么认为我们可能走对了路子，就并非只是草率的逻辑了。这个假说如果有什么问题的话，它搞不好早就被证实是错误的！

暴胀的物理机制源自量子物理的奇葩世界。在量子领域中，一个[119]已经证实卓有成效的概念被用于思考空间特性："真空"。在亚原子世界里，尽信常识不如无常识 —— 它们就是完全错误的。在我们双眼可见的宏观世界中，像一只被掷出的棒球这样的物体，它在每一个瞬间都有一个确定的位置，并且我们能够用雷达枪来测量它的运动。但是，在电子、质子以及更小的尺度上，这些关于位置和运动的常识被一种内在的模糊性所取代：海森堡测不准原理表示，你无法同时知道物体的准确位置和运动。

对于宏观物体来说，这并非什么大不了的问题；但在亚原子尺度上，这是必须被考虑到的事情。亚原子尺度与人类尺度相差之大，就如同人类与恒星之间的差别。你不能指望自己的直觉对电子也是适用的。我们不能说在氢原子中绕着质子轨道旋转的一个电子就恰好在"那里"，且做着某种精确的运动，而是被迫去使用更微妙的公式，来描述找出定态电子的概率。

对于暴胀来说，有个古怪的观点就是真空可能拥有与之相关的能量。你或许认为真空的能量一定是零，但是物理学并没有告诉我们真空必须具有零能量。这有点像是在看地球的地形图——给出的高度是海平面以上的距离，但这就忽略了地球的半径。同样地，物理事件告诉我们的是能量差，而并没有告诉我们是否存在真空能的下限。在一段要么是短暂的片刻，要么更长的时间里，可能存在不完全为零的真空能，它潜藏在我们对能量差所做的一切测量之下。

在广义相对论中，真空能的作用是产生一个"负压力"来促使宇宙加速膨胀。如果真空中的能量保持不变或者衰减得足够缓慢，那么膨胀率就会与其尺寸成正比：它确确实实是一个指数增长，就像复利和通货膨胀一样。1979 年 12 月，在一个临时岗位上的一位不那么年轻的博士后艾伦·古思（现在是麻省理工学院的魏斯科普夫教授）在骑着自行车去斯坦福直线加速器上班时，并没有去思考职业发展上的事情。他正在思考，如果宇宙进入一个真空能不为零的态时会发生些什么。那天早上，他非常急切地想要去工作，去检验他大胆想法的结果，结果创下了他个人的最佳骑行纪录，9 分 32 秒。在 20 世纪 70 年代末，经历了好几年激烈的物价上涨后，通货膨胀[1]成为所有人都留意的概念，甚至连古思这样忙于其他想法的超脱之人也不例外。这就是宇宙在最初 10^{-35} 秒内的飞速膨胀被称为暴胀宇宙学的原因所在。[4]

物理学家们喜欢这种关于大爆炸起源的观点。首先，它出自他们的学科：理论粒子物理领域，而不是复杂棘手的天文观测领域。"标量场"，就如同产生暴胀的场一样，是他们的黄油和面包。标量场将质量赋予构成中子和质子的夸克。粒子物理学家们并不认为凭空捏造这样的抽象概念是一种奇怪的思考方式。他们在早餐前就这样做了。其次，它在数学上是简洁的，并且如果真理是美的，那么美就是真理，而暴胀必然是正确的模型。或者更严肃地说，这是一个强大而有吸引力的理论构想。第三，它解释了已知的事实，比如膨胀的宇宙和均匀的微波背景。但最为重要的是，它至少是以其最直接的形式作出了一些观测者可以检验的预测。暴胀跨越了从微观到宇宙的范围 —— 它大胆且有着动人的美感，最妙的是，我们能够查明它是否错误。

最简版暴胀的一个预测是，宇宙将拥有平坦空间的几何结构：即 $\Omega = 1$。即使宇宙在起初有一点曲率，但暴胀时期的急剧膨胀将会增加曲率的半径，迫使其变成平坦空间的几何结构。如果你把一个葡萄柚大小的区域膨胀到宇宙那么大，它的外皮将会非常非常平坦。或者，正如古思所说，"Ω 的值将以极高的精度逼近 1"。因此，如果我们能够测量 Ω 的效应，我们就可以检验这是否是真实的，以及这一版本的暴胀是不是错的。[5]

---

1. inflation，在宇宙学领域译为"暴胀"，在经济学领域则译为"通货膨胀"。—— 译注

　　暴胀的一个更为微妙的特性是，你可以推算出宇宙各处密度变化的特征。如果量子力学支配了宇宙的最初刹那，那么量子不确定性就会预测到，当你对宇宙的不同部分进行采样时，你所测量的物质和能量的密度必然会有一系列的值。这就意味着，宇宙应该含有各种各样的密度变化，如波一样，从微小的涟漪到最长的波动，它们可以适应暴胀时期每一个瞬间的宇宙视界。这些能量密度的变化将会在宇宙微波背景上留下一条印记，使我们能够在平滑背景的各处探测到细微的温度差异，就像平滑的债券纸上的水印一样。

　　这些随机变化是我们如今在星系分布中看到的巨大密度差异的最初起源。在过去的 140 亿年里，引力的活动过程将这些最初的种子放大成今天我们观测到的宇宙生态丛林。我们始于随机胀落，引力将物质组织起来形成星系和恒星，核物理加工了恒星内部的元素，然后宇宙开始变得有趣起来，最终制造出行星和人类。所以，另一项对暴胀的检验就是看一颗行星（地球！）上的人类是否能在微波背景中看见预测的涨落。

　　宇宙辐射的早期测量显示，微波背景是平滑的。不像我们今天看到的高对比度星系分布，有着密集的星系团和豁开的空洞，在宇宙冷却并且变得透明起来的时期，宇宙中的物质几乎完全均匀地分布在各处。几乎完全，但还并不完全。人造卫星、气球，以及位于极端干燥如智利阿塔卡马沙漠和南极等地的地基仪器，由它们对 CMB 进行的极细致的测量显示出背景亮度上细微变化的明确信号。

　　这锅宇宙之汤里的团块大约只占十万分之一 —— 就像是有一把

勺子从一个巨大的零钱罐里挖出价值 1000 美元的 1 美分硬币，每一 122
次都得到相同的答案，精确到 1 美分。这真的很平滑。婴儿屁股是通
俗的平滑标准。对我家孩子的亲身观察显示，他们的屁股在 10 厘米
范围内有 0.1 毫米的突起，因此只平滑到千分之一 —— 人类婴儿的
皮肤比婴儿宇宙要粗糙一百倍。这还是在没有尿布疹的情况下。

　　这些微小变化的图像揭示了宇宙早期物理状态的一些重要线索。
它显示的稠密区域注定会随着引力的不均匀放大而变得更加稠密，而
低密度区域也注定会随着时光流逝而丢失物质。这些微小的变化就是
我们今天在星系巡天中看到的开出高对比度的星系团和巨洞花束的
种子。正如富人会愈发富有一样，由于引力造成了对比的增大，稠密
区域也会凭借无情的宇宙歧视变得更加稠密。

　　这些早期宇宙涨落的第一幅图像是由宇宙背景探测器（Cosmic
Background Explorer，简称：COBE）卫星于 1992 年得到的。那些早
期的观测将测量结果一起模糊至 6 度的角尺度，这大约就是在你伸
直手臂时，你握着的拳头在天空上覆盖的角度。即便在这幅模糊的
图像中，COBE 也明确探测到了暴胀所预测的通常类型的涨落。尽
管这并未证实暴胀模型是正确的，但却是对这个模型本可能失败的
一次检验。[6]

　　我们看到一个正在膨胀的宇宙，其星系间的距离正随着时间拉伸。
我们看到宇宙在年轻、平滑且炽热的时期的遗迹之光。还有另一个证
据表明，我们今天看到的宇宙是 140 亿年前热大爆炸的结果。那就是
所有年龄段恒星中普遍存在的氦 —— 第二简单的元素。在炽热、膨

图 7.1 结构的生长。一旦重子复合，它们就会在引力的作用下运动。能够形成星系、恒星、行星和人类的物质流进暗物质形成的谷中，正如这些计算机模拟结果所显示的那样。发光物质的分布描绘了暗物质的存在。此图由 VIRGO 合作组提供。

胀的宇宙中发生的暴胀结束后（如果暴胀真的发生了），氦产生了。

　　这在一定程度上有些大胆。暴胀是一项外推，它远远超出了我们曾在地球实验室中测量过的任何东西。尽管这是一个非常有趣的观点，但却是推测出来的。与地球上最强大的粒子加速器中产生的能量相比，暴胀时期所对应的能量要大 10^{13} 倍。随着我们对亚原子世界的了解越来越多，随着我们不断朝着测量极小之物的特性前进的旅程，从现在算起的 20 年内，暴胀看上去可能是，也可能不再是这么伟大的观点。但是，4 千、4 万、4 千万乃至 400 亿开尔文的世界，都远未超出现今实验物理学的范畴。[7] 我们并非是在猜测电子、质子、中子和中微子在这些温度下相互作用的情况。这是核反应的低能领域，而且不论好坏，我们都知道那些反应在恒星和炸弹中是如何起作用的。对大爆炸后数秒内一个 1 千亿度的不透明宇宙的见解，这样的外推程度远不及猜测最初 10^{-35} 秒的情况大！当宇宙和一颗爆发恒星的内部一样热时，我们对此时的认识实际上是很可靠的。 124

诸如氧或铁之类的复杂元素生成于恒星产生能量的过程或超新星爆发的时候。我们从光谱中了解到，在银河系最古老的恒星中，这些元素的丰度只有其在太阳中丰度的 1/1000。这意味着，随时间的推移，这些元素的丰度逐渐增大，就像壁橱后的旧鞋子一样。例外的是氦元素 —— 元素周期表中的第二元素。尽管氦在恒星中由氢聚变产生，但即使是最古老的恒星也拥有和太阳一样多的氦。当我们看向其他星系的气体云时，就像瓦尔·萨尔让和伦纳德·瑟尔在 20 世纪70 年代早期所做的那样，遵循着弗里茨·兹威基在他位于加州理工学院的地下工作室中汇编的奇异天体列表，他们发现有些星系的氧丰度很低。想必就是这些地方，恒星在丰富元素种类上做得最少，而这些星系有着最接近于大爆炸本身的组成。但即使是最原始的气体云，其中的氦似乎也占到了大约 25% 的质量。这是一条强有力的线索，表明氦并没有像其他元素那样随着时间的推移而逐渐增加。氦是如何在一开始就获得领先优势的呢？

这一谜题的答案要追溯到比恒星更早的时代，就在炽热且稠密的大爆炸中。微波背景向我们展示了宇宙在比今天小和热 1000 倍时的一幅图像。如果我们敢在宇宙尺度上再回推 1000 倍，超出我们直接观测的时期，宇宙的温度将会比今天要热 100 万倍。我们无法深入那个时期去观察，因为此时的宇宙是不透明的，但是我们确实了解事物在这些温度和密度下是如何运作的。我们无法深入太阳中心去观察，但我们知道那里在发生什么，而这是相似的，只是更加遥不可及。越过那一阶段，再回推 100 万倍，仍然在充分检验过的地球物理学领域范畴之内。宇宙应该是一台核熔炉，将最轻的粒子聚变为氦。或者更准确地说，由于宇宙是在进行一场从热到冷的单向旅行，也就是在一台核冰箱中，一旦温度足够低，原子核就会冻结。[8]

在大爆炸后最初几分钟的尽头，当温度降低到足以使最简单的原子核结合起来而不被高能光子分解掉的时候，肯定发生过一场宇宙级别的抢凳游戏。每一个质子会捕获一个中子以形成氘，然后在几个步骤之后，氘核就会形成氦。一个氦核拥有两个质子和两个中子，所以通过计算宇宙在冷却到足以使氘结合起来时存在的中子数，我们可以算出在膨胀的大爆炸中有多少氦形成。这样算出来的答案是约占全部普通物质质量的 25%。而这差不多就是我们所看到的比例。当这些数字碰巧如此相近时，上面的观点就拥有了真理的光环。

即便是第一代恒星，也会带着一份大爆炸陪嫁的氦起步。乔治·伽莫夫最初的目标是在大爆炸的火球中烹饪元素，但这种起源却在从氦到锂的间隔上出错了，而恒星通过将三个氦核结合起来制造碳跨过了间隔。我们从前代恒星那里继承了碳、氧、铁和金，但氦却是直接从大爆炸本身得来的遗产。[9]

所以，我们有充分的观测理由认为，宇宙始于约 140 亿年前的一场炽热、稠密的大爆炸。在经历了一段短暂的早期指数膨胀后，宇宙成为一个简单、炽热、近乎均匀的地方。随着烤箱的冷却，氦元素形成了。在复合之前，至少对于如质子和电子这样的普通物质而言，物质与光的相互作用遏制了对比度的增大，也将抹去所有的团块。在复合之后，氢原子构成了普通物质的大部分，而且一旦宇宙变得透明起来，引力就开始将普通物质变得团块化。必然存在着第一代恒星，其中的核反应产生能量并开始制造元素周期表中的元素。星系开始在物质的不均匀分布中形成，而通过吞噬它们的小邻居，大星系也形成了。

我们的银河系是追溯到过往 130 亿年的一长串合并过程的产物。[126]太阳和地球形成于富含铁、硅、钙、氧和碳的气体中，这些元素在银河系内经 80 亿年的恒星燃烧累积起来。再看看我们，由碳、钙和铁组成的生命体，呼吸着氧气，回顾着通向我们起源的时间之河。这是一张美丽而简单的图画，描绘了我们来自何方。

当然，美丽和简单并不总是等同于"准确无误"。如果你足够靠近地观察米开朗琪罗绘制的用来装饰西斯廷教堂天花板的明亮壁画，你将开始看到画中的裂纹、污迹和缝隙。同样地，如果你近距离地观看这幅膨胀宇宙的图画，你就能看到需要更大工作量的地方。这并不一定意味着这个框架是错误的，但它确实意味着，我们需要更好地理解宇宙中存在着什么，以及物理定律如何去塑造我们周围的世界。

测得的物质量就是壁画中的一条裂纹，我们无法精确地说出宇宙中的物质是由什么构成的。而暴胀暗示 $\Omega = 1$，测量宇宙物质的直接尝试指出了不一样的事情。性情暴躁却有先见之明的弗里茨·兹威基在 1933 年展示了如何通过测量群集于星系团中的星系的速度来测量与星系相关联的质量。一个星系团中的质量越多，其中的星系就运动得越快。测量星系相对于星系团红移的运动，可以推断其质量。这种技术，以及近几十年来发展的其他取决于质量的效应，比如星系团中气体的 X 射线辐射，或星系团中的引力透镜，都指向同一个结果——成群星系的总质量远大于发射可见光的恒星的质量，但这个质量仍然太小，不足以给出一个 Ω_m 等于 1 的引力质量密度。最佳估计给出的 Ω_m 值接近 0.3 ± 0.1。

对于宇宙成分这一问题，在过去 10 年间经常采用的一种通用的处理方法，自《圣经》时代起就为人们所熟悉了，却成为一种夹杂着恭维的怀疑和少许骄傲的使人飘飘然的混合物。不止一个理论学家曾
127 带着淡淡的微笑对我说过，"好吧，鲍勃，测量物质密度和宇宙膨胀率是很困难的事情，是由有才华的，但是坦率来讲，会犯错的观测天文学家完成的。天文学家们之前就犯错了，现在很可能还是错的。并非所有的观测都是正确的。因为从我们高度发达的审美观就知道，Ω_m等于 1 是正确答案，你们观测者应该回去再做测量，直到纠正为止"。

我们把数据从山上带下来是刻在磁带而非石碑上，并且在构建宇宙观测图像的过程中有过很多失算。但仅在过去 5 年里，情况就发生了变化，观测结果变得更加确定，更有说服力，即便其暗示令人非常不舒服，其结论也不容忽视。这导致了理论和观测的一次意外的新结合，而这仅仅是通过引入了不是秘密的旧闻之一：宇宙学常数 Λ。

令测量宇宙的物质含量特别有趣的是，即使是 0.3 的 Ω_m，也要求宇宙中大部分物质是看不见的不熟悉的事物。换句话说，Ω_m = 0.3±0.1 与 Ω_m = 1 相比低了 7σ，却仍然大过所有使星系发光的可见恒星的质量加起来得到的密度。如果你这样做的话，你只能得到 Ω = 0.005。我们可以看到发射 X 射线的热气体和所有其他我们能够直接探测到的物质，如果再大方些，当你把它们的质量包括在内时，其总和仍然只有我们所知道的存在于星系团中的总质量的大约十分之一。我们知道这些质量是存在的，因为我们看到了它的引力效应，但是我们看不到被这种物质发射或吸收的任何形式的光。所以我们得出结论，在星系团中，大概也在整个宇宙中，大部分物质是暗的。兹威基将其命名为"dunkle Materie[1]"，即暗物质。说"物质"是因为我们知道它就在那里。说"暗"是因为我们看不到它。但为某些东西命名并不一定意味着你知道它是什么。或者正如兹威基在 1957 年所说的那样，"尚不确定这些令人吃惊的结果最终将如何解释。"[10] 基于观测、合理的物理理论，以及目前对大爆炸中氦烹饪的理解，暗物质的性质存在一个更为奇怪的问题。这些证据汇集起来显示，大多数暗物质并非由构成我们身体、地球和所有我们看到的恒星的中子、质子和电子组成，而多半是与我们所知的物质世界大不相同的"物质"。

这一论断有点微妙，但它引出了一个非常有趣的结论。在最初几分钟合成氦的核烹饪期间，氢元素的精细的同位素，即有一个中子和一个质子的氘扮演着特殊的角色。氘确定了氦合成开始的时刻。只有在宇宙冷却到足以使氘幸存于伽马射线浴，即早期宇宙中的宇宙背景

128

1. 德语中是暗物质之意。——译注

辐射后，氦才能被组装起来。那时，大多数氘核进入了氦核中，但还有一点剩下来。随着宇宙的膨胀和冷却，氦合成的时刻过去了。一些掉队的氘幸存下来，成为今天我们所看到的宇宙中气体的一部分。

从氦合成的凶猛势头中幸存下来的氘量很小，但可以被探测到。其残留量对氦组装时宇宙中的中子和质子的密度非常敏感。所以由大爆炸烹饪贡献的氘量取决于密度 Ω。更准确地说，它取决于 Ω_b，即重子在宇宙中所占的比例。"重子"来自希腊语对"重"的叫法 —— 这个名称是恰当的，因为中子和质子相对于电子和中微子那样的轻子（来自描述"轻"的希腊单词）而言是重的。这里有一项奇怪的事实：对星系际气体云中形成的吸收线中所见的氘量的测量表明，从氦烹饪时期遗留下来的氘量（10^5 分之几）比你用 $\Omega_b = 1$ 计算出的数量大 10 倍以上。基于残留氘对 Ω_b 的最佳估计值约为 0.04 ± 0.01。

定量研究很重要。如果物质密度 Ω_m 约为 0.3，且重子密度 Ω_b 小 7 倍，是 0.04，那么宇宙中大多数物质不可能是重子。即使测量误差和系统误差已经将这两个数字甩开两倍，我们仍然会得出这样的结论，宇宙中大多数暗物质不可能是任何由中子和质子 —— 组成所有化学元素以及我们自己身体的物质组成的。如果我们将这个结论当真，那么组成我们的就不是构成宇宙大部分的物质。

更有甚者，当我们用我们的重子大脑来试着去思考宇宙中大多数物质可能是什么的时候，有一个显而易见的候选体。我们所知的难以捉摸的粒子，它们不发射或吸收光，也不是重子：中微子。中微子似乎是暗物质的一个极佳候选体，除了一件事之外。将中微子作为组成宇宙中大多数质量的引力物质，存在的问题是它们的质量太小了，而质量恰恰是暗物质所必须拥有的。对于本该重过宇宙中所有恒星的东西来说，质量不够确实是一大弊端！现在有来自地下中微子探测器的证据表明，一个中微子的质量并不完全为零，因此中微子对总的 Ω_m 做出了约 0.003 的小小贡献。由奥卡姆剃刀精心打造的一个更为简洁的宇宙，可能只有一种暗物质形式，但是我们的复杂宇宙显然至少有三种：一些暗重子，少许中微子质量，但大部分还是其他东西。我们似乎生活在一个洛可可式的宇宙中，而不是一个极简主义的宇宙：我们拥有你所能想到的一切，而且远超你的想象。也许我们不应该如此迅速地使用奥卡姆剃刀来驳回这个疯狂的观点；我们甚至需要更疯狂的观点来解释这些惊人的结果。

如果我们沿着这条论证链走下去，那么宇宙的大部分都是以暗物质的形式存在，不是重子，也不是中微子。我们知道它不是什么，但我们不知道它是什么。理论粒子物理学已经提出了一些可能的候选体，它们有着古怪的名字，比如轴子（axion）和中性微子（neutralino）。这些粒子或许拥有成为暗物质的合适特性，但目前它们有明显的劣势，就是它们还没有被找到！强大的理论观点在预言随后被发现的粒子（就像狄拉克关于正电子 —— 电子的反物质 —— 的预言）的存在方面发挥着作用，粒子物理学家理应为此感到自豪。但看起来更加合理的是，等待地球上的实验证明这些粒子确实存在并且拥有合适的质量，[130] 然后再过于自信地断言它们组成了宇宙的大部分。

如果暗物质是某种类似中微子的物质，只是带有更多的质量，那么这些粒子就会无处不在。因为它们不通过粘合原子核的强力相互作用，也不通过使人难以穿过墙壁的电力相互作用，这些"弱相互作用大质量粒子"（爱打趣的人把它们称为 WIMP[1]）就存在于你读这本书时所待的房间里。当地球绕太阳运转，太阳绕银河系的中心运转，M31 在它的方向上拖拽着银河系时，就像我们在宇宙微波背景的光子中漂荡一样，我们也在 WIMP 的迷雾中飘荡。你可以从任何地方探测到微波背景，你也可以找到暗物质，要做的仅仅是在这些粒子之一飘过你的实验室时捕获它。

　　现在，正如暴胀理论家们的学术声望并不能证明他们的正确性一样，事实上，人们设计实验来探测 WIMP 的事实也不能证明宇宙中大多数质量是以这种怪异的形式存在的。但它的确表明，有能力的人足够认真地考虑了这些论据，使得可以通过观测来检验这些观点。作为一名科学家，你真正掌控的只有一项资源：你自己的时间。当教授、博士后和研究生们花好几年的时间来构建一台精巧的 WIMP 捕获装置，没有把它放在智利的一个迷人山巅上，甚至也不在新泽西的花园州高速公路，而是设在位于明尼苏达州偏远之地的一个压抑的废弃铁矿深处，你知道他们是在认真地寻找世界的组成物质。

　　对于一个 Ω_m 等于 1 的宇宙来说，宇宙时间尺度引发了最困难的问题。引力减缓宇宙膨胀，但其减缓的量取决于 Ω_m。在低 Ω_m 的情况下，你能从目前的膨胀率正确计算出宇宙年龄 $t_0 = 1/H_0$。回顾我们虚构的马拉松运动员艾迪，他在没有手表的情况下计算了波士顿马拉松比赛中流逝的时间。假设所有跑步者都以稳定的速度从霍普金顿的起

---

1. WIMP，即"weakly interacting massive particle"的简称，有"窝囊废"之意。——译注

点跑到博伊尔斯顿街的终点线，他测量了不同人的距离和速度。这就 131
像在一个低密度的宇宙中，其中的引力不会减缓膨胀。

如果宇宙确实有一个相当可观的质量密度，那么目前的膨胀率与
大爆炸后实际流逝的时间之间的关系就不那么简单了。引力减缓膨胀，
使得哈勃时间高估了宇宙年龄。从近域膨胀率以及我们在外延至 10
或 20 亿光年的局部区域测量的哈勃常数估算出宇宙年龄，这相当于
只考虑了波士顿马拉松的最后几英里。你不知道跑步者之前在做什么，
所以你只是假设现在和过去一样，然后做出最佳估计。但事实并非如
此。如果跑步者确实在减速，但是你只在最后一英里观察他们，你会
高估他们跑完全程的时间。如果一些伤了脚的可怜鬼用 10 分钟跛行
了最后一英里，你可能会认为他们用 26 英里 × 10 分钟 / 英里 = 260
分钟 = 4 小时 20 分钟跑完了全程。但也许他们以 7 分钟每英里的良
好状态运转，直到在心碎坡撞墙[1] 为止，从那以后他们就一直在减速。
只在那些疼痛的幸存者们艰辛运动的最后阶段观察他们，会导致你高
估他们扛过全程的实际时间。

同样，如果质量一直在使宇宙减速，那么宇宙就像一个 35 岁
就变得须发灰白的人，比你第一眼（总是查看眉毛！）看到的要年轻。
假如你从更接近 1 的 Ω_m 开始，则减速效应会变得更大。这个会造成
膨胀减速的边界是 $\Omega_m = 1.000000\cdots$ 在这种情况下，当你计算膨胀和
减速效应时，宇宙年龄正好是你从目前膨胀率推断出的年龄的三分之
二。大爆炸之后的实际流逝时间只有哈勃时间的三分之二。用符号表

---

1. 心碎坡指的是美国波士顿马拉松中距起点约 20 英里的上坡，此时跑步者往往会遇到"撞墙"的
情况，即身体疲惫而感到难以为继。——译注

示，我们可以写成 $t_0 = 2/3(1/H_0)$。

　　如果引力一直在减缓宇宙膨胀，那么宇宙的实际年龄将会小于140 亿年。减速将使其降到 90 亿年 —— 比最古老的球状星团或白矮星的估计年龄 120 亿年要短得多。这将是令人尴尬的。即便考虑最古老恒星年龄有 10 亿年的不确定性，这也将是一个 3σ 的差异。高斯说，每过 370 次只会偶然发生一次，所以，如果这个数字是正确的话，那么宇宙年龄的确存在问题的概率是 99.7%。球状星团不应该比它们所属的宇宙更古老！常识表明，这么大的减速不可能存在，即使这是 $\Omega_m = 1$ 所明显要求的。这绝对是壁画上的一条裂纹！或者，从更正面的角度来说，我们对恒星年龄的了解有助于从众多数学上可能的宇宙中区分出一个我们实际生活的真实宇宙。

　　诉诸常识还是不够理想。无论宇宙有没有减速过，我们都应该从直接观测而不是从审美，甚至是逻辑中寻找供测量的效应。要做到这一点，最好的方法是使用强大的望远镜深入探测过往，看看宇宙膨胀是如何随时间发生变化的。近年来，我们利用回溯至大爆炸半途所探测到的超新星去追踪宇宙膨胀的历史并测量其变化。

　　$\Omega_m = 1$ 这个值处于剃刀的边缘。如果 Ω_m 比 1 还略大一些，比如说 1.001，那么膨胀最终会停止，然后逆转，变成一种收缩状态。如果宇宙始于一次大爆炸，那么 Ω_m 大于 1 的宇宙将终结于一次大挤压（gnaB giB），回归难以想象的炽热、稠密状态。所有对宇宙的精雕细琢都将被逆转 —— 恒星会蒸发回气体状态，原子核最终会熔回组成它们的简单粒子，而世界的奇妙复杂性将被抹去。这不是一个有吸引力的观点，但我们不应该期望宇宙会在意我们的想法。

尽管宇宙学常数在 20 世纪 30 年代后就被放逐到理论的孤岛中，但 Λ 如何影响宇宙年龄还是值得探索的。爱因斯坦发明了 Λ 来抵消引力，得到一个静态、永恒的宇宙。永恒也是一种年龄，无限古老。德西特注意到 Λ 将使一个无质量的宇宙加速，而爱丁顿怀疑斯里弗对漩涡星云退行速度的观测是 Ω 在起作用，也许是从静止加速星系。[133]

但是还有更多的可能性。如果你有一些暗物质 Ω_m 和一些暗能量 Ω_Λ，则爱因斯坦方程的数学解会拥有复杂和有趣的特性。如果 Ω_m 和 Ω_Λ 恰好处在合适的值上，宇宙将会膨胀，在引力物质的影响下速度减缓到几乎为 0，而宇宙可能徘徊在那里，之后 Λ 的排斥效应将开始一个加速膨胀的时期。在哈勃建立速度–距离关系之前，这个模型具有无膨胀的长期静态特征，然后这被认为是可取的，就像爱因斯坦在 1917 年所强加的那样。

关键是拥有 Ω 和 Λ 的宇宙在目前的膨胀率 H_0 和宇宙年龄 t_0 之间有一种更为复杂的关系。在减速阶段，宇宙年龄会小于 $1/H_0$。在准静态阶段，H_0 将接近于 0，而宇宙则显得就像那些逗留过久的无礼的派对宾客一样，仿佛它会永远在那里徘徊，即使它的年龄是有限的。在加速阶段，膨胀率会高出平均，就像跑步者冲刺跑向终点，大爆炸后流逝的时间可能比你从 $1/H_0$ 计算出的时间要长。就像做了整容手术的游戏节目主持人一样，一个加速的宇宙会显得比实际更年轻。

当爱丁顿谈及调和 20 世纪 30 年代恒星（极其错误的）长年龄

和 1931 年宇宙（极其错误的）短膨胀年龄的漏洞时，他想到的是调整 Λ 可以解决这个问题。在上流社会，甚至在天文学讨论中，使用 Λ 去调和时间尺度的问题就像是鞋上的鞋套。它们被当作 20 世纪 20 年代的遗物束之高阁，仅仅为了逗趣才在特殊的场合提及，但从未在严肃的活动中穿过 —— 直到 1996 年左右，那时，一些时尚领袖在普林斯顿试穿过它们。我们可能统统会再次穿上鞋套。

134 一个等于 1 的引力质量密度拥有引人注目的数学特性，正如 Ω_Λ 一直被视为难看的东西一样。接着爱因斯坦的例子，理论家们寻找最简洁的公式，他们相信自然界也会追随（或者更准确地说，先于）他们的高品味。如果其中的数学看起来很美，理论家们就认为这是他们走对路子的标志。比起一个密度越来越低，以至于 Ω_m 飘向 0 的低密度宇宙，一个 $\Omega_m = 1$ 的"标准冷暗物质"宇宙更具有审美情趣。它看起来也比最终会在宇宙开始收缩时密度失控增长的高密度宇宙（Ω_m 大于 1）要好。啊！但是，就像金发女孩更喜欢的麦片粥、椅子和床一样，$\Omega_m = 1$ 的宇宙恰好是合适的，甚至随着宇宙的膨胀和减速，$\Omega_m = 1$ 的宇宙保持着宇宙的 $\Omega_m = 1$。对于恰好是 1 的 Ω_m，其密度以恰好合适的速率减少，以至于实际密度与临界密度的比保持不变。在暴胀图像中，对于 Ω 为 1 有一个不可避免的原因：通过熨平一切曲率，猛烈的膨胀驱使 Ω 不可阻挡地得到这个值。

这个美学论据如熊抱一般抓住了理论的头脑，已经非常接近过去 20 年里宇宙学讨论的核心。粒子物理学家把他们关于夸克和束缚它们的力的领域的图像称为"标准模型"。期望沾点光，理论宇宙学家们将 $\Omega_m = 1$ 的可能性称为"标准冷暗物质模型"。这是一种很好的修辞手法。但是，正如我们将要看到的那样，它有两个问题。一个是宇宙时间尺度。如果宇宙一直在以引力物质主导下的宇宙所需要的方式减速，那么宇宙年龄就会与恒星年龄相冲突。另一个则是测量星系质量给出的 Ω_m，即与星系相关联的暗物质密度远低于 1。所以如果总的 Ω 真的是 1，但引力物质的密度 Ω_m 不是 1，那么必然还有其他东西对宇宙密度有极为显著的贡献。那会是什么呢？

　　一种可能是受引力作用，但不与星系群聚的东西。如果物质是均匀分布的，它就无法达到我们在星系团中获得的测量值。这将会是"热暗物质"，单个粒子的速度是如此之快，以至于它们不会落入星系团的深谷里。热暗物质的问题在于，如果它很重要，它就会把宇宙中不断增长的结构抹去太多，以至于无法产生我们在红移巡天中看到的多团块宇宙。对结构在宇宙中生长方式的精确数值计算表明，热暗物质会造就比我们观测到的宇宙更为平滑的宇宙。如果热暗物质是最重要的成分，那么在大型红移巡天中看到的星系大尺度分布就根本无法与之相符了。在一个所有可能性似乎都存在的复杂宇宙中，我们不能排除有一些这种类型的暗物质，但我们有写在天空中的很好的证据表明，这不足以让 $\Omega = 1$。

　　另一种可能性就是，它可能是宇宙学常数。暗能量的等效质量作为 Ω_Λ 贡献给总的 Ω。它可以使宇宙平坦，但不会出现在物质密度 Ω_m 的测量中。你可以有一团暗物质和一团暗能量，使得总的 Ω 为 1。但是，有充分的理由警惕这一海妖的呼唤。你确定你想要使用使得爱因斯坦渐感后悔的东西吗？

135

仅仅在最近的几年里，随着更具说服力的观测增多，我们已经能够从基于美学的辩论转向基于证据的讨论。观测勉强将我们拖向接受这样的观点，即宇宙是由真空的奇异特性所支配的。毕竟，爱因斯坦确实说起过宇宙学常数，"观测将使我们在未来 …… 得以确定它的值"。这里的未来就是当下。

第 8 章
学习游泳

我们的小脑瓜可以破译远古光线中的加密信息，从而为宇宙构建 [136] 出一幅与观测结果相符且遵循本地物理定律的有序图像。一项正确的科学观点最好是与我们所了解的物理和天文学事实相一致。但是由于我们现有的知识是不完备的，所以对观点强加过于严格的审查是不明智的。常识并不总是最佳的向导，因为真实的宇宙比任何人敢于想象的更为奇异。另一方面，观点并不会仅仅因为它们的疯狂而有用。它们必须符合事实。宇宙学常数一直是个疯狂的观点。爱因斯坦于 1917 年创造了它，用来解释一个静态的宇宙。在 20 世纪 30 年代，这个疯狂的观点被大多数天文学家所抛弃，因为要与膨胀宇宙的观测事实相吻合是不需要它的。但是现在对于 Λ 可能会是什么，我们有了一个更为广泛的概念：我们认为这是一个拥有负压的暗真空能量。在抛弃 Λ 的 70 年之后，新的事实不仅允许，而且需要这样的宇宙学常数。

这些事实是什么呢？自 20 世纪 30 年代以来，尽管测量目前宇宙膨胀率的精确值为天文学家带来数十年艰难而有争议的工作，但宇宙膨胀已成为一个事实。自 1965 年起，宇宙微波背景辐射的余晖也成为了一项牢固的事实，宇宙早期的任何物理图像都必须与之匹配。20 世纪 30 年代所发现的，星系团中的星系超速运动这一证据，显示 [137]

星系的质量远比肉眼所见的质量要大得多：星系被困在看不见的暗物质的引力势阱里。来自氦以及氢的重同位素氘的证据已经成为另一项任何图像都必须与之相符的事实。氘的测量值给重子密度设置了如此低的上限，以至于对源自一场热大爆炸的冻结图像的信心导致了奇怪的观点，即宇宙中的大部分物质不是我们所知的来自元素周期表的物质，也绝对不是组成我们的材料。

而且我们还拥有一些天文学事实。它们通常是基于一长串测量和推理的推论。因为这些事实源于一套复杂的观测和观点，所以很难确切地知道这些数字背后隐藏着哪些测量误差和系统误差。找出来的方式是用各种方法进行测量 —— 如果它们不一致，你就可以组织辩论，这样支持者就能够争论哪种方法误差最大，但当它们一致时，那么你也许就接近真相了。在这样谨慎的情形下，声称我们知道银河系中最古老的恒星的年龄大约有 120 ± 10 亿年是合乎情理的。此外，我们观测到一个描述当前宇宙膨胀率的值，即哈勃常数，约为 70 ± 7 千米每秒每百万秒差距。并且，当我们测量与星系团有关的质量时，我们发现了宇宙密度，它以临界密度的零点几来表示，给出 $\Omega_m = 0.3 \pm 0.1$。这些事实为我们通过测量大红移超新星的视亮度来直接观测宇宙加速提供了背景。

爱因斯坦的引力理论应用于作为一个整体的宇宙，让我们预测出当我们深入观察过去时将会看到什么。过去的 50 年里，天文学家一直试图去检验这些预测，以找出我们生活在哪一种宇宙中。望远镜观测着遥远的过去。一项重要的观测检验是测量宇宙膨胀率随着宇宙时间的变化。

在理论与证据的这一交锋中的变数是，只有当宇宙学常数不存在时，这些预测才是简单的。过去的 50 年里，这些宇宙学检验的几乎每一次讨论都以一条简短的放弃声明开始 —— 即这些结果要求 $\Lambda = 0$。考虑到对犯错的普遍厌恶，那些天赋不如爱因斯坦的人一直很好地保持着对宇宙学常数的回避。只有强有力的事实汇集起来，才可以说服持怀疑态度的群体接受 Λ 真的是必要的。

20 世纪 50 年代初，帕洛玛山的 200 英寸海尔望远镜投入使用。直到 1993 年它被 10 米（400 英寸）的凯克望远镜取代前，一直是世界上最强大的望远镜，期间数十年，几百个夜晚被分配给从观测确定宇宙的减速这一课题。1961 年，艾伦·桑德奇详细地说明了这些检验是如何进行的。尽管付出了巨大的努力，这个利用星系亮度来描绘宇宙膨胀历史的观测项目还是陷入了停顿 —— 没有人能提供膨胀率随时间变化的可靠证据。但成功的种子已经播下。随着天文学家们慢慢发展起关于超新星爆炸的知识基础，我们创造出了测量宇宙加速的工具和技术。

在过去的 5 年里，由于如凯克和哈勃空间望远镜的仪器改进，加上对邻近超新星数据坚持不懈的累积，以及两支国际团队测量宇宙半程内超新星的共同努力，我们正开始画出一幅新的混乱而疯狂的宇宙图像。这是一个复杂精巧的宇宙。为了匹配所有的证据，我们需要的宇宙拥有发光和黑暗的普通物质；至少三种暗物质：重子、中微子和弱相互作用大质量粒子（WIMP）；和大量的暗能量，其负压驱动了暴胀期，以及另一驱动如今宇宙加速的作用期更长的暗能量。相信这样的巴洛克式混合体是不明智的，这似乎违反常识、奥卡姆剃刀原则和

¹³⁸

形式之美，除非有多方证据，它们来自物质密度的直接测量，来自宇宙年龄的一致性，来在背景辐射中观测到的造物的精细水印，所有这些证据集中于一个观点：现在宇宙的暗能量占多数。暗能量可能是宇宙学常数，或者某些随时间变化的东西，它已经从一个不完全适合严肃讨论的疯狂想法，变成当今宇宙观的本质特征。这是如何发生的呢？

139

获得加速宇宙的证据，其第一步是发展一套可靠的标尺来测量宇宙中的距离。今天，最好的工具是一颗白矮星作为 Ia 型超新星爆发的过程。20 世纪 40 年代，在帕萨迪纳的威尔逊山天文台工作的沃尔特·巴德开始汇编超新星亮度的测量结果。他与弗里茨·兹威基曾合作确认超新星是一种不同于普通新星的真实现象，在这一过程中，大得惊人的能量释放标志着一颗恒星的死亡。兹威基起先使用粗制滥造的相机，随后，在 1936 年之后，开始使用他位于帕洛玛山的新 18 英寸施密特大视场望远镜去寻找超新星。巴德和另一位威尔逊山天文学家鲁道夫·闵可夫斯基在威尔逊山拍摄超新星的光谱。他们的目标是从经验观测值中找出超新星是什么，然后从这些线索中推敲出它们的物理起源可能是什么。

由于超新星的能量相当于数十亿个太阳，巴德意识到超新星可能对测量河外距离有用。正如哈勃曾使用造父变星来绘制到近邻星系的距离一样，巴德推断，对于中等距离来说，超新星可能是一种有用的标尺，大到足以提供哈勃常数的一种独立定标。

当巴德在 1938 年研究这个问题时，他发现超新星作为标准烛光不是极佳的。其亮度上的典型弥散是 3 个 σ。在 1938 年，对于测量宇宙距离来说，超新星是一种粗略的标尺。但是今天，它们是最佳的宇宙学"标准烛光"。发生了什么变化呢？

　　首先，闵可夫斯基做出了非常重要的贡献，这在过去 60 年里得到了苦心经营。他检查了超新星的光谱，光谱传递了有关恒星残骸化学成分和膨胀速度的信息。与任何普通恒星相比，最初的几个超新星 ¹⁴⁰的光谱都很奇怪，但各事件间都是相似的。正如闵可夫斯基在 1939年所说："所有超新星的光谱几乎完全相同。"[1] 但在 1940 年，闵可夫斯基发现了一颗打破常规的超新星，"这颗超新星的光谱完全不同于之前观测到的任何新星或超新星的光谱"。[2] SN 1940 B 拥有强且易于识别的氢线。这是颗另一类型的超新星。闵可夫斯基的观测将超新星分为两种类型：I型和II型。

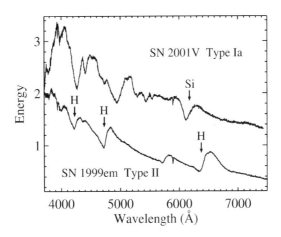

图 8.1　I型和II型超新星的光谱。I型超新星没有氢线，而II型超新星有显著的氢线。虽然这并未尽述所有的可能性，随后会介绍Ib 型（和Ic 型），我们观测到的大多数超新星光谱都是这两种一般类型的。此图由哈佛－史密松天体物理中心汤姆·马西森提供。

Ⅰ型是最初的类型，具有神秘难解但一致的光谱。其原型是 SN 1937C，近邻星系中一个格外明亮的天体，闵可夫斯基获得了它在最大光度后达 339 天的光谱。即便你不理解光谱的起源，如果它和 SN 1937C 相同，那它就是Ⅰ型超新星。Ⅱ型是具有氢线的类型。通过对超新星进行分类，闵可夫斯基让我们得以了解有不止一种方法可以引爆一颗恒星，并且利用光谱来改进超新星样本。如果你丢弃Ⅱ型超新星，剩下的超新星之间就更相似，且是更好的标准烛光。这有点像是设法确定六年级男生的平均身高。如果你确保没有任何女孩混入其间，你会做得更好，因为在那个年龄女孩要高得多！

现在有一种经验方法是件好事，闵可夫斯基对光谱的描述足够清晰，其他人可以用同样的方法来识别超新星光谱。一开始，我们还不清楚超新星爆发的物理起源。一种你不理解的经验方法不如有基础的方法好。

到 20 世纪 60 年代，利用核物理原理，威利·福勒和弗雷德·霍伊尔对Ⅰ型和Ⅱ型超新星的起源做出了一些解释。他们追溯了不同质量恒星中的核燃烧历史。上至约 8 倍太阳质量的小质量恒星最终成为白矮星，它的内核由碳和氧组成，或者在最大质量前身星的情况下，由氧、氖和镁组成。白矮星没有被点燃，因为它由量子力学效应来维持。白矮星是潜在的热核炸弹，因为它们还有未燃尽的燃料，但是，就像一根炸药，直到被引爆之前它们都是无害的。霍伊尔和福勒确定Ⅰ型超新星是一颗白矮星的核爆发，这一事件可能是由来自一颗双星伴星的外加质量引发的。这为一致性提供了理论基础 —— 钱德拉塞卡计算出白矮星有一个固定的质量上限，即 1.4 倍太阳质量，因此，一致的能量输出可能来自相同的恒星在最大质量上的爆发。

更大质量恒星的生命历程则不同，因为它们融合碳和氧而不引爆。它们燃烧氧，生成硫和硅，且最终，一直融合到生成铁。然后，它们在核结合的最低点坍缩。霍伊尔和福勒不太清楚细节，但他们推测，外部是氢的恒星内发生的这些坍缩事件，伴随着巨大的引力能释放，会产生闵可夫斯基识别出的Ⅱ型超新星。

1970 年，作为一个 21 岁的瘦削的红发年轻人，我来到加州理工 142 学院，成为了一名研究生。我被分派给一位天文学教师贝弗·奥克，承担一项研究工作，以补充我的国家科学基金会奖学金的不足。奥克是一个友善、谦逊的红发加拿大人，他曾将光探测器上的改进应用到 200 英寸海尔望远镜的光谱测量工作中去。当我在鲁滨逊实验室二楼他的办公室里露面时，他温和地问道，"那么，你想去做什么呢？"

这我真的不知道，但我所知的足以避开三个我认为非常枯燥的天文学领域。一个是视差测量，它需要更多的耐心和细致，而我并不具备这些。另一个是研究尘埃，这是一件棘手的事情，它的性质格外难以测量和解释。而第三个则是光谱分类，它类似于集邮，具有区分细微差别的经验特性。出于好奇，对超新星的研究把我吸引到这三个领域中，对于建立加速宇宙的图像来说，其中每一个领域都是必不可少的。

当我还在哈佛大学读大四时，我喜欢和鲍勃·诺伊斯一起研究来自太阳的紫外辐射。鲍勃 10 年前曾在加州理工学院读研究生，他鼓励我去帕萨迪纳。他写了一封推荐信。我不知道他是否真的不清楚我那不稳定的学术纪录，也不知道他是否考察过吹捧的外部界限，但这封信起作用了，而且令我感到吃惊的是，我被加州理工学院的天文学项目录取了。哈尔·齐林是加州理工学院一位研究太阳的教授（学生们称他为科罗纳船长），很久以后他告诉我，他曾努力游说过一个可能从事太阳研究的研究生。那就是我。好吧，最终我没有去研究太阳，但事情得到顺利解决。贝弗·奥克让我有机会使用世界上最大望远镜的数据。我仅仅是想避开视差、尘埃和光谱分类而已。

回想起我研究超新星遗迹蟹状星云时的乐趣，我说："我对研究超新星感兴趣。"传说加州理工学院的教授们有如此多的望远镜观测时间，他们会采集数据，然后把它像美酒一样收藏起来，直到其分析时机成熟。在一个典型的加州理工时刻，奥克打开他桌子的一个抽屉，掏出一把柯达黄色硬纸封套，里面装有超新星的光谱。"在这儿，"他说，"看看你能用这些做什么。"我不知道该如何处理它们，但我不打算在研究生入学的第一天就承认这一点。

在这一堆东西里，有I型超新星和II型超新星记录在照相底片上的光谱。奥克还发明了一种新的仪器，即多通道光谱仪（multichannel），在 32 个不同波长上对来自一个天体的光进行同时定量测量。从较早期仅能在一个波长上做类似测量的仪器算起，尽管和今天可以对 100个天体做 1000 个这类测量的仪器还有一段距离，但这还是一大进步。有了世界上最好的望远镜和世界上最好的仪器，我们如果不去做一些有用的事情，那就太无聊了。

奥克交给我的第一批数据包括一组 SN 1970 G 的观测值，这是在近邻星系 M 101 中发现的 II 型超新星。他还有几个用多通道光谱仪得到的 II 型超新星观测值。200 英寸的用户，包括奇普·阿尔普，马尔滕·施密特，伦纳德·瑟尔，瓦尔·萨金特和吉姆·冈恩，学习巴德和闵可夫斯基的好榜样，合作获得了很好地覆盖了超新星还明亮时的数周时间的变化光谱。事实上，他们的动机比利他主义强一点 —— 这是一种位高则任重的感觉。人们首先在帕萨迪纳理解了超新星，在帕萨迪纳研究得最好，自然而然地，使用世界上最先进仪器的帕萨迪纳人应当为这一主题做出贡献，这一点本身就很重要，即使还没有对宇宙学有用处。现在我握着一把超新星的光谱，我有理解它们的责任，即使我还不知道该如何进行下去。

我拿着所有这些原料下楼，来到我在鲁滨逊实验室的办公室。作为一名新生，我被安置在这栋建筑的地下二层，这里所有办公室的号码都以 00 打头，这让詹姆斯·邦德的粉丝们很高兴，虽然你唯一有可能干掉的只有你自己。用工作。要前往 0013 号房间，就必须经过另一个地下套房，那里有一位极为古怪且令人生畏的老人，他戴着一枚眼罩，在一台底片测量机上不停地工作。他看上去像是一名海盗。[144] 这就是弗里茨·兹威基。

兹威基是天体物理学狂人，他命名了超新星和暗物质，绘制了星系团的图表，并发射了第一个行星际滚珠[1]。兹威基声称他的"形态学方法"是自帕斯卡以来对人类思想的最大贡献。对于一个也许本应去

---

1. 人造流星，脱离地球引力进入太阳轨道的天体。——译注

研究太阳而非兹威基的超新星课题的菜鸟研究生来说，72 岁的兹威基令人敬畏。弗里茨·兹威基戴着一枚眼罩，这有助于他透过测量机的单目镜观察，在那里，他正埋头苦干，整理他伟大的星系表和星系团表。他又高又瘦。他的演讲和外表一样吓人。

那时，我的妻子是一名代课教师。她会在早上 6 点前接到电话，告知她在 7 点 15 分代替伯班克学校的三年级教师琼斯小姐。被这些学业闹钟唤醒后，我起床走向鲁滨逊实验室。早上 7 点之前到达，这在任何学术环境下都是不寻常的，但在天文系，夜猫子们通常会在中午时分出现，一直工作到午夜。（我猜的——我怎么会知道呢？）但是无论我多早到达，兹威基都已经在那里了。

他开始每天对我简短谈话。他惯常以一口粗俗的瑞士德语腔进行尖刻的谩骂，针对的是在职人员，包括我的导师贝弗·奥克。

"那些球形浑蛋把我扔出了该死的 200 英寸望远镜！"他怒气冲冲。"制定这么一条特殊规则。70 岁以后不准观测！哦，我可以压垮他们！"

球形浑蛋就是，不论你从哪个角度看，它都是个浑蛋。也偶尔，这种不公正的批评所指更广。

"1933 年，我就告诉那些无良的球形浑蛋，超新星会制造中子星。现在他们发现了这些见鬼的脉冲星，但没人给我来句称赞。"

或者"类星体？类星体？马尔滕·施密特和他该死的类星体。它们是冥王的天体，是形态学方法预测出来的！！"

图 8.2　1971 年的弗里茨·兹威基。这里，弗里茨·兹威基演示了一个球形浑蛋的对称性，"不论你从哪个角度看，它都是个浑蛋。"照片由弗洛伊德·克拉克拍摄，加州理工学院档案室提供。

这些精心设计的痛斥加州理工学院教职员的讲话，起初是令人震 [145]惊且有着颠覆性和恶趣味的。它们的数量虽大却有限。它们变得耳熟能详，然后是冗长乏味，再然后就有点尴尬。在任何主题的讨论会演讲后，兹威基都会用这些包装过的谩骂作为"问题"。因此，在有关白矮星的磁场，或揭示暗物质的星系动力学，或河外气体云的化学组成的演讲后，我们会再次听到类星体命名的不公，在观众当中引起向内的（有时是向外的）埋怨声。

146　　兹威基有时会给我提建议：

"要永远赶在美国人之前到这儿来。"（我不可能拘泥于这样的建议！）

有时他会提难题：

"你知道该如何让 200 英寸望远镜产生衍射极限的图像吗？"

我不得不承认我做不到。正如我所理解的那样，望远镜的成像受限于地球大气中温度不均匀的模糊效应。比起镜面的尺寸和光的波长给出的理论极限，大气极限要差上 50 倍。对我来说，这似乎像是一个合理的回答，适用于我准备参加的博士口试。

"哈！"兹威基的面孔因嘲笑而扭曲。"哈！你就像其他那些低飞着吃狗屎的家伙！不，不，不！你开着喷气机以声速飞过圆顶！然后你就如用刀锋一样使用激波。那些浑蛋从来不让我干这个！"

我点了点头，只是模模糊糊地知道这个被激怒的人在喊些什么，希望赶到我的办公室做几小时安静的工作。我必须得赶上那些夜猫子们。

一天早晨，弗里茨·兹威基似乎在飘飘然。

"别在意那些布尔什维克和他们所谓的斯普特尼克人造卫星。我，弗里茨·兹威基，发射了第一颗行星际探测器！"

我太惊讶了，不敢再问下去。但是，多年后的某一天，在新墨西哥州的阿拉莫戈多，我有一个小时可以消磨。选项有限。我推荐新墨西哥太空历史博物馆。在售卖不能吃的"宇航员冰淇淋"的礼品店另一边楼上，国际太空名人堂的墙上，有一块弗里茨·兹威基的青铜铭牌。就像特德·威廉斯在库珀斯敦的那块。弗里茨说的是真话！1957年10月15日晚，一枚发射于新墨西哥州白沙的空蜂（Aerobee）火箭在其弹头处携带了一个特定形状的炸药包。在91秒内上升53英里后，炸药被引爆，以超过每秒9英里的速度迸发出明亮的弹丸，快到不仅可以绕地球运行，还能无限延伸到太阳系中。弗里茨·兹威基并没有胡编乱造。[3]

尽管兹威基写过超新星分类方面的书，但我从来没有告诉他我正在研究超新星——这似乎太危险了。而他也太专注于自己的不公正感而懒得去问。我不认为他曾经问过我叫什么。

但由于弗里茨·兹威基就在隔壁房间，我觉得自己担着一部分历史的重压。我学会了从 SN Ⅱ 中挑出 SN Ⅰ。和先前 40 年里的其他人一样，我无法识别出Ⅰ型光谱中大多数吸收线，所以我把它们暂时放在一边。Ⅱ型超新星的光谱则更有希望，因为即使是初学者也能理解发生了什么。毕竟是氢造成了Ⅱ型光谱。我用氢线来试着理解质量在爆发恒星的大气中是如何分布的。这或许会为恒星爆炸时的状态提供线索。这件事似乎值得去做。

我在理解Ⅱ型超新星大气上取得了不少进展，当时，贝弗·奥克受邀参加 1972 年 2 月在图森基特峰国家天文台举办的一次超新星冬季研讨会。他向组织者建议也应该邀请我去参加。贝弗以自己无声的方式成为一名很好的导师。对于一个有利的科学机遇，他敏锐的嗅觉总是让学生得以成功，但是贝弗很少告诉你下一步该做什么。下沉？游泳？这部分取决于你。但他会把你带去海滩。

我很高兴能去图森，在那里，很多领域大牛会出席。对一个新手来说，这是结识全明星阵容的一次极佳机会。杰出的普林斯顿理论家杰里·奥斯特里克在那里，他有很多关于中子星的新想法，还有斯特林·科尔盖特，他是来自洛斯阿拉莫斯的野人物理学家，他知道如何让事物爆炸，以及克雷格·惠勒，在联系超新星和产生它们的恒星方面，他已然是最佳学者之一。我们的东道主是利奥·戈德堡，当我还在哈佛的时候，他是哈佛天文台的主任，现在是基特峰的主任，他不再缺少观测时间，而是开始分配大量的时间，并且得到了从哈佛的解脱，不再系领带！鲁道夫·闵可夫斯基在那里，他是一位来自威尔逊山时代的活传奇，也是超新星研究的先驱者，他看上去有点像灰色的海象，留着毛刷般的小胡子，对着烟斗睿智地吞云吐雾。

戈德堡在图森市中心主持了一场会议晚宴。出于消遣娱乐，一些来自利弗莫尔的家伙用一根绳子表演魔术，将它切断，但展现出的却是完好无损的。就像其他人一样，科学家们只会更不相信魔法；我们相信证据和理性，所以我们眼睛看到的证据和我们对理性的信念之间的冲突使我们对他的幻术加倍赞赏。或者也可能是酒精的作用。

当派对结束时，我加入了克雷格·惠勒和杰里·奥斯特里克的队伍，一起步行约 1 英里返回亚利桑那大学的校园。随着我们接近校园，邻近欧几里得大街和大学的几何意义上的地址，一群学生开着一辆 1965 年的野马在兜风，他们发现三名天文学家异常地刺眼。也许是杰里对他们的嘲笑回应热烈。我想他说了，"随心所欲的安杰拉·戴维斯"。总之，他们停下车，小心地放下他们的六瓶装幸运牌啤酒，然后走到我们面前。克雷格的牛津布衬衫领子被撕开，杰里的金丝框眼镜又被打破了（"我的验光师会生我的气"），而我正在和一个相当强壮的家伙摔跤。他可能不知道我曾是哈佛大学新生校内赛的 137 磅级亚军，但我并不觉得有必要告诉他我的身体是一种致命的武器。我在得分上领先，并完成了一次干净利落的放倒动作，但当我的肩膀碰到人行道时，我感到不舒服。我立刻意识到水泥地比摔跤垫更硬。随后，我的嘴唇碰上了他的拳头，然后他们全都逃走了，害怕要支付费用。

第二天早上，我吊着手臂，在基特峰办公区沐浴着阳光的露台上讲起了 II 型超新星的大气。某些和一只分离的肩膀有关的东西从演示中带走了活力。也许是止痛药，也许是无法做出有力的动作。我从回顾 II 型超新星的氢线数据着手。我展示了我们所拥有的 SN 1970 G 的数据是如何表明，随着时间的推移，速度在下降。这并不意味着气体正在减速——这意味着我们在看向恒星的更深处，那里的速度更低。这是一种重建爆发星外部质量分布的方法。77 岁的闵可夫斯基坐在前排，抽着烟斗。他很快就对这种介绍性材料不耐烦起来，放下他的烟斗，用浓重的带德国口音的英语低吼道："我们知道所有这些事情"。[149]这可不是一个好的开端。

　　一条更有用的建议是回到帕萨迪纳后，由来自卡耐基天文台的天文学家伦纳德·瑟尔（后来他成为了该天文台的主任）给出的。友善的伦纳德曾在获取 SN 1970 G 数据方面提供帮助，他注意到来自超新星光球（光逃逸的面）的多通道数据界定了一条出色的连续谱——就像来自任何不透明体的黑体谱一样。伦纳德问道，利用给出了速度的氢线信息，再加上可以给出温度的多通道扫描，来算出不同时间超新星光球的大小，并计算我们到 M 101 的距离，这难道不可能吗？伦纳德的建议是仅利用超新星的数据来找出到超新星爆发所在星系的距离。使用奥克和其他人在帕洛玛收集到的数据，我解决了这个问题。虽然原则上伦纳德·瑟尔是对的，但这个问题比最初看起来要复杂一些。另一位加州理工学院的研究生约翰·关（现在是马萨诸塞大学的天文学教授），他贡献了一些想法，并解决了使我卡住的理论问题。我们计算了到 M 101 和 NGC 1058 的距离，完全不依赖河外距离尺度中的任何中间步骤。由于这些星系的红移是熟知的，并且是整个宇宙膨胀的一部分，我们认为计算出的速度和距离之比，即哈勃常数是合理的。在这项工作中，我们发现了哈勃常数的一个值，即 H_0 为 60 ± 15 千米每秒每百万秒差距。[4]

　　与此同时，圣巴巴拉街上的艾伦·桑德奇和他来自巴塞尔的瑞士同事古斯塔夫·塔曼一直在研究到完全相同的星系 M 101 和 NGC 1058 的距离，他们使用了定标星系特性的经验方法。对于 20 世纪 70 年代的技术来说，这两个星系太过遥远而无法探测到孤立的造父变星。桑德奇和塔曼卷入了一场关于哈勃常数的激烈辩论，对手是得克萨斯大学的杰勒德·德沃库勒尔。20 世纪 70 年代，德沃库勒尔坚持认为，证据是支持 H_0 有 80 或 90 的高值的，而桑德奇和塔曼则坚决认为 55 是正确的答案。每一组都声称其精度可以排除另一组给出的答案。约翰·关和我步入了一个已然被重量级角斗士们的敌意浸透的竞技场。起初，他们很高兴见到我们。塔曼给我发了一张友善的便条，祝贺我们得到正确的答案。

尽管宇宙并不在乎我们的想法，但我们是在乎的。艾伦·桑德奇认为，我们基于Ⅱ型超新星膨胀光球得到的距离和他得到的距离足够接近，成为一个相当好的结果和证据，可以驳斥那个戴着宽边高顶软帽、误入歧途的巴黎人。因此，他把我们看作抵抗来自奥斯汀的错误的潜在盟友。我自己的观点没有那么武断 —— 我在结果上并没有利害关系，我们只是试图去测量一个数字，也就是我们得到的结果。从长远来看，我有信心我们将找出发生的事情。然后我们就会转向一系列新问题上的误差和困惑。

桑德奇的观点似乎更具有感情色彩 —— 或许作为哈勃唯一的学生，也是世界上最主要的实用宇宙学实践者，他认为有责任弄清楚哈勃常数和哈勃时间并使之合乎道理。很久以后的 1994 年，罗恩·伊斯门、布赖恩·施密特和我使用更大的一组数据和膨胀光球法（EPM）发现 $H_0 = 73 \pm 8$ 千米每秒每百万秒差距，偏离 55 达 2σ。两者不是那么接近了。桑德奇从个人角度来看待哈勃常数 —— 如果你不同意他的观点，你肯定是错的，并且可能是恶意的。而如果你从同意变成了不同意，那么你肯定不是不忠就是愚蠢，或者两者兼而有之。那时，我是哈佛的系主任，我们邀请了桑德奇来剑桥，就他关于哈勃常数的研究作个报告。桑德奇回信拒绝了。他说他的母亲曾教导他不要向村里的傻子讲话。

膨胀光球法是一种视差法 —— 是我不愿做的事情清单的第 1 项。它也导致了与星际尘埃的对抗，而这是我要避免的事情清单的第 2 项。一个世纪以来，恒星间的尘埃一直是天文学的一个难题。正确认识银河系的大小和形状受到阻碍达数十年，直到人们算出遮蔽物质的效应。151 尘埃存在的一条重要线索就是比起红光，它能更有效地吸收蓝光。星际尘埃的标志是"红化"。这就像你在日落时看到的效应，落日比正午的太阳看起来更暗淡也更红，因为光线在大气中穿过了更长的路径，大气散射并吸收太阳的蓝光，使太阳看起来发红。当天文学家看到一种熟悉的天体类型，但它的颜色却异常的红，首先想到的就是归咎于尘埃。尘埃有可能对 EPM 距离造成问题吗？（见图 4.1 彩色插入图，显示出银心方向的红化。）

对于由膨胀光球导出的距离，尘埃并没有造成很大的差别。银河系或超新星（从前）寄居的星系中的尘埃吸收光线。这使得超新星显得更黯淡，所以，在其他条件不变的情况下，你会错误地赋予它比实际更大的距离。然而，由于尘埃消除的蓝光比红光多，这也使得超新星看起来更红。如果超新星的光被红化，你会错误地赋予超新星比实际更低的温度，因为较冷的天体会发射较红的光。在 EPM 的算法中，这一红色使你认为超新星比实际更近。这两种效应几乎是平衡的，结果就是，超新星暗淡所造成的误差被颜色变化所造成的误差修正。幸好，对通过膨胀光球法找出的Ⅱ型超新星距离，尘埃不会造成大的系统误差。但教训是要仔细考虑尘埃，否则你可能引起的（本可以避免的）系统误差会大到别人或许会说它是错误的。

1972 年 5 月，查利·科瓦尔在帕洛玛用 18 英寸施密特望远镜搜索超新星。兹威基的旧望远镜足以胜任这项工作，查利定期巡视近邻星系，在那里，小施密特的宽视场使其成为这项工作的最佳工具。将望远镜斜指向远至南方是明智的，查利对着半人马座星系团曝光了一张胶片，以 NGC 5236 为中心，这是一个庞大的漩涡星系，有恒星形成的证据和产生超新星的历史。与此同时，他无偿得到了一张小的近邻星系 NGC 5253 的图像。 ¹⁵²

当他洗出那张胶片时，他把它放在一张较老的胶片之上，再置于灯箱上，对齐两张胶片，以便使两个时期的胶片上每个点都能够重叠。用眼睛扫视胶片，来自胶片上数千个点中的一个点一下就吸引住了他。这是一个圆润、单独的点 —— 存在于一张胶片而非另一张上。分开来看，他看到这是今晚的胶片，带有新的天体。查利又发现了一颗超新星。这就是他发现超新星的工作，但这并没有使它变得无趣。这确实是一项很棒的工作。

这是星系 NGC 5253 中的超新星 1972 E。它是自闵可夫斯基在威尔逊山充分研究的 SN 1937 C 被发现 35 年以来最亮的超新星。200 英寸望远镜上的多通道扫描仪得到一条极佳的光谱仅需数分钟，利用它，发现于帕洛玛的 SN 1972 E 在那里被彻底地研究。更重要的是，在帕洛玛有一架新的望远镜，这是一台差不多要完工的 60 英寸望远镜，但还没有制订观测计划。由于多通道光谱仪不会在 5 月的每天晚上都安装在 200 英寸望远镜上，贝弗·奥克认为，如果有人上山数周在新的 60 英寸望远镜上观测 SN 1972 E，那将是一个好主意。即使这是一台单通道扫描仪，慢了 32 倍，而且在 60 英寸望远镜上，接收面积小了 10 倍，能够每天晚上获取数据也会很好。有没有对超新星感兴趣而且想做这方面的论文项目的研究生？我举起了手。

贝弗·奥克开着他那辆灰色的 MGB 掀背车把我带到山上。他是一位小心谨慎的司机，但他比我更享受帕洛玛山的弯道。当我们到达天文台时，一名技术人员看到两个年龄相差约 20 年的红发家伙离开奥克的汽车。

"这是你的儿子吗？"电工问奥克。"不是。"奥克解释道。

SN 1972 E 是 Ia 型超新星，和 35 年前闵可夫斯基仔细研究过的 SN 1937 C 非常相似。但现在我们有了一组出色的现代化数字数据，覆盖了从紫外到近红外的整个波段。我做的 60 英寸观测比奥克在 200 英寸的大眼睛上获得的观测要慢 300 倍。在 200 英寸望远镜上，1 分钟观测收集的信息相当于 60 英寸望远镜上 5 个小时收集的信息。但在 1972 年 5 月，SN 1972 E 的亮度足以让我在几个小时内得到好数据。杀鸡焉用 200 英寸这把牛刀。

从帕洛玛望去，这颗位于半人马座的超新星正擦过南方的地平线。在南纬地区的智利，帕特·奥斯默也在观测 SN 1972 E。帕特于几年前在加州理工学院完成了他的博士学位，随后入职托洛洛山美洲天文台（CTIO）。帕特使用那处绝佳台址上的托洛洛山 60 英寸望远镜所做的观测非常类似于我做的观测。即使 SN 1972 E 远在我们的南方，对于 5 月份超新星明亮的时候，我们的帕洛玛数据集相比帕特的更加完备，而且，随着超新星在 6 月和 7 月的逐渐消失，200 英寸的速度优势造成了巨大的差异。我们汇编了一颗 I 型超新星复杂且神秘的光谱有史以来最佳的纪录。那个夏天，帕特顺便拜访了我们，向我们展示他的超新星光谱。它们是优质的光谱。随后我们也公开了我们的海量观测数据。它们是极优质的数据。帕特变得安静，而且有点闷闷不乐。这就是他们过去在加州理工学院时喜欢的方式——大眼睛击败了竞争对手。

当苏布拉马尼扬·钱德拉塞卡访问加州理工学院时，他亲切地花了一个小时在加州理工学院的教师俱乐部雅典娜神庙（Athenaeum）与研究生共进午餐。钱德拉塞卡是一位思想理性、身材修长的人，也是理论天体物理领域一位令人敬畏的人物。他在剑桥的职业生涯始于同爱丁顿的辩论，随后成为芝加哥大学的传奇人物。

"为什么，"在他们享用免费午餐时，他礼貌地问聚在一起的六名研究生，"为什么你们选择在加州理工学院学习？"当大家还没来得及反应时，我就大声地说出来。

"噢，"我说，"这很容易回答。加州理工学院有 200 英寸望远镜。"

他怀疑地看着我。"真的吗？你选择来这里是因为一台机器？多么奇怪。我本以为要紧的是教师队伍。"

1973 年，国际天文学联合会三年一次的会议在澳大利亚悉尼举行。贝弗·奥克受邀向大会作一场关于超新星的综述报告，因为所有人都想看看我们在 SN 1972 E 上做了些什么。他不想去，但他提议我会是一名优秀的替代者。这是又一个认识专业人士的好机会，只是这[154]

次他们是来自世界各地，以及各个领域。幸好，在恰当的时间恰当的位置上（正当我在寻找一个论文项目时，来自 NGC 5253 的光传播 1200 万年，于 1972 年 5 月到达地球，这是一个恰当的距离），我站在台上面对 1500 名天文学家，假装自己是一名超新星方面的权威专家。

但是研究 SN 1972E 最有趣的方面稍后才到来。爆发一年多后，这颗超新星已经衰减得只有 200 英寸望远镜才能拍到它的光谱。吉姆·冈恩那时是加州理工学院的一名年轻教授，他和贝弗·奥克积分了数个小时以获得最后的观测结果。随着超新星的膨胀，它最终会变得透明起来，你可以看到爆发的核心。I 型超新星上升到最大亮度，然后在第一个月迅速衰减，之后则更慢地衰减。大约两个月之后，超新星的亮度依照 ^{56}Co 的放射性衰变率衰减，^{56}Co 即钴的同位素，有 27 个质子和 29 个中子。

理论观点认为，I 型超新星是一颗白矮星的热核爆发。这意味着元素周期表中接近铁的元素（如钴）是在爆发中产生的。一颗爆发的白矮星应该会迸发出大约 0.6 个太阳质量的近铁元素。考虑到银河系中现有的气体是每 10^4 个氢原子有一个铁原子，I a 型超新星快速添加的 10^{55} 个铁核对于星系来说就是一个非常重要的铁源。

这是一个好故事，但是我们需要根据观测来检验这个预测的细节，看看它是否正确（或者更准确地说，看它是否是错误的）。核物理理论预测，在一颗爆发白矮星深处占上风的条件中，最可能的铁峰产物是 ^{56}Ni，即镍的同位素，有 28 个质子和 28 个中子。这是一种半衰期为 6 天的放射性同位素。随着镍的衰变，它会释放出有助于使超新星发光的能量。当我们看到一颗超新星向最大光度攀升时，大约需要 20 天的时间，或者在峰值后的一个月里衰减，大部分的能量来源于这种放射性衰变。^{56}Ni 的衰变产物是半衰期为 77 天的 ^{56}Co。从理论上讲，标志了 I 型超新星特征的亮度的长期缓慢衰减，是由于随后钴衰变成稳定的铁的过程。这样对吗？ [155]

　　超新星爆发早期的观测表明，铁的积累是以损失钴为代价的，其晚期的观测也有助于检验这一观点。首先，冈恩和奥克通过多通道光谱仪获得的光谱表明，光变曲线正如预测的那样，在至少 700 天的时间里持续下降。这使得归因于钴变铁过程中释放的能量似乎是有道理的。更能说明问题的是光谱，它显示了四个宽峰。这些峰是什么？如果我们看到来自爆发核心的铁，该核心由放射性衰变加热，那么晚期光谱应当是由铁的发射线组成，这似乎是合理的。

　　我刚刚收到了我的 24 岁生日礼物，一台 HP-45 计算器，所以我愉快地坐下来计算，在这些条件下，铁的光谱看起来会是什么样的。我做了一次相当粗糙的活儿，但有时差不多就行了。一个下午之后，事情清晰起来，对于丢失一个电子的铁原子的所有线，当你把来自它们的辐射都加起来时，就与 SN 1972 E 晚期光谱中四个鼓包中的三个符合得很好了。贝弗·奥克建议看看丢失两个电子的铁的贡献，但我找不到一个令人满意的原子数据集，所以我用我们已有的结果写出文章。我应该听我导师的话。蒂姆·阿克塞尔罗德是圣克鲁斯的一名研究生，与超新星奇才斯坦·伍斯利一起工作，他做了正确的计算，包括了其他形态的铁，并说明我无法解释的那个特征的确是由剥离了两个电子的铁造成的。

　　我也应该把吉姆·冈恩列入这篇文章的作者列表中 —— 他在 200 英寸望远镜对这些巨量观测数据贡献了许多宝贵时间。几年后，当我终于意识到这一过失的时候，我不好意思地对吉姆说，我们应该让他成为那篇晚期光谱文章的作者。无论是当时还是这期间很多年里，虽然他从未说过什么，但他并没有忘记。吉姆微微一笑，说，"是的，罗伯特，你应该这么做"。我学到了两个教训：听从导师的意见，给予应得的荣誉。观测者们可以选择如何使用他们的时间，即使数据本身是他们唯一的贡献，他们被列入发布的结果中也是合理的。我的一名研究生最近写的一篇关于 I 型超新星光变曲线的文章有 42 个作者（因为他听从了我的忠告！），其中每个人都贡献过一些数据。

　　SN 1972 E 的光谱非常类似于闵可夫斯基曾观测到的典型的 I 型原型 SN 1937 C。新数据有助于构建所有 I 型超新星均相同的传奇。如果它们的光谱相同，而且它们都来自同一质量的白矮星，那么重新考虑将它们用作测量宇宙中距离的标准烛光也许是个好主意。帕洛玛超新星搜寻者查利·科瓦尔曾在 1968 年汇编过这些数据。他的结果比巴德的好，但也没好太多。I 型超新星在平方反比线附近上下跳动，有大约 70% 的散布，所以假设 SN I 均相同会导致在每个宿主星系的距离上有大约为 35% 的误差。这比巴德找到的要好，适度地鼓舞了对宇宙膨胀的测量，但还不足以测量宇宙的减速。

　　与此同时，桑德奇，以及独立的奥克和冈恩，正试图完善巨型椭圆星系作为距离指示的用途，把哈勃图推向将揭示宇宙减速的距离。在 20 世纪 70 年代早期，比起使用超新星，这似乎是一条更有前途的道路。巨型椭圆星系比超新星要亮 30 倍，尽管它们是延展、模糊

156

的天体，冈恩曾设计出一种格外聪明的方法来解决他和奥克用多通道光谱仪收集的数据中的那些复杂因素。

几年过后，这种从巨型椭圆星系的哈勃图出发来测量宇宙减速的巨大努力开始失去吸引力。问题不在于测量，虽然测量也不容易。问题在于星系。星系由恒星组成，而恒星随时间而变化。如果在一个星系中有大质量、快速演化的恒星，你也许希望星系比年轻时更亮一些。[157] 随着时间的流逝，大质量恒星会变成超新星，然后熄灭。另一方面，星系是似乎成团和成群存在的恒星的集合。尽管恒星不会彼此相撞，但星系可以相互作用，甚至相互吞食。对于人们用作标准烛光的大型亮椭圆星系，星系吞食可能是最重要的。如果一个星系随着时间的推移而增大，那么它在过去就曾是比较暗淡的。哪一种情况更重要，是使星系在过去更亮的恒星演化，还是使它们更暗的吞食？没有人知道，而这种星系性质的不确定性要大于宇宙减速造成的预期影响。到了20世纪80年代，事情变得很明显，那就是需要找到另一条途径来解决这个问题。有些人转向了超新星。

第 9 章
初识超新星

20 世纪 70 年代，超新星出现在宇宙学的候选工具列表中，但并非是其中的首选项。1977 年，利用膨胀光球的想法被斯坦福的理论天体物理学家鲍勃·瓦戈纳扩展到了宇宙学距离（在那里没有数据！），这一想法也曾被约翰·关和我小心翼翼地应用到近邻星系（我们确实有数据的地方）上。对于一名理论家来说，这没有问题 —— 它有助于阐明我们应该采纳的途径，而不仅仅是铺平我们正在行走的道路。瓦戈纳问道，通过将同样的方法应用到大红移Ⅱ型超新星上，你是否可以探测到宇宙减速效应。他表示，原则上，你可以做到，因为减速会影响红移和距离间的关系。

红移与距离成正比的哈勃定律只是整部宇宙膨胀历史的近似。它在近邻处几乎完全正确，但在可观测宇宙的大部分地方却并不一定如此。瓦格纳表示，你可以通过对极为遥远的超新星进行良好的观测来了解宇宙学。存在的困难纯粹是技术上的 —— 1977 年，我们的望远镜和仪器还无法在宇宙学造成差异的距离上收集所需的数据。即便我们知道这些测量值会多么有用，而且凯克 10 米望远镜和 HST（哈勃空间望远镜）远比 200 英寸望远镜更加强大，但还是没有任何自膨胀光球导出的Ⅱ型超新星的距离能够涉及宇宙减速问题。但有朝一日，终将是会有的。

因此，人们把注意力集中到使用Ⅰa型超新星作为示距天体上。基于几个好例子，许多人产生了错误的想法，那就是所有的Ⅰ型超新星都是完全相同的。这一普遍规律存在例外情况 —— 个别天体不符合这一模式。这些"特殊"的Ⅰ型超新星没有一个像原型 SN 1937 C 和 SN 1972 E 那样被很好地观测到，所以很难知道这些不同寻常的特征是否真实，或许它们就是边缘数据的产物。例如，我观测到 SN 1975 A，它看起来像是一个普通的Ⅰ型超新星，但它缺失了波长 6150 埃的吸收线，而 SN 1972 E 和 SN 1937 C 在此有很强的谱线。俄克拉何马大学的戴维·布兰奇在识别Ⅰ型超新星谱线方面取得了一些进展，他知道缺失的线是由硅元素造成的。这是重要的吗？还是只是一个已经完善的主题上的无关紧要的变化？在Ⅰ型超新星光谱和光变曲线的累积数据中，也散落着少许类似事例。光谱中的这个细节重要吗？我走进了光谱分类的朦胧世界，也就是我要避免的方向的列表上的第三项。

这个谜题于 1985 年开始被解决。亚历克斯·菲利彭科，曾是加州理工学院瓦尔·萨金特的一名研究生，当时是伯克利的米勒研究员。他和瓦尔在帕洛玛拍摄到了有奇怪发射线的星系光谱。这些发射线很可能预示着星系中心存在着一个大质量黑洞。定量数字数据的获取不仅可以像多通道一样是在天空中的一个小点上，还可以是在沿一条矩形窄缝排列的 100 个位置上，200 英寸望远镜的新仪器使之成为可能。通常，你要对准狭缝，以便使你想研究的天体位于中心，然后狭缝的其余部分会提供天空光谱的 99 个极佳测量值。这对于测量极暗天体来说很重要，因为夜空是明亮的，而感兴趣的天体有时只有天空亮度的 1%。你需要做一项异常精确的工作，从 101 个单位的天空加天体中减除 100 个单位的天光以测量你的目标。另一种使用一条长缝的方法是旋转它，这样你就能同时捕捉到两个天体——每一个天体你都可以得到一条光谱，而无需使用任何额外的望远镜时间。这会使你自我感觉德才兼备。

1985 年 2 月 27 日晚，当亚历克斯将大眼睛转向 NGC 4618 时，他注意到一些古怪的东西。他带到望远镜这里来的照片，也就是他的寻星图，显示的是明亮的恒星状星系核，但从望远镜的电视图像上还能看到第二个类星的斑点。出于好奇，也希望显示自己的德才兼备，亚历克斯小心地旋转仪器，使入射狭缝同时覆盖他要研究的星系核和不在他寻星图上的新恒星。光谱显示，这个新天体是一颗前所未有的超新星。SN 1985 F 展现出极强的氧和钙的发射线。菲利彭科和萨金特提出一个似乎合理的情形，即这是一颗大质量恒星爆发的晚期阶段。恒星中部的氧和钙没有坍缩成中子星，而是在超新星爆发中被炸了出来。但它绝非一般的 II 型超新星，因为它没有氢。这是某种新的东西。

不久之后，我们中的一些人，包括菲利彭科，还有我的博士后艾伦·鱼本和埃里克·施莱格尔，他们在得克萨斯州和克雷格·惠勒的团队一起工作，开始理解到底发生了什么事。这两项神秘之处——缺失硅线的特殊 I 型光谱和 SN 1985 F 的怪异光谱，实际上是一个新事物的两个方面。如果你观测一颗特殊 I 型超新星足够久，随着它在几个月的时间里逐渐透明起来，它的光谱会变得像 SN 1985 F。对于这些天体，一个似乎合理的解释是，它们正如菲利彭科和萨金特所推断的那样，是大质量恒星，而且在摆脱它们的富氢包层后爆发。它们会是核坍缩的大质量恒星，但没有包裹大量未燃烧的氢，这些氢使Ⅱ型超新星变得独特而易于理解。

根据恒星分类的传统，我们给这些东西命名。它们肯定不是Ⅱ型，因为它们接近光极大时的光谱中没有氢。但它们也不像 SN 1937 C 或 SN 1972 E 的晚期光谱那样，是由来自烧毁的白矮星的铁发射线所主导。为了直观，我们决定称最初的Ⅰ型超新星为Ⅰa 型，而这类新的超新星为Ⅰb 型。[161]

这些名字对工作于该领域的我们来说合情合理，但就像许多天文名词一样，让物理学家们抓狂。[1] 物理学家们想知道，为什么内部相似且以相同物理机制 —— 引力核坍缩 —— 运作的天体会有不同的名称，Ⅱ型和Ⅰb 型，而迥然不同的天体，一个拥有一场发生于一颗白矮星中的热核爆发，另一个则是一颗没有氢大气层的恒星中的一次核坍缩，这两者以相似的名字称呼，Ⅰa 型和Ⅰb 型。简短地来答，我们就是这样称呼它们的。而原因是，这种分类是基于光极大时的光谱外观，1940 年，早在物理机制的细节被理解之前，它们就被闵可夫斯基所测量。即使我们对其机制的理解发生了变化，但光谱仍旧是这样的光谱。我不仅深度参与了恒星分类 —— 虽然它在我绝不去做的事情的列表上 —— 还去为它辩护！

从 SN Ⅰb 中挑出 SN Ⅰa 有一些意料之外的好处。在银河系中，我们看到曾于过去 2 万年中爆发的超新星遗迹，还有少数较新的超新星遗迹有着爆发的书面记录。1572 年的第谷超新星，初次是在一次餐

前散步中被观测到的，并被乘坐四轮马车经过的乡下人确认，它与Ia
型超新星的物理图像十分吻合。但另一个年轻的超新星遗迹仙后座 A
则是个谜。观测显示仙后座 A 在迅速膨胀。如果你反推这些恒星碎片
是何时开始向外飞溅的，答案则是公元 1670 年左右。所以，如果在
我们的星系中，仙后座方向有一颗 17 世纪的超新星，而它很容易被
全欧洲看到，那么为什么没有人看见它呢？

当我还是基特峰的一名博士后时，罗杰·希瓦利埃（现在是弗吉
尼亚大学的教授）和我用新的 4 米望远镜拍摄仙后座 A 中快速移动
气体的光谱。光谱在某些情况下显示出氧的强发射线，在另一些情况
下，则显现氧加钙、氩和硫的强发射线，但是没有氢。这对我们来说
就像一颗大概 15 倍太阳质量的大质量恒星的内部，它会有氦聚变成
碳和氧的层，然后在更深的层中，氧聚变产生钙、氩和硫。但组成所
有 15 倍太阳质量恒星大部分的氢在哪里呢？

Ib 型超新星的观测表明，一些大质量恒星在爆发前的一场星风
中失去了它们的氢包层。仙后座 A 是一颗Ib 型超新星的遗迹吗？罗
布·费森曾是我在密歇根的研究生，现在是达特茅斯的一名教授，他
一直在深究这个问题。他发现了一些快速移动的氢 —— 可能是爆炸
波呼啸而过时前超新星表面上的最后一点氢。一颗没有氢包层的超新
星本征上会是暗淡的，如果还隐藏在一些尘埃之后，也许就没那么容
易被观测到。它可能不会在夜间做任何事情。也许仙后座 A 就源自一
次Ib 型超新星的爆发。

Ib 型超新星产生于丢失了大部分氢包层的大质量恒星，这一观

点已经被证明是非常有用的 —— 这解释了超新星亮度极大时看到的特殊I型超新星光谱，也解释了晚期 SN 1985 F 光谱的外观，并将仙后座 A 这个 300 岁的银河系内事件与其河外的兄弟联系起来。当你用一个观点解释了三种现象时，这就是一个好兆头。Ib 型超新星的故事对于宇宙加速来说有着重要的意义，因为一旦你筛去 SN Ib，剩下的 SN Ia 就更同质了。这些天体一直在乔装溜进 SN I 的列表，但现在化装舞会结束了。

20 世纪 80 年代末，桑德奇和塔曼正在奋力地为宇宙学制作 SN I 工具，并且准备好用它们来测量哈勃常数。具体想法是用哈勃空间望远镜去观测最近邻星系中的造父变星，这些星系也是 Ia 型超新星的所在地。塔曼在巴塞尔的学生布鲁诺·雷奔德古特正在汇编所有可靠的超新星光线曲线，并建立一个由众多 SN I 观测结果组成的模板。在一次关于 SN 1987 A 的会议期间，塔曼和我在慕尼黑附近的一家露天啤酒馆进行了一次愉快的相关谈话。在随意休闲的科学家们中间，塔曼衣着漂亮，用一根黑色的长烟嘴一支接一支地抽着香烟，对于和桑德奇正在进行的项目而言，他是一位引人注目且卓有成效的形象大使。当你与桑德奇意见不一时，他会传达出一种辜负感，但与塔曼意见不同时，则是一场没有个人色彩的激烈辩论。此外，我们都在考虑要买萨博汽车。[163]

"你也对萨博汽车感兴趣？萨博是我的梦想之车。"

但当我描述起我们关于 SN Ib 的数据时，我有点激动，坚持认为它们是某些新的东西。塔曼反驳道，SN I 的同质性绝对是同时建立在经验和理论基础上的，肯定有一些误解导致了这个可怕的、完全反哥白尼的观点。在白啤酒和时差的影响下，我比划的有力手势不知怎的就把巴伐利亚啤酒泼到了古斯塔夫·塔曼漂亮的白色套装上。然后我就知道讨论的时间已经过去了，是该睡觉的时候了！

塔曼依据的是 SN I 的同质性，起初他抗拒有一种新子类的观点。他写信给我，提出反对的理由，说这些所谓的 SN Ib 偏暗偏红，所以一名称职的天文学家所能想到的最简单的解释就是，它们受到尘埃的严重遮蔽。我委婉地指出，新的分类是基于光谱，而且在新类型中，晚期发射线与我们所知且喜闻乐见的 SN I 线非常不同：氧和钙代替了铁。因此，SN Ib 并不是被尘埃变暗和红化了的 SN Ia，而是有着不同化学现象的天体。

最终，对 SN Ia 的同质性以及塔曼和桑德奇的项目来说，这一新类的引入是件好事。使用雷奔德古特的模板将来自不同天体的数据拼接起来，偏离平方反比线的程度仍然有大约 40 %，或者以距离来说是 20 % 左右。对于哈勃常数的测量来说，即便是来自少量的天体，这也非常有用，但是，用 SN Ia 仍不能足够好地测量宇宙减速。

这里介绍我们预期的减速测量是如何进行的。假设你想要区分一个 $\Omega_m = 0$ 的宇宙和一个 $\Omega_m = 1$ 的宇宙。就像 1930 年以来所有值得尊敬的天文学家一样，暂时假设宇宙学常数为零，所以宇宙的性质仅由引力物质来决定：$\Omega = \Omega_m$。那么 $\Omega = 1$ 的宇宙恰恰有所需的质量密度，可以一直减缓膨胀，但不足以使膨胀停止和逆转。在你能用超新星做的测量中，这种减速将如何显现呢？

在近邻处，一颗超新星的视亮度随距离的平方反比下降。而且近邻处，红移与距离成正比。所以当我们绘出亮度对应红移的曲线时，我们会发现，如果这些天体是令人满意的标准烛光，那么这些点就会散布在一条直线周围。

这只是几何图形，没有体现出减速。但我们也可以计算出光从爆发的超新星出发，到其被一架望远镜所探测到，这个期间宇宙膨胀率的变化效应。对于近邻的超新星，这种效应可以忽略，但对于极为遥远的超新星，它可以揭示宇宙膨胀的历史。在一个高密度宇宙（$\Omega = 1$）中，当光从超新星爆发向你传来时，宇宙是在膨胀的，但这膨胀是减速进行的。为了从爆发到达你的望远镜，相比在宇宙做着惯性滑行的空宇宙（$\Omega = 0$）情况下，光子传播了更短的距离。你不难猜到，由于光传播了较短的距离，所以超新星看起来更亮了。当然，你必须正确地做出这项计算，要考虑空间曲率、时间拉伸和光子能量的位移，以及减速，但基本思路是对的 —— 如果宇宙在减速，那么一颗遥远的超新星将比其在宇宙恒速膨胀的情况下更亮。

也许打个比方，就能使这件事生动形象起来。我从前认识一个聪明而精力充沛的红发小子，他过去经常向校车扔雪球。这种反社会行为的起因可能是伴随着三年级而来的一种普遍的无聊感，或者就是有着随红袜队（Red Sox）征战职业大联盟的志向。不管怎样，向一辆后退的巴士扔雪球所造成的影响，就像是在一个膨胀的宇宙中发送光子一样，取决于巴士是以恒速行驶，还是因后方的停车标志而减速。如[165]果你扔向一辆匀速行驶的巴士，雪球到巴士所花的时间更长，而且发出的是不那么令人满意的啪嗒声。如果你扔向一辆正在减速的巴士，雪球穿过较短的距离并发出响亮的撞击声。砰的一声巨响后，随着愤怒的司机要寻找罪魁祸首，巴士开始后退了。不过这是题外话。

所以一个减速宇宙的标志，如 $\Omega = 1$（且 $\Lambda = 0$）所预期的那样，是遥远的超新星将比它们在 $\Omega = 0$（且 $\Lambda = 0$）的宇宙中显得亮一点。出于完备性，我们应该考虑当 Λ 不为零时会发生什么。如果 Λ 不为零，那么宇宙的近代历史可能会包括一段加速时期。在一个加速的宇宙中观察一颗超新星，意味着观察到的光子额外又传播了一段距离，所以在相同红移的情况下，超新星看起来更加暗淡。这就像把一个雪球猛掷在让你下车后加速离开的巴士上一样。就算雪球最终赶上了巴士，它也几乎不会粘在上面。

在红移相同的情况下，超新星在一个 $\Omega = 1$ 的宇宙中应该比在一个 $\Omega = 0$ 的宇宙中看起来更亮。但亮多少呢？如果超新星不是那么令人满意的标准烛光，那么在任何红移处，从一颗超新星到下一颗之间都会存在显著的自然变化。这样，一个小的宇宙效应将被爆发白矮星间的巨大差异所掩盖。一般来说，当你转向更大的红移时，宇宙效应也变得更重要（尽管对于不为零的 Λ 来说，这可能有点复杂），但与此同时，对极暗天体的测量误差也会变大。所以定量问题是，SN Ia 是否能够成为足够好的标准烛光，以揭示在你可以实际进行测量的红移处的这些宇宙效应。$\Omega = 1$ 的宇宙和 $\Omega = 0$ 的宇宙间视亮度的差异相当于同一天体在红移 0.5 时有大约 25% 的视亮度差异。在这一红移处，安装在 2 米望远镜上的 20 世纪 80 年代末的探测器足以测量亮度，而 4 米和 5 米望远镜上的摄谱仪有成败参半的机会获得一条能告知你红移的光谱。也许是时候开始寻找高红移超新星了。

但如果从一颗Ⅰa型超新星到下一颗的变化是 40%，那么你就需 ¹⁶⁶要观测很多天体来得到一个唯一确定的平均值。一般来说，高斯告诉你，平均值的不确定度通过天体数量的平方根来降低。所以，如果你决定想要一个 3σ 的结果来区分 $\Omega=1$ 和 $\Omega=0$ 的差异，你需要至少 25 颗远距超新星。这是因为你希望最终的误差达到大约 25%/3 = 8%。但如果每颗超新星有 40% 的误差，要想纯粹通过天体数量把这些误差降低到 8%，你将需要 $(40/8)^2=5^2=25$ 颗超新星。这就是蛮力的方法。

但如果你能通过更好地理解超新星来降低偏离程度，你就可以用更少的天体做出一个有意义的测量。由于所需的超新星数量像测量误差的平方那样，通过改善测量误差，你可以节省很多精力。如果你使误差减半，只需要用 1/4 的超新星数量，你就可以得到一个同样有效的结果。在我看来，这才是我们要为之努力的理想方向。

人们肯定在思考如何用超新星去做宇宙学。你可以通过观测亮度和红移的关系来测量宇宙膨胀的历史。1979 年，在哈勃空间望远镜抵达轨道的 11 年前，斯特林·科尔盖特在《天体物理学报》上发表了一篇论文，概述了利用哈勃空间望远镜寻找和测量超新星的方法。今天再读这篇论文，你会发现有些段落是错误的，还有许多内容是不切实际的，但是作为一个整体来考虑，当技术成熟时，这篇论文在设法解决这个问题上做得很好。同年，对于通过哈勃空间望远镜观测超新星来测量宇宙数据的可能方法，古斯塔夫·塔曼进行了更细致的分析。^[2]

如果超新星都是相同的，它们会在哈勃图上完美地沿着亮度和红移的平方反比线排列。但是有些超新星本质上就比其他超新星更亮，所以即使是在相同的红移处，它们也不会完全落在这条线上。观测到的在平方反比线上下的偏离程度，测量了超新星从一颗到下一颗之间有多少变化，这个变化在亮度上大约是 40%。Ia 型超新星变成了罗夏测验。[1] 像科尔盖特这样的乐观主义者看到了从超新星中获得一些宇宙学信息的合理机会。乐观主义者希望人们找到一种方法，将超新星塑造成更好的标准烛光，或者希望你能算出众多超新星观测的平均值，从而可以从嘈杂的数据中提取出有意义的信号。但无论如何，通过积极参与，你会发现挡住你去路的有哪些非预期事件，并且你可以开始解决它们。

另有一些人认为，追踪高红移超新星是时间上的积淀，直到你有一种方法来缩小误差并使 SN Ia 成为更好的标准烛光。悲观主义者（或者我们更愿意被称为"现实主义者"）认为，集中精力的最佳地点在低红移处，在那里更好地理解超新星可能有助于使它们对宇宙学更有效，正如清理 SN Ib 问题所起到的作用一样。即使它对宇宙学没有帮助，研究超新星也会导致对有趣天文事件的理解，这在元素起源和星系形成方面很重要。一般来说，乐观主义者是理论家或在超新星领域工作不久的新人，而悲观主义者则是有着丰富犯错经验的超新星观测者。

不管你如何处理这个问题，无论是通过积累近邻天体的知识，还是竭力寻找远距天体，这条道路都无疑是艰难的。超新星是稀有事

---

1. 罗夏墨迹测验是最著名的投射法人格测验。——译注

件，在一个星系中大约每世纪只发生一次。无论你是寻找远距超新星去做宇宙学，还是寻找近邻超新星去了解超新星，你都必须为找到它们而努力工作。

在波士顿最宏伟的大道联邦大道（Commonwealth Avenue）的尽头，有一艘巨大的红色砂岩维京船，其上矗立着一尊庄严的莱夫·埃里克松（Leif Ericsson）雕塑，它面朝西方，视线穿过马迪河向芬威球场望去。前面的铭文是古代北欧的如尼文（我猜的），但背面写着"发现者莱夫，埃里克之子，他从冰岛启航，于公元1000年在这片大陆登岸"。在克里斯托弗·哥伦布的探险之前很久，维京人就到达北美了，这似乎是毫无疑问的。但是北美欧洲殖民史是由那些留下来的人所书写的，与那些在清教徒踏上普利茅斯岩很久之前就来了又离开的北欧人没什么关系。我三年级时的老师从未提起过莱夫·埃里克松。[168]维京人远远超前于他们的时代。

同样的事情又于20世纪80年代中期发生在位于智利北部的欧洲南方天文台。一群勇敢乐观的维京人着手在星系团中寻找Ia型超新星，目的是测量宇宙的减速。他们超前于他们的时代。尽管他们发明的大多数方法后来都用在高红移超新星的搜索中，但20世纪80年代的技术并不能完全达成确定宇宙减速的任务。随后的成功更多是建立在技术变革而非出色的洞察力之上。在1986年和1987年期间，莱夫·汉森、汉斯·乌尔里克·内尔高－尼尔森和亨宁·约根森每月从丹麦前往智利，累积了数量惊人的飞行里程。在智利，他们使用带有一台 300×500 像素的电荷耦合器件（CCD）电子照相机的丹麦1.5米望远镜，每月拍摄一组选定的星系团的图像。

如果每个星系每世纪都有一颗超新星爆发，那大致是 5000 周一次，所以如果你想在一颗新鲜出炉的超新星最明亮的夜晚看到它，你需要检查几千个星系。[3] 维京人力图通过观察星系团来最大化他们发现超新星的机会。在这些星系团中，微小的天空图像内的星系数量远高于平均水平。而且，这些是已知红移的星系团。如果你寻找超新星是为了给出关于宇宙学的信息，那么你就想要在红移足够大的星系中搜索，以便探测到减速的宇宙学效应，该效应将使超新星看起来更亮一些。通过仔细选择他们的目标星系团，丹麦人选出了最佳红移范围的星系。此外，密集的星系团中有许多椭圆星系，这种星系拥有古老的恒星和极少的尘埃。Ia 型超新星是唯一曾在椭圆星系中发现的超新星类型。因此，丹麦人断言，他们发现的任何超新星都将是SN Ia，几乎没有尘埃使其光线变暗并混淆分析。

他们月复一月地重复他们的观测。一个月是天文观测的自然节奏，因为它是月相盈亏的周期。由于观测暗超新星需要暗夜，你通常需要在新月的几天之内观测。我如狼人一般勤勉地围绕月相来安排我的生活，因为新月时暗天体的观测条件最佳。差不多每隔 29 天你就有机会去做这件事。幸运的是，这与 Ia 型超新星上升到光极大时所需的20 天符合得很好，也恰好是在达到最大亮度所需的两周左右时间的两倍范围内。更频繁的搜索帮助不大 —— 你会多次看到相同的天体。搜索频率远小于每月一次也不太好，因为这样你就无法判断你今晚第一次看到的天体是一个在上升的新天体，还是一个在下降的旧天体。

丹麦人在实际发现超新星方面还开创了一项有价值的技术。查利·科瓦尔在帕洛玛浏览胶片时，所采取的方式就如同 50 年前兹威基曾用他锐利的目光所做的一样，而丹麦人则使用来自他们的电子照相机的数字数据在电脑上寻找超新星。他们拍下一个星系团的一幅图像并将其存储在磁盘上。在他们曝光下一个星系团时，他们检查刚刚完成的星系团图像，并将其与一个月或一年前同一个星系团的一幅模板图像进行比较。他们并非用眼睛来比较这两幅图像，而是用他们的电脑从新照片上减除旧照片。通过仔细对准图像，模糊较好的那幅图像以匹配在不太好的大气条件下拍摄的图像，并调整它们的大小，这样的减除会使不变的天体消失，拥有数百个星系的星系团图像可以被简化为只显示逐月变化的东西。这些东西中有亮度发生变化的星系核（带有巨型黑洞！），有太阳系中的小行星，有到达地球表面并在探测器中造成一个假信号的宇宙线，但难得会有一次，你发现一个点出现在今晚的图像中，它在上个月并不存在，这就是一个遥远星系中一个可能的超新星候选者。

1988 年 8 月 9 日，经过几个月的搜寻，维京人找到了他们要找的东西：在一个红移 z = 0.31 的星系团中，一个星系里有了一个漂亮的新点。他们与同事理查德·埃利斯和沃里克·库奇商定在 4 米英澳[170]望远镜上获取目标的一条光谱，在位于加那利群岛的 2.5 米艾萨克·牛顿望远镜（INT）上获取光变曲线。他们在由哈佛−史密松天体物理中心的布赖恩·马斯登运行的 IAU 快报上提交了他们的发现通报。布赖恩打电话给我。这份报告有趣到足以被接收吗？

起初，我是怀疑的 —— 我对丹麦人的搜寻一无所知，而且报告的超新星是如此微弱，以至于我不认为有人会投入自己的望远镜时间来做后随观测。最有可能的就是，这是一颗古老、昏暗的超新星暗淡衰退的尾声。但是丹麦人理所当然地对布赖恩坚持道，这颗暗超新星正是他们的目标，他们每个月都在孜孜不倦地搜寻同样的区域来寻找它们。这颗超新星的暗弱很可能是由于它距离遥远，而不是因为它已经衰退了。布赖恩让他们给这条信息添加更多的细节，说清楚这是专注于在遥远的星系团中搜寻超新星的结果，这样阅读这条快报的人就能理解为什么这个暗超新星值得追查。

最终，这些有用的观测结果都出自他们事先所做的安排，包括使用英澳望远镜进行光谱分析。他们在英国科学杂志《自然》上发表了这些结果。由于大多数科学家都无法掌握术语去阅读自己领域之外的研究文章，《自然》帮我们解决了这个问题，它让另一位科学家写了一篇附带的"新闻和观点"——把最有趣的文章改写成有用的纯文学作品。于是一名生物学家就可以欣赏天文学的新进展，或者一名天文学家也可以弄清地质学家在做什么。《自然》认为这个发现值得花费笔墨，就让我来写这篇"新闻和观点"。

> 尽管认为超新星可能会带领我们走出一个愚昧和信仰的时代，并进入一个测量和理解的时代，是一个颇具吸引力的想法，但在将过多的信念投注到这个有前途的方法之前，需要仔细研究两个观测问题。首先，Ia 型事件的同质性是一个观测上的问题，无关信念，最近的例子显示出这类成员之间细微却真实的差异……其次，我们需要建立信心，相信观测到的高红移超新星与观测到的近邻超新星的确是一样的。

171

持着怀疑但非敌意的态度，作者继续道：

> ［一个好的］方法或许将巩固我们对从近邻到适中红移的超新星的认识，以确定任何观测到的效应都来自于空间曲率，而不是来自于不断变化的超新星族类。[4]

丹麦人远远超越了他们的时代。他们用的是小望远镜，所以拍摄一幅图像就要花费一个小时。他们用的是小探测器，所以他们可以搜寻的天区很小。在很小的视场中缓慢地工作意味着即使有最好的天气和最好的技术，发现的效率也很低。两年中他们仅发现了一颗 SN Ia（另一颗可能是 SN II），之后他们决定放弃。具有讽刺意味的是，他们恰好在最后一晚的操作中找到了另一个好候选体，但决定不报告它，因为没有机会做后续观测以获得光变曲线。就像在文兰晒鳕鱼干的那些人[1]一样，尽管他们是先驱者，但这群北欧人抵达得太早，所以不能成为后来发展的一部分。

丹麦人的搜寻，其真正的弱点在于发现的效率太低，以至于你无法明确地计划后续观测。大型天文台的望远镜通常要提前 6 个月预定。一个指定夜晚的观测者们不太可能认为你的工作比他们为了三个观测夜等待了 6 个月并且飞行 8000 英里的项目更重要。另一方面，如果你想要预定超新星的后续观测，你需要说服时间分配委员会的是，尽管它们在单个星系中偶尔才爆发，但你的搜寻很强大，你确定会有一些超新星要做后续观测。

---

1. 指早期抵达北美的北欧人。——译注

1990 年 6 月至 1993 年 11 月在托洛洛山进行的卡兰 / 托洛洛超新星搜寻解决了这个问题。1989 年 7 月，斯坦·伍斯利在圣克鲁斯组织的超新星研讨会上，当时的一名托洛洛职员马克·菲利普斯问我172 是否认为做一次超新星搜寻是值得的。马克是一个身材高挑、瘦削的加州人，曾带领托洛洛山篮球队夺得智利拉塞雷纳的市冠军。他研究过气体旋转落向星系中心黑洞的辐射。他准备好了迎接新事物。高尔夫球和超新星。

"只要你能对它们进行后续观测，"我答道，回想起我的小孤儿SN 1971M，马克也想到了这一点，并与何塞·马萨、马里奥·阿穆伊以及其他来自智利大学卡兰山天文台的人一起，通过在托洛洛山的大视场施密特望远镜以传统方式拍摄的照相底片中搜索来寻找超新星。这是密歇根大学的希伯·D. 柯蒂斯望远镜，它以 1920 年关于漩涡星云本质的辩论中哈洛·沙普利的杰出对手的名字来命名。正是柯蒂斯曾设想过，"将 [新星] 分成两类并非是不可能的"，如果漩涡星云真的在很远的地方，那么其中的新星需要格外明亮。这架望远镜似乎正适合用作研究超新星的工具。

卡兰团队将要"闪视"这些底片，他们使用的是一种奇妙的光学装置，一张接一张地把图像呈现给一双训练有素的眼睛。某些新的东西 —— 一颗候选超新星 —— 将一明一灭地闪现。世界上最杰出的亮度测量专家之一尼克·桑泽夫是这支团队的一员。马克和尼克制定了一项协议，以便让托洛洛山的访问者们提前知晓他们可能会被要求放弃一个小时的时间来援助超新星观测。此外，定期有成段的时间被分配给超新星团队，因为他们每个月肯定会有一些新发现的超新星。作为交换，马克慷慨地提出让每一位贡献者都成为随后论文的作者。

这项计划很成功：每个月，柯蒂斯施密特望远镜都会巡视一大片天区。尽管用到的探测器是照相底片，比电子探测器的效率要低得多，但所扫过的天区面积却很大。这些底片在托洛洛进行冲洗，然后搭乘巴士沿泛美公路而下，到达圣地亚哥。虽然闪视底片是件单调乏味的工作，但卡兰团队经验丰富且心甘情愿去做这件事。尽管卡兰/托洛洛搜寻发现的超新星对于测量宇宙减速来说不够远，但它们的红移足 173 以给出良好的距离值，而且它们是被一支专家团队用前后一致的方式很好地观测到的。这一计划累积的数据，使下一步计划成为可能。三年中，他们找到了 49 颗超新星，并对 31 颗超新星做了后续观测，终于产生突破，使超新星的宇宙学应用成为现实。但完成一项大规模巡天需要时间。

与此同时，SN Ia 异质性的证据也越来越多。1991 年发现了两颗不同寻常的超新星，SN 1991T 和 SN 1991bg，这进一步支持了 SN Ia 间真的存在差异的情况。SN 1991T 似乎是已知的最亮的 SN Ia，它的光谱与正常 SN Ia 的光谱略有不同。而另一个极端是我们观测到的 SN 1991bg，它显然是光度最低的 SN Ia 之一，而且在最大亮度后的第一周里与标准 SN Ia 光谱有一些明显的区别。这些都是被极好地观测到的天体，圣何塞附近的利克天文台的亚历克斯·菲利彭科团队，我们在图森附近的惠普尔天文台的天体物理中心组，以及托洛洛山都深入研究过它们。毫无疑问，SN Ia 并非都是完全相同的。光谱上存在细微差异，但光输出的差异并不那么小——SN 1991bg 显得比同一星系中早前的一颗 SN Ia 要暗 10 倍。如果超新星本身就引入了 1000％ 的效应，那么就没有简单的方法来测量宇宙减速所造成的 25％ 的效应了！

那些依靠 SN Ia 作为标准烛光的人无法忽视这一证据。随着这一教训渗透到天文学家的意识中，一些人丧失了他们的信仰。悉尼·范登伯格是超新星方向的老资格专家，也是哈勃常数问题上的一支独立声音。他放弃了希望，这样说道，"Ia 型超新星在光极大处有巨大的光度弥散，因此可能不是令人满意的标准烛光"。有人称之为异端邪说。例如，塔曼强调了它们的同质性有多的好，前提是你可以根据它们的颜色和光谱滤掉最亮和最暗的事件。其他冒险进入这个领域的人并不太担心这些天文学细节。在劳伦斯·伯克利实验室，由卡尔·彭尼帕克和索尔·珀尔马特领导的刚刚起步的超新星宇宙学计划，专注于开发寻找远距超新星的方法。但到 1992 年，对于我们这些研究这些天体的人来说，很显然严重的问题仍然真实存在。如果还没人找到解决一些超新星比另一些亮 10 倍这一问题的方法，那么将不会有太多可以用爆发白矮星来解决的宇宙学问题了。

迈向解决方案的第一步并非遥不可及。回到 1986 年，马克·菲利普斯和 CTIO 小组在星系半人马射电源 A（NGC 5128）中发现了一颗奇怪的超新星。SN 1986 G 是古怪的，它的光谱看起来像一颗 SN Ia，但是光变曲线下降得远比 SN 1972 E 或其他组成布鲁诺·雷奔德古特模板的被充分观测过的天体快。SN 1986 G 比其他在 NGC 5128 距离上的超新星更暗。这要么是出错了，要么就是某些新的东西。可能出错的地方是到 NGC 5128 的距离，它太近了，故而其红移不是一个可靠的向导，或者就是尘埃吸收的量导致出错。而若是新的东西，那么 Ia 型超新星并不像宣称的那样相同。马克对此进行了调查。1992 年，基于对超新星距离的最佳估计，他绘制了包括 SN 1986 G 在内的几颗超新星的光度随其在光极大后数周内亮度下降的量变化的图。SN Ia 之间真的存在差异。本质上最亮的超新星下降得最慢。马克论文中估计的距离是一件拼凑物，格外明亮和格外暗淡的超新星的数量少得可怜。这个结果本就可能是错误的。在超新星和它们的减光率上犯错的传统由来已久。

以前就有过关于 Ia 型超新星之间存在异质性的说法。1973 年，罗伯托·巴尔邦和帕多瓦的意大利超新星组曾汇编过所有的旧照相数据，并指出光变曲线的不同。他们认为有"快"SN Ia，在光极大后迅速下降，还有"慢"SN Ia，在光极大后缓慢下降。当时，古斯塔夫·塔曼坚决捍卫 SN Ia 的同质性，反对"快"、"慢"超新星的异端邪说。他指出，在任何样本中，随机高斯误差都会产生一个最快和一个最慢的光变曲线，但这并不一定意味着超新星要分为两类。这是有[175]可能的，塔曼声称，超新星都是完全相同的，但是测量误差产生了一个减光率的分布，这就是巴尔邦所见情形的起源。发现超新星减光率的重要性可以归功于巴尔邦，但这并不完全正确。在他们的数据中，巴尔邦和他的同事们发现一颗超新星的本征亮度和它的减光率之间没有明显的关联 —— 但是数据暗示，快超新星是最亮的，而慢超新星则是暗淡的，这与 20 年后菲利普斯得出的结论完全相反。1977 年，当莫斯科的尤里·普斯科夫斯基检查这个问题时，他发现了一个类似马克·菲利普斯最终发现的那个关系，但并没有得到广泛的应用。

巴尔邦工作的问题不在于分析，而在于数据。他们使用的是拼凑的异质性数据库，其中的数据来自很多可以追溯到巴德时期的研究者。而且所用的光变曲线几乎都是从照片中提取出来的。由于超新星发出的光通常还要再加上其寄主星系发出的光，所以减除星系的光以获得超新星的亮度是一项棘手的任务。照相底片在这方面是出了名的难处理：如果你把一个星系和一颗超新星的光加在一起，那么在照相乳剂上产生的致黑就不同于你把星系单独的效果和恒星单独的效果加起来。

到 20 世纪 80 年代，硅二极管阵和 CCD 成为托洛洛山、我们在亚利桑那州的惠普尔天文台，以及全世界许多其他地方的标准设备。任何使用过摄像机的人都知道，CCD 要有效率得多，而且可以在昏暗的光线下不开闪光灯拍摄。对于目标是在叠加了亮天光和星系光的情况下提取一颗超新星的测量值的天文学来说，更重要的是，这种探测器是线性的。这意味着仅来自恒星的信号和仅来自星系背景的信号之和等于来自星系光和超新星光之和的信号。进入的光和输出信号之间的这种线性关系，使得从数据中提取超新星光变曲线的过程对 CCD 来说要简单得多。简单的图片是最好的，并且更加有可能给出可靠的答案。

176　卡兰 / 托洛洛搜寻是在照相底片上进行的，但是所有对超新星亮度的测量都是用 CCD 完成的。这些数据被马里奥·阿穆伊、尼克·桑泽夫和智利的团队缓慢且小心翼翼地简化。测光是一门测量事物亮度的科学，它极为困难。即使没有产生任何显而易见的误差，小误差也会累积到使你的数据变得一文不值。测光者清楚这一点，而老练的测光者更是最了解这一点。这让他们有点郁闷。

尼克·桑泽夫是测光者中的测光者。尼克有点悲观，就像动画片《小熊维尼》里的屹耳一样。他担心相机里的滤光片可能不对，担心我们用来定标超新星的标准星可能不像大家所认为的那样众所周知，担心天气并不像人们想象的那么好，因此结果也就可能不如声称的那么好。你希望尼克加入你的团队，因为尼克让你免于疏失误差，因为尼克不会假设你做得对，尤其是因为当尼克最后说数据没问题的时候，那数据就真的没问题。大师级的技术人员工作缓慢，卡兰／托洛洛巡天的结果需要时间来达到完美。

与此同时，1992 年，马克·菲利普斯孤立无援，他用一个异质的数据库和各种方法来估计超新星距离。他可能在光度−减光率关系上犯错了。但随着来自卡兰／托洛洛搜寻和其他源的数据陆续到来，光度 - 减光率关系看起来越来越好。卡兰／托洛洛巡天在中等距离 —— 通常在 6 亿光年 —— 的星系中发现超新星。这已经差不多可以用中型望远镜进行后续测量了，但要红移能够很好地定位距离，这还远远不够。

此时，我们也在天体物理中心（CfA）进行着自己的努力。来自巴塞尔的博士后布鲁诺·雷奔德古特帮助清理我积压的超新星数据。成堆的磁带像石笋一样生长着，填满了我的办公室。布鲁诺把它们运走，并开始分析其中的数据。跟我一起从密歇根来到哈佛的罗恩·伊斯门正在完成他关于 II 型超新星大气的理论学位论文。当布鲁诺动身前往伯克利与亚历克斯·菲利彭科合作时，皮拉尔·鲁伊斯−拉普恩特从巴塞罗那来到这里做博士后。戴维·杰弗里开始研究超新星光谱的理论，他在找出使 SN 1991T 和 SN 1991bg 不同的原因。在 NASA 和国家科学基金会的支持下，我能够雇用皮特·查利斯来研究空间望远镜的数据，协助我们在亚利桑那州进行的超新星观测。布赖恩·施密特正在忙着他关于 II 型超新星的学位论文，亚当·里斯正式确定跟着我攻读博士学位，而精力充沛的博士后彼得·赫夫利希和菲尔·平托正独立地研究超新星光谱理论。在一个小领域里，这是一支大团队。

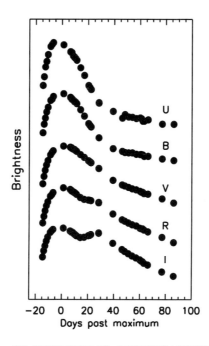

图 9.1　一颗 I a 型超新星的光变曲线。在亚利桑那州史密松的惠普尔天文台对 SN 2001V 进行的测量，这颗超新星由该天文台职员佩里·伯林德发现。测量是在五种不同颜色下做的，为了清楚起见，在这里进行了位移。"B"（蓝色）滤光片中，下降的光变曲线的斜率包含了关于超新星真实亮度的强大信息。其他滤光片中的观测有助于提高光度测定的精度，说明了尘埃造成的红化量。此图由沙鲁巴·杰哈、凯赛·曼德尔、汤姆·马西森提供；哈佛－史密松天体物理中心。

周五，CfA 团队不在外观测的人都会去吃午餐。这是我紧跟大家研究工作的方式。当你成为教授时，有时你的个人一周"进展"就是完成一项经费申请，为一篇论文审稿以及教学。这几周里，你对科学最有效的贡献可能就发生在午餐付账时。午餐是一个好地方，让新生去听听别人在做什么，并学会简要地描述他们自己的进展。

我的规则是，你必须说出你在过去一周所做的事情，但你只被允许用一张纸，也许是一幅图表或图片来补充你的描述。这使得对话得以进行，并避免快速翻转的视图取代科学交流。这也是一个文化风格的课程。作为美国人，我们准备开吃，在每一口的间歇倾听，然后离开。但是皮拉尔向我们展示了另一种方式。就在我要看账单时，她会要上"一杯咖啡"，然后我们会了解一些巴塞罗那的生活方式，使得午餐时间稍稍延伸到下午，也让谈话稍稍偏离星际暴力和宇宙膨胀。但不会过度。我们通常坚持这个主题，虽然有一次彼得·赫夫利希翻出他几天大的女儿的婴儿照震惊了我们所有人。我们甚至都不知道他有女朋友。

我们与 CTIO 小组保持着密切的联系，在用哈勃空间望远镜对 SN 1987 A 和其他超新星进行的研究上与尼克和马克合作，共享并对比数据。然而，卡兰 / 托洛洛搜寻的主要目标是用于哈勃常数和宇宙 [179] 学的 SN Ⅰa，在得到光谱前，你不知道你发现的是什么类型的超新星。就像使用一张宽网的渔夫一样，随同我们正在寻找的Ⅰ型超新星一起，卡兰 / 托洛洛巡天也搜罗了一些 SN Ⅱ。我的学生布赖恩·施密特在 1991 年访问了 CTIO，并发起了一次帮助他完成学位论文的积极合作，他使用了一些来自卡兰 / 托洛洛搜寻的Ⅱ型超新星。布赖恩的计划是收集 SN Ⅱ的观测，它们作为卡兰 / 托洛洛搜寻的副产品堆放在拉塞雷纳的地板上。如果布赖恩能够从光变曲线和光谱中测得超新星的颜色和大气膨胀的速度，他就可以利用它们从膨胀光球法得到一个更好的哈勃常数，其中膨胀光球法使用了一些罗恩·伊斯门正在发展的理论。

1993 年，布赖恩·施密特在哈佛大学获得博士学位。虽然我们通常喜欢把雏鸟从巢里赶出去，但布赖恩太出色了，他在天体物理中心赢得了一份竞争激烈的博士后工作。这让他有机会作为一名独立研究者外出，并在不换地方的情况下薪水翻倍。布赖恩决定去访问 CTIO，并同尼克·桑泽夫和马克·菲利普斯讨论超新星研究的下一步该做些什么。

与此同时，自 1986 年就开始的一项发现和研究超新星的严肃工作正在伯克利进行。伯克利天文系的亚历克斯·菲利彭科、伯克利物理系的里奇·马勒，以及劳伦斯伯克利实验室（LBL），包括卡尔·彭尼帕克和后来的索尔·珀尔马特，他们组成的联合团队一直在致力于超新星科学的各方面研究。马勒是一位才华横溢的物理学家，他决定将发现超新星的过程从工艺转变为工业。

几年前，在新墨西哥州，斯特林·科尔盖特从一个多余的奈基导弹发射台和 20 世纪 70 年代的原始计算机中拼凑出一架超新星搜寻望远镜。他建起了一套自动系统，可以在无人干预的情况下依次指向星系，几秒钟内就拍下一张图像。接下来，计算机软件会检查这幅图像，并在探测到一个新天体时发出警报。但斯特林·科尔盖特并不完全是超新星搜寻上的莱夫·埃里克松。斯特林在如此多的技术领域中遥遥超前于他的时代，以致于他从来没有把所有这些拼在一起足够长时间来寻找哪怕一颗超新星。他从未到过文兰。

里奇·马勒知道技术已经进化，在申请使用空军位于夸贾林环礁的跟踪望远镜去寻找其机密数据流中的超新星被断然回绝后，他又鼓起精神努力让伯克利山以东的伯克利 30 英寸望远镜以科尔盖特曾预想的方式运作。[5]

在经历了一番挣扎之后，它开始工作了。1986 年，伯克利自动超新星搜寻团队开始发现超新星。这种方法的极佳之处在于，你能够保留所搜寻星系的详尽记录，并利用这些信息计算出各种星系中的超新星发生率。最棒的是，如果你调整了搜寻的观测节奏，你可以最大化在超新星达到最大亮度前的上升过程中发现超新星的机会。让超新星搜寻望远镜能够工作需要技术革新，而将结果建立在概率上需要耐心和对这一学科的献身。

里奇·马勒的大脑激动得无法专心干活。同样在伯克利，物理学家路易斯·阿尔瓦雷斯和他的地质学家儿子沃尔特开始渐渐查明，地球曾受到小行星的连续撞击。大约在 6500 万年前，其中一颗陨石杀手撞击了尤卡坦，将地球包裹在尘埃中，使生存环境极速恶化，甚至可能使恐龙到了灭绝的地步。[6] 对地球陨击坑历史的进一步调查表明，撞击具有周期性，大约每 2600 万年循环一次。有一种假说认为，太阳有一颗遥远的伴星——这是一颗暗淡的恒星，到太阳的距离比冥王星远 160 倍，它缓慢地绕着一条椭圆轨道运行。根据这一观点，每隔 2600 万年，就会有一场末日之雨，涅墨西斯恒星将外太阳系的陨石推入将会轰击地球的轨道。对马勒来说，这个观点非常有趣，以至于自动望远镜从超新星和宇宙的命运中部分转移到寻找涅墨西斯和地球生命的命运上。这不是我会做的选择，但你看得出来，世人可能会感兴趣。马勒没有发现涅墨西斯，尽管它可能还潜伏在那里。又或许是其他一些原因导致了周期性的撞击。又或许周期性的地质证据并不如最初看上去那么强。

无论如何，超新星是有趣的，而且可能是了解有关宇宙命运诸事的一条途径，这样的观点仍然存在。LBL 一直在使用可以从一幅星系的图像中找到一颗新超新星的软件，而且已经证明这个系统可以处理用小型望远镜拍摄的单个星系的图像。考虑到类似的软件可以处理一幅包含来自一架大型望远镜的许多星系的图像，正如丹麦人在欧洲南方天文台所做的那样，这就并非是那么巨大的飞跃了。LBL 与英澳望远镜达成了一项协议，去建造一台巨大且极快的 CCD 相机，可以安装在那架 4 米望远镜上为该项目获取数据，以换取用望远镜来寻找超新星的时间。它的光学设计非常大胆。但该仪器从未令人满意地工作过，LBL 努力的成果从未报告过一颗超新星。

1989 年，加州大学伯克利分校在一次由国家科学基金会赞助的全国性竞争中获胜，投资一个新的科学中心，以解决宇宙中暗物质的问题。粒子天体物理中心由精明能干的伯纳德·萨杜莱特领导，他在位于日内瓦附近的欧洲加速器 CERN 时曾是卡洛·鲁比亚的一名助理。新中心的想法是通过很多方式来了解暗物质。他们巧妙设计的 T 恤上写着，"如果不是暗的，那就无所谓了"。[1]萨杜莱特自己会采取

1. 原文 "If it isn't dark, it doesn't matter." 前后两段的最后一个单词合在一起组成 "dark matter"，即暗物质。——译注

直接的方法，建造实验室探测器以观察暗物质粒子是否在房间里漂移。另一组将在微波背景中寻找暗物质的信号。理论家们会把所有这些编织成一个关于暗物质宇宙演化的连贯故事。而超新星也会通过测量宇宙减速来测量暗物质的数量。如果 $\Omega = 1$，那么在红移 0.5 的地方，超新星应该比另一种情况亮 25%。超新星宇宙学项目（SCP）将会进行这项测量。LBL 在超新星探测软件方面很有经验，具有使用先进仪器的能力，并且作为实验物理学家，理解精细数据库的分析结果。他[182]们将在伯克利天文系的亚历克斯·菲利彭科的帮助下领跑，菲利彭科于 1993 年加入了该计划。

为了促进这个项目的发展，1989 年，他们在伯克利组织了一次专题研讨会，将现代天体物理学中的这些部分都整合起来。我作了一个"用超新星冲击 H_0 和 Ω"的报告。尽管有着这样一个好战的题目，但我基于丹麦人工作的结论是谨慎的："这些开创性的观测指出了从勤勉的观测中取得宇宙学问题上的进展的可能性。"事实上，我认为 SN Ia 之间的偏离程度太大了，由于你所需要的超新星数量随偏离程度的平方增加，你需要太多勤勉的观测，以至于我们应该建造一架超新星和 Ω 专用的 4 米望远镜，耗资达 1000 万美元。更廉价的办法是更好地理解超新星。

当国家科学基金会设立粒子天体物理中心时，伯纳德·萨杜莱特请我在他们的外部咨询委员会中任职。该委员会需要协助评估中心的许多活动，并就他必须做出的选择提供建议。超新星团队遇到了麻烦。在英澳望远镜走向尽头之后，在可以确保使用权的望远镜上，他们没有任何正在工作的相机。他们将不得不与天文界的其余人竞争基特峰或托洛洛山的时间。但在 1987 A 脉冲星报告，超新星搜寻转向涅墨西斯，以及相机在澳大利亚的失败之后，他们并不是在天文界中公信力最佳的那个。尽管他们已经在超新星寻找软件上投入了大量的精力，但他们还没有发现任何远距超新星，所以时间分配委员会不愿意将稀少的望远镜时间给他们来开展一次搜寻。如果他们不进行搜寻，他们将无法发现任何超新星。为了摆脱这种两难境地，伯纳德召集了一个外部委员会。

那群人提议让珀尔马特来负责。虽然他很年轻，但是他非常有决心，对什么是最重要的事情有很好的判断力，并为这个计划担任了有说服力的发言人。也许他能说服人们提供他们所需的望远镜时间。他们还提议申请更多的资金和一项计划，通过获得大型 CCD 探测器并将之放在加那利群岛一架英国望远镜上的相机中，来换取时间上的保证。虽然结果对他们很有利，但 SCP 不喜欢经受所有这些评论。

当 LBL 的成员在努力解决这一切的时候，我会定期跑过来参加外部咨询委员会的会议。我记得，我强调了三件事。一个是测光很难，他们不应该低估精确测量暗天体的难度。另一个就是，有越来越多的证据表明 SN Ia 并不都相同，他们应该密切关注这类工作。最后，这一学科有过一段历史，而历史的教训就是要留意尘埃。如果他们没有进行测量来确定红化，那么之后的解释就会出现问题。来自伯克利天文系的亚历克斯·菲利彭科也给他们提出了类似的警告。在 LBL，没人真的想去听所有这些警告 —— 他们忙着弄清楚如何发现远距超新星。当 SCP 成员革尔雄·戈德哈贝尔后来用"鲍勃·基尔什纳对我们研究中的每一步都嗤之以鼻；他说这种方法永远行不通"。[7]

这句话来描述这段时期的时候，我才意识到这些建议是有多么不受欢迎。

最终，伯克利团队时来运转。1992 年，他们使用位于加那利群岛的 2.5 米艾萨克·牛顿望远镜发现了 1992bi。由于这一发现，他们成功进入基特峰时间分配系统，并赢得了在 4 米望远镜上用天文台标准 CCD 相机搜寻的时间。到 1994 年，他们有了 6 个天体。索尔不愧是一位带领其他人做出观测发现的能手。他会在全世界任何地方的一间望远镜控制室里追着你，让你铭记他的工作是多么重要，并试图说服你，今晚观测他的超新星比你自己的计划更重要。这让人很难接受，但索尔百折不挠。人们可能会翻白眼，但他们会采集他想要的数据。

当然，我自己也曾多次成为这些交换的另一方，圆滑地希望让一名观测者从一个特别有趣的天体中采集一些计划外的数据。超新星不同于大多数天体。大多数天体明年还会在那里，所以如果你今晚不看它们的话，你明年也可以去看。但对于超新星，如果你现在不行动，机会就会溜走，你将永远失去它们。它为观测增添了戏剧性。在 CTIO 最有效的也是我在 CfA 中实施的交换条件是，首先从时间分配委员会获得插手的权力，然后赞许每一个贡献了数据的人 —— 包括让他们作为产生的科学出版物的作者。

为了回应他的号召，我自己也观测了索尔的天体，在亚利桑那州的 MMT 上得到了 SN 1994 G 的一条光谱。在那时，这是一颗高红移超新星有史以来得到的最好的光谱。我和 SCP 分享了我的数据。当他们在我参加的下一次咨询委员会会议上以"我们获得的一条光谱"介绍它时，我感到非常诡异。

1993 年 8 月，LBL 团队提交了他们的第一批科学成果，发表在《天体物理学报通信》上，描述了他们对红移 0.46 的星系中一颗超新星 SN 1992bi 的研究工作。在一本声誉卓著的期刊上发表论文的时刻，就是一个科学团队因他们的工作赢得认可的时刻。即使在一个较少用电子预印本和会议摘要的形式向全世界介绍你所做工作的世界里，这一点也很重要。在天文学领域，也如大多数学术领域一样，一本期刊的编辑们会把一篇论文发给一位"称职的审稿人"，他应该仔细阅读论文，提出供改进的意见或建议，并就是否适合发表在该期刊上为编辑提供建议。在天文学领域，审稿人的报告通常是匿名的，以避免因其坦率而被报复。一份典型的审稿人报告可能指出疏漏（"这篇论文对匿名审稿人的工作引用太少"）、错误（"段落最后的陈述是错误的 —— 标准烛光在一个空宇宙中显得更暗"），以及提供一个决断（"这篇论文兼具新奇和正确。不幸的是，正确的部分并不新奇，而新奇的部分并不正确"）。

《天体物理学报通信》是一份高标准的美国期刊 —— 要入选，需要文章简短（最多 4 页）且非常有趣。因为我不是作者，而且了解超新星，所以编辑把这篇论文发给了我。起初，我很高兴。毕竟，这是一篇我无论如何都会仔细阅读的论文。接着我读了它，就不太愉快了。它简短而有趣，但读者无法判断它是否正确。它似乎最小化了三件事。测光是困难的。SN Ia 并不都是相同的。那对于尘埃又怎样呢？因为他们观测这个天体的方式，SCP 没有任何关于这颗超新星颜色的信息，所以他们没有办法说明任何关于尘埃效应的事，这些效应很容易就和宇宙学效应一样大。也许超新星由于一个减速的宇宙而明亮得多，但这被尘埃吸收抵消了。没有办法断定。由于超新星的真实亮度是这篇论文的核心，所以我认为他们有一个实际问题要解决。

要做什么呢？一方面，你欠期刊一个坦率的评估（特别是如果期刊编辑的办公室就在四条走廊之外）；另一方面，你反感于让那些拼命在做重要事情的人过得更难。我发送了一份非常详细的报告，建议在发表之前做很多修改。作者们修改了文本，但我仍然不相信他们处理了核心问题。也许这在《天体物理学报通信》的四页格式中是不可能做到的，他们应该考虑为另一本期刊写一个《战争与和平》式的长版本。作者不必接受单个审稿人的裁定，因为审稿人可能固执和愚蠢。他们可以要求换上另一个审稿人。在这种情况下，他们做到了。期刊的编辑们认为，连续找到两个村傻的概率很小。第二名审稿人写了一份长篇报告，大体与我的报告一致，并建议对论文的重点进行大改。然后第一个审稿人可以看到第二个审稿人所说的话。我们都不建议以目前的形式出版这篇论文。

明智的编辑们宁可小心谨慎，也不愿意发表一些东西，直到人们差不多同意且有人说"应该出版这篇论文"为止。作者们可以修改他们的论文，把审稿人的意见考虑进去。这些来来回回都需要时间。他们的论文在宇宙学方面采用了过分谨慎的说法，发表在 1995 年 2 月 20 日的那期《天体物理学报通信》上。 [186]

当超新星宇宙学项目在 LBL 进行的时候，卡兰／托洛洛团队已经开始冲击如何处理 SN 1991 T 和 SN 1991bg 这类 SN Ia 的亮度中巨大差异的问题。超新星并不都是相同的，但有一种方法可以解决它。马里奥·阿穆伊是卡兰/托洛洛团队一篇论文的主要作者，他借鉴了马克·菲利普斯的一个想法的闪光点，并使其变成真正解决这个难题的一个方案。马里奥的论文表明马克是对的：缓慢减光的超新星是明亮的，而快速减光的超新星则是暗淡的。如果你测量一颗Ia 型超新星在到达光极大后会衰减得有多快，你就会知道它是远光还是近光。如果你知道这一点，你就不会愚蠢地把它定到错误的距离上。

这个结果对利用超新星来测量宇宙减速非常重要。取代导致大距离误差的大范围亮度，SN Ia 光变曲线形状的使用将单次测量在距离上的误差减少到了大约 7%。这把测量 Ω 的问题从一项需要有自己的 4 米望远镜的重大任务，转变成了一个合理的观测项目，一个意志坚定的组用现有设备以一名研究生学位论文的周期就有可能完成。

与此同时，在 CfA 托洛洛山团队让我们看了他们的一些光变曲线。结合我们从亚利桑那州得来的数据，我们就有了一组很好的光变曲线来观察减光率和真实亮度之间的关联。研究生亚当·里斯汲取了来自哈佛另一位教授比尔·普雷斯的数学灵感，以及来自我的天文学建议，开发了一种利用光变曲线来确定超新星本征亮度的替代方法。亚当从布鲁诺·雷奔德古特的模板光变曲线入手，随后检查了较亮或较暗超新星的光变曲线与模板的差异。这是一项很巧妙的工作，给出的结果和 CTIO 组的方法一样好。这些方法也就每颗超新星的距离测量值有多好给出了定量估计。了解你的误差非常有助于了解结论的可信程度。一些天体被观测多次，其光变曲线也很好；由于天气、说服不了观测者或其他原因，另一些人的数据质量参差不齐。当你试图测量宇宙减速时，你是否知道到一颗超新星的距离是好是坏，这很重要。"光变曲线形状"法（LCS —— 我们认为这个名字在棒球罢赛的那一年里很好笑，因为当时没有联盟冠军赛）[1] 给出了 σ：每一个距离测量值有多可信，以及它能对宇宙减速的测量值有多少补益。

亚当没有就此止步。我担心尘埃。如果尘埃区里的近邻超新星比遥远星系中的超新星更容易被发现，那么最后你可能会认为是近邻超新星变暗了，远距超新星看起来更亮了，这样仅仅是由于未考虑尘埃吸收就得出宇宙减速的一个错误信号。这岂不是很尴尬？

亚当和我注意到，对于近邻超新星，其数据有一个非常麻烦的特性。如果你获取的数据大部分来自巴德和兹威基时代的超新星，并且假设它们在光极大处有相同的本征颜色，那么你可以使用观测到的颜色来估计它们受尘埃影响的程度。例如，如果你知道一颗超新星的真实颜色是蓝色，但你测量到的是黄色或红色，你就会知道，你和超新星之间有讨厌的尘埃，使超新星变暗并使它看起来更红。这一简单情况的问题在于，当你取得一个数据样本并以这种方式修正它时，数据点的离散度变得更大而不是减小。这是在以大自然的方式告诉你，你做了一些傻事，你让事情变得更糟而不是改正了红化。

解决方案并不太复杂。如果，不是假设所有的超新星都有相同的颜色，而是假设颜色可能取决于亮度，这将会怎么样呢？毕竟，亮超

---

1. "光变曲线形状"的英文是"light curve shape"，简写为"LCS"；"联盟冠军赛"的英文是"League Championship Series"，简写同样为"LCS"。——译注

新星的光变曲线下降得更慢，而且光谱也略有不同，所以为什么颜色
不能也有所不同呢？亮超新星可能是蓝色的，暗超新星是红色的。事
实上，如果光谱的差异是由温度的差异引起的（通常就是这种情况），
那么你就会推想到，一颗像 SN 1991T 一样的、蓝色、高温、极亮的超
新星，其光谱与一颗像 SN 1991bg 一样的红色、冷暗的超新星的光谱
略有不同。亚当能够分别解决光变曲线形状和测量到的颜色的问题，
他在一个滤光片中观测光变曲线形状（这将告诉你真实亮度和本征颜
色），使用另一个滤光片测量颜色，这将告诉你超新星光被尘埃红化
了多少。并且如果你通过更多的滤光片进行测量，每次对不同颜色的
光进行采样，你就会对超新星的真实距离了解更多。

出于这种考虑，我们在 CfA 样本中取得的所有新数据，以及来自
托洛洛山的所有新数据都是在多种颜色下取得的观测结果，范围从
紫外到蓝色到绿色到红色再延伸到红外，在红外波段，CCD 探测器
可以工作，但你的眼睛却不行。我们称这种新型的改进方法为 MLCS
（即"多色光变曲线形状"）。卡兰 / 托洛洛成员开发一种独立的方法，
也可以对距离和尘埃吸收这两者都进行测量。这两组人都已经解决了
如何利用光变曲线信息将 Ia 型超新星转化为最佳宇宙学距离测量工
具的问题。

结果非常棒。当我们将 MLCS 用于近邻 SN Ia 的数据，通过使
用有关光变曲线形状和颜色的信息来看谁亮谁暗，我们可以将离散
度从大约 40%（如果你假设它们是完全相同的标准烛光）降至不到
15%。使用由马克·菲利普斯以及他的合作者们开发的方法同样有效。
由于随机高斯误差被测量数量的平方根压低，要区分一个 $\Omega = 1$ 的宇

宙和一个 Ω = 0 的宇宙，你需要的超新星数量取决于与每一个数据点有关的误差的平方。对于一个超新星样本而言，将其亮度的离散度从40％降低到15％以下，大约是3倍，这意味着你可以使宇宙学测量的速度提高9倍！

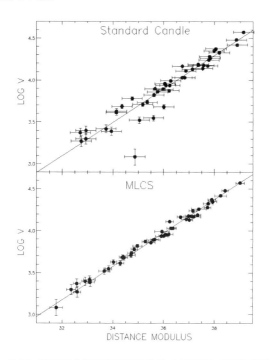

图 9.2　利用光变曲线形状取得的良好效果。上图展示了一幅红移对距离（天文单位）的哈勃图。如果你假设所有的 I 型超新星都是完全相同的，并且你从视亮度来判断距离，你将得到较高处的哈勃图。当一颗超新星本质上就是暗的，这种方法会错误地将它定位到一个超大的距离上。较低处的图是用 MLCS 做了光变曲线形状和红化改正后的哈勃图。改进是显著的。就距离上的误差而言，1σ 误差从大约 15％ 降到7％。这意味着每一个测量值都提高了 4 倍效率。此图由哈佛－史密松天体物理中心的亚当·里斯提供。

　　在我看来，这证明了我们长期战略的正确性，即在冲击宇宙学问[190]题之前，先集中精力了解近邻超新星的性质。尽管我们一直在池塘的浅水区一端打转，而 SCP 一直在深水区一端潜泳，学习如何发现远距超新星，现在我们已经准备好横渡英吉利海峡了。事实上，如果你相信 MLCS 的误差，仅仅从一颗超新星中你就会得到一条关于 Ω 的强烈暗示。$\Omega = 1$ 的世界和 $\Omega = 0$ 的世界在 $z = 0.5$ 时视亮度的差异为 25%。而如果我们的光变曲线测量值和来自卡兰 / 托洛洛样本或 CfA 数据的测量值一样好，那我们的不确定性仅为 15%。当然，我们不能期望远距暗天体的数据有那么好，而且你也不敢仅从一个天体上就得出一个明确的宇宙学结论，不管你的 σ 表示什么，但它意味着红移 0.5 处少量天体的合理数据将表明宇宙的命运。这似乎值得去做。

到 1994 年，LBL 团队拥有了一小批超新星，但我确信他们还没有了解到任何有关宇宙学的信息。不幸的是，SN 1992 bi 的 SCP 数据仅采用了一个滤光片。用一个滤光片的数据是没办法判断尘埃是否使超新星变暗的。因此，也就没办法将尘埃效应和宇宙学效应分开。你也就不能说宇宙的加速或减速对超新星亮度有多大影响，因为他们还没有收集到必要的数据。我们已经开发了用于正确测量的工具，并且我们确切地知道需要做什么。

就在 1994 年的这个时候，布赖恩·施密特结束智利之旅回来。他和尼克·桑泽夫一直在讨论。在卡兰 / 托洛洛项目上已经有足够的进展，可以看到他们也将利用多个滤光片的测量来解决超新星亮度和尘埃吸收的相关问题。尼克就是尼克，他不相信超新星宇宙学计划的测光达到了他自己的卓越标准。如果 CfA 和托洛洛与我们在欧洲的朋友一起合作组成"高红移（z）超新星搜寻团队"，我们肯定能正确地解决这个宇宙问题。"z"是天文学家对"红移（redshift）"的速记符号，所以"高红移"意味着我们正在搜寻非常遥远的超新星，它能告诉我们宇宙减速的一些情况。

万事俱备，只欠东风。我们还没有在减速效应突显的距离上发现任何超新星。卡兰／托洛洛搜寻是基于照相底片——这是过去的技术，不能扩展到更高的红移。LBL 自 1986 年起就一直致力于超新星自动探测的问题。他们花了许多年时间为他们现在的系统开发软件。他们的团队包括经验丰富的实验物理学家，在分离大数据库中的噪声和信号方面，他们是奇才。如果认为我们能迎头赶上，这现实吗？

"我认为要花上一个月的时间。"布赖恩说。

他迅速简述了我们该如何将一些天文学家日常使用的软件包结合起来，以对齐新、旧数据并减除旧数据，只显示那些发生变化的天体。我们不需要重新发明 LBL 团队制造的轮子：我们可以在旧货交换会上找到一些旧的轮子。

我们在 1995 年上半年申请了在托洛洛山寻找超新星的时间，使用的是 4 米布兰科望远镜。我们说服时间分配委员会相信我们的方法足以发现远距超新星，而且这项事业是值得做的。我们分配到了三轮观测，是分布在 2 月和 3 月的两晚中的三轮暗观测，那时月亮落下，可以看到暗星系。布鲁诺·雷奔德古特和贾森·施皮罗米利奥在欧洲南方天文台（ESO）申请了时间来跟踪我们期待的大批远距超新星。不过 ESO 有一个不同的时间分配日程表，我们错过了申请第一季度的截止日期。ESO 分配来获取光谱和光变曲线的时间从 1995 年的第二季度开始，我们对此感到沮丧。

　　虽然我们已经说服了时间分配委员会，但大自然母亲还没读过我们的说辞。在托洛洛的前两轮观测并不好，我们没有发现哪怕一颗超新星。在最后一轮的最后一晚，即 1995 年 3 月 30 日，马克·菲利普斯最终找到了"金子"—— 一颗 Ia 型超新星的好候选体。虽然布赖恩的软件有一些故障（"请称之为特点"），但它确实有效。布鲁诺·雷奔德古特带着寻星图沿泛美公路而上，到达 ESO 的拉西亚天文台，在那里，他和贾森用新技术望远镜得到了 4 月 2 日的图像和光谱。因为他们错过了申请截止日期，他们的观测时间被推后，这恰好从一场可怕的失败中挽救了整项事业。来自 ESO 的光谱显示这一颗真正的 Ia型，位于红移 $z = 0.479$ 处，这也是当时观测到的最高红移的超新星。我们在 6160 号 IAU 快报中宣布了 SN 1995 K。经历了九死一生，我们还在游戏中。

　　但是我们的高红移超新星搜寻团队远远落后于 LBL 团队。考虑到我们已经列入计划的观测，以及完全处理和定标数据所需的时间，我认为要到 1997 年年中才会有值得讨论的结果。1996 年 6 月，普林斯顿大学庆祝建校 250 周年。作为庆祝的乐趣之一，有一场名为"宇宙学尖峰对话"的会议。普林斯顿大学在天文学和物理学以及两者结合到现代天体物理学的发展中发挥了核心作用。而且，对于那些不甚了解机构地理知识的人来说，高等研究院是一处令人敬畏的存在，爱因斯坦在这里工作过，约翰·巴考尔在这里为天体物理学的博士后学者们建造了一座卓越的圣殿，高等研究院模糊了大学的光环。加上他们的校园里有一群变种黑松鼠，所以新泽西收费高速公路位于东不伦瑞克的 9 号出口总是值得走一走的。[8]

　　"尖峰对话"的角逐点之一是宇宙暗物质的状态。是 $\Omega = 1$ 吗？会议组织者们选择了"辩证法"——他们决定组织一场辩论。一如既往，在科学中，辩论、投票和主张都不如数据重要。一次好的测量胜过千言万语，一根钉子抵得过一千枚回形针。但是，当一个学科尚不明朗时，相互冲突的主张并不能都是真的，一场辩论至少可以说明我们的无知。

　　基于星系团中星系的运动和对星系团质量所做的类似测量，证据优势倾向于 Ω 取低值。$\Omega = 0.3 \pm 0.1$ 是一个不错的选择。偏离 $\Omega = 1$ 达 7σ。另一方面，理论上的典雅有利于 $\Omega = 1$，当数据还不具备结论性时，审美则颇具分量。要进行一场辩论，就总得有人得选边站。没有数据，我就不得不稳健了。我们听到 $\Omega = 0.3$ 的传统观点，这是基于来自与星系有关的质量的通常证据。另一方面，在 1996 年的夏天，有一些观测证据显示，数据，而不仅仅是理论，更倾向于 $\Omega = 1$。以色列原坦克指挥官阿维沙伊·德克尔强有力地争辩，一如坦克指挥官会做的那样，认为他测量星系运动和推断导致这些运动的质量的方法指向了 $\Omega = 1$。我随后转向了索尔·珀尔马特，他介绍了超新星宇宙学项目的初步结果。索尔展示了一幅哈勃图，上面有七颗超新星，位于宇宙减速显得重要的红移处。如果 $\Omega = 1$，那么这些红移的距离比其他情况会小一些，而超新星会显得更亮一些。并且据索尔说，这就是第一小批超新星数据所表明的——一个 Ω 尚未十分确定的减速宇宙，但与 $\Omega = 1$ 符合最好。

　　在休息的时候，人们问我是怎么想的。因为我也没什么有用的话要说，我只能保持礼貌。我说过，这些测量都是困难的：测光是非常困难的，Ia 型超新星并不都是一样的，并且你需要一种方法来处理尘埃。也许这不是最后的时刻。我们的高红移团队也在努力工作，并将进行独立的测量。这就是我所说的。而我当时想的是，"也许我们太迟了"。

第 10 章
搞定超新星

在 1996 年夏天的普林斯顿会议上，索尔·波尔马特在宇宙学研 194
究的正中心丢了一颗大炸弹。他的小组在劳伦斯伯克利国家实验室积
累的超新星证据显示，宇宙很可能正处于暗物质造成的减速中，有着
接近于 1 的 Ω 值。我们的高红移小组没有什么可以发表的观点，因为
我们还没有获得任何结果。我们认为自己的方法相当不错，并且找到
了一些超新星，也有了一些正在处理中的数据，但是我们还没有得到
我们自己的哈勃图，来和索尔的进行比较。

在同一场会议上，来自芝加哥大学的麦克·特纳发表了一个有趣
的替代观点，有别于传统认为的暗物质是 Ω=1 的观点。也许总的 Ω
值是 1，但是暗物质密度就是它的观测值，$\Omega_m = 0.3$ 呢？如果除了暗
物质，还有一些东西对宇宙中的能量密度有所贡献的话，这些说法可
能都是对的。也许剩下的能量密度是由均匀分布的暗能量组成的，使
得 Ω_Λ，也就是和宇宙学常数相关的能量密度，成为宇宙中很重要的
一部分呢？保罗·斯坦哈特和杰瑞·奥斯泰克在最近的自然杂志文章
上对类似的一系列论据进行了发展。当我（像每次那样）想要嘲弄杰
瑞的时候，我说他应用了深邃的思想，注意到如果 $\Omega = \Omega_m + \Omega_\Lambda$，并
且你心里知道暴胀意味着 Ω = 1，也知道从观测中可以得到 $\Omega_m = 0.3$，

195　那么通过应用"减法"这个强大的理论学方法，即使我也能计算出
$\Omega_\Lambda = 0.7$。如果这个宇宙不是由暗物质组成的，那么它一定是由暗能
量组成的。理论真的不是特别艰深的。

　　就像所有强有力的嘲弄一样，这有些不公平，因为特纳、奥斯泰
克和斯坦哈特还可以用 Λ 来解释另一个宇宙学事实，在这个理论中
它的作用是不可或缺的。那就是宇宙的年龄。如果哈勃常数像哈勃太
空望远镜的初次观测所得到的那样，大约是 80 千米每秒每兆秒差距，
这确实是一个问题。如果 $\Omega_m = 1$，那么因为宇宙减速膨胀，宇宙的真
实年龄会是表观年龄的三分之二。表观年龄，即哈勃时间，是 120 亿
年，它的三分之二是 80 亿年。这无法与球状星团恒星年龄的最佳测
量很好地吻合，后者看起来更加年老：当时的专家将球状星团年龄确
定为 150 亿年左右。所以根据这样的逻辑，$\Omega_m = 1$ 的情况存在一些问
题，我们需要 Ω_Λ 来平衡宇宙中的质量和能量。

　　特纳、奥斯泰克和斯坦哈特都是优秀的演说家。他们可以像检察
官一样对案例进行充分的说明。听着他们的报告，你会不可抵挡地被
引向他们的结论。尽管科学并非法律，仅仅说服陪审团是不够的。虽
然你总是希望能说服已有成见的陪审团，让他们相信你的观点是正确
的，但是数据拥有最终的裁决权。索尔·波尔马特展示了超新星的数
据，暗示着减速膨胀和接近 1 的 Ω_m，这没有给宇宙学常数的这次死
灰复燃留下任何空间。只要理论学家有激发灵感的作用，他们就是有
价值的。他们没必要一定是正确的。另一方面，观测只有在本身正确
的情况下才是有用的。

索尔在普林斯顿展示的结果发表在了 1997 年 7 月的《天体物理学报》上。他们对 Ω_m 的最好估计是 0.88，他们宣称他们的数据对和宇宙学常数 Ω_Λ 小于 0.1 的情形相关的能量密度给出了已知的最强上限。当然，这只是一个初步的结果，SCP 团组承诺来年会给出更多的数据，但是他们已经在这个领域抢占了一席之地。他们采用了对立的理论论点，声称他们的结果是" 和 Λ 主导的宇宙学不一致的，而后者 196 这种宇宙学提出的目的是使球状星团恒星的年龄和更高的哈勃常数值相一致 "。[1]

在劳伦斯伯克利实验室的小组对另一个小组在同一领域开展工作的事情没有意见。但是我们自己的高红移小组不需要他们的许可。我们只需要向负责分配珍贵的望远镜时间的人解释我们的情况，说服他们让另一个小组同时进行这项重要的研究是值得的。我认为我们很有说服力，因为我们团组在过去的 20 年中在超新星研究方面的深入经验，以及我们对暗弱天体的精确测光中技巧性问题的逐渐精通。我们团组的成员已经建立了近邻超新星的整个样本，我们两个组都需要将这些数据和遥远超新星进行比较。我们发明了使用颜色和光变曲线形状去除Ia 型超新星的尘埃和内秉变化，从而将其转化为良好的标准烛光的方法。除此之外，这是一个重要的问题，如果有两个组同时工作来检查答案是否一致也是很好的。

这些论据是成功的，我们拿到了望远镜时间，开始搜索和观测高红移超新星。布莱恩·施密特和尼克·辛策夫促进了高红移超新星团组的成立。当时布莱恩正在他从哈佛 - 史密松天体物理中心（CfA）去澳洲国立大学的路上。我们这群在 CfA 的成员包括皮特·查里斯、彼得·加纳维奇、苏拉布·贾和我。尼克聚集了托洛洛山泛美天文台的马克·菲利普斯、马里奥·海姆、鲍勃·舒穆尔和我的前博士生克里斯·史密斯。在伯克利，有亚历克斯·菲利彭科和亚当·里斯，后者在哈佛完成了博士学位，现在是伯克利的一个有名望的米勒学者。亚历克斯（他本人在 10 年前就是一个米勒学者）曾经是 LBL 团组的一员，但是当我们高红移小组开始共同工作的时候，他马上选择加入我们。[2]我们非常高兴能和他一起工作。伯克利研究生阿里森·科尔和瑞恩·查诺克在后来加入了。我们和欧洲南方天文台有很强的联系：我的前博士后布鲁诺·雷奔德古特和曾经对超新星 1987 A 做出过漂亮工作的杰森·斯派罗米里奥。我们也从华盛顿大学获得了很大的帮助：克雷格·霍根、克里斯·斯塔布及其学生阿兰·迪尔克斯、戴维·赖斯和盖加斯·米克纳提斯。亚历杭德罗·克里奇阿提从得克萨斯州搬到了智利，这给了我们一个位于圣地亚哥的出色光谱学专家，来帮助我们推动科研进展。

图 10.1　高红移团组。在 2001 年夏天，大部分高红移团组成员在 1/30 秒中共聚一处。版权归属于罗伯特·科什纳，哈佛 - 史密松天体物理中心。

　　随着时间的流逝，一些学生完成了他们的学位就离开了，这时新的成员会加入进来。同时，随着项目方法和目标的变化，我们邀请了空间望远镜研究所的荣·吉利兰德和夏威夷大学的约翰·唐利及其学生布莱恩·巴里斯加入我们团组。我们最大的具体成果是为研讨会和提案制作了一个团组封面，放上了所有参与机构的标志。但是事情的发展违背了我们之前自以为是的判断。封面上写着"高红移超新星搜索"，接下来是"用Ia型超新星……测量宇宙减速膨胀"。到最后，我们并没有测量到宇宙的减速膨胀，而是得到了不一样的结果。

　　根据天文学的标准，一个典型的研究小组会有一个教职成员，也许会有一个博士后，一个或两个学生，以及一只宠物狗，这就是一个大团组了。另一方面，和 LBL 的人们习惯于组建的那种粒子物理研究团组相比，这就是一个小团组了。我们的团组需要建得很大，因为超新星研究的特殊要求。新的超新星就像新鲜的鱼。如果你不立刻处理它们，它们就会腐败。所以我们的研究和跟进计划必须是精心安排和紧锣密鼓的。就像 20 世纪 30 年代在巴乐马的兹威基、我们之前的维京人，或者卡兰 / 托洛洛搜寻一样，观测的节奏是由月相决定的。首先你需要一个模板 —— 在新月相位拍摄的"曾经的"图像。你要等待一个月，让月球的相位完成一个轮回，然后在下一个新月时期拍摄同一个星场。

　　现在时钟开始跑起来了。也许你的数据中会有新的超新星，你必须在它们消弭于无用之前找到它们。以智利比萨、图森煎玉米卷和科纳咖啡作为燃料，团组成员连轴转地挣扎于软件，来将所有的图像对齐、模糊以匹配、归一化到相同的亮度水平，最后相减。有时候这个过程进行得很平稳，有时候则不然。但是通常人们都会有一种紧急感。

　　自动运行的软件会吐出可能候选者的邮票大小的图像：在这些地方，"爆发后"图像中有第一幅图像中没有而且大于 5σ 的目标。并不是所有闪烁的物体都是黄金。必须要有人查看每一个这样的事件，来防止软件做出一些愚蠢的判断。这些事件中有人造卫星、小行星、电子噪声、衍射光斑、低质量的减法、坏列、热斑、宇宙射线，当然还有超新星。必须有人查看图像来区别这些目标。这是一个枯燥而艰难的工作，而且时刻处于压力下。钟表正在嘀嗒，这不仅是因为超新星可能消散，更是因为后续观测已经被写进日程，人们正赶去观测地点去获得数据。但是如果我们找不到超新星，他们就无法得到数据。

　　在一次典型的观测流程中，我们会用能获得使用权的最大的 CCD 照相机拍摄几十张图像。这些大型照相机有着 1 亿像素 —— 大约是你能在电器城买到的"高分辨率"数码相机尺寸的 30 倍。在一次曝光中产生的数据可以填满 30 个相当大的显示屏，一个典型的观测夜可以产生 30 张图像。所以，这意味着我们需要浏览大约 1000 个满屏。每张图像都包含了在适当距离下的上千个星系，可能包含用于宇宙学研究的有趣超新星。所以，如果在一个典型的星系中，每 100 年会出现一颗超新星，那么我们就能在每次观测过程中看到几颗。如果天气足够好，并且软件能够恰当运行的话。

　　当一些小组成员筛选数据寻找新星的时候，其他人已经在前往大型望远镜的路上，准备为发现进行后续观测。这是一种最奇怪的观测形式。通常，你会提前很久做好大量的准备工作。你列出你的观测目

图 10.2　主焦点式：一个巨型 CCD 照相机。极大型电子照相机的出现是使得高红移超新星搜索变为可能的技术进步。这些照相机使用了电荷耦合元件（CCD），有着接近 100% 的效率。这一个有大约 1 亿个像素，相比于你如今能买到的高端数字相机的 300 万倍。版权归属于昴星团天文台。

标，用它们的位置制作搜索表，这样你就可以在望远镜中认出它们，然后思考怎样利用你的观测夜能够不浪费观测时间。但是对于超新星 200 的后续观测，我们没有办法提前做完所有准备。所以你可能会跑到图森、科纳和拉塞雷纳，却没有做任何准备。当你在飞机上的时候，你寄希望于你的组员们正在生成一系列好的候选目标：图像上可能是宇宙中途的超新星的新点。这是一种揪心的观测方式。

当我们尝试在搜寻和后续观测中间隔开几天的时候，这些时间有时就会被数据处理中的小问题吃掉。然后浪费世界上最大望远镜的观测时间的令人厌恶的可能性就会折磨观测者。当皮特·查里斯仍然在智利做着苦工，从幻想中筛选出现实的时候，亚历克斯·菲利彭科可能在夏威夷的凯克望远镜，以一个赛车手在红灯下的高度紧张的状态在等待。

即使在一个平静的日子里，亚历克斯仍然保持紧张。高度的关注力给了他很大的帮助 —— 亚历克斯成为世界上最高产的天文学家之一。身材纤细，性格严肃，神情专注，他有着像他那样的网球明星、快餐食物上瘾者所拥有的快肌纤维。在一次观测的下午，亚历克斯狼吞虎咽地吃着奶酪面条，他抖动的腿透露出他的焦虑。皮特把目标信息上传到小组的网站上了吗？

"还没有。"[3]

当夏威夷的星光开始闪烁时，亚历克斯穿过凯克停车场去附近的麦当劳，买了一袋巨无霸汉堡。如果目标还没有公布，紧张情绪就会蔓延。亚历克斯开始变得像没有案子的夏洛克·福尔摩斯。在《维斯特利亚寓所》中，福尔摩斯说："我的思维就像一个高速运转的引擎，如果它没有被连接到它为之设计的工作上去，它就会将自己撕成碎片。"但是一旦布莱恩·施密特和彼得·加纳维奇得到了有序的观测列表，凯克的圆顶就会被打开，这就是工作的时间了，亚历克斯是最佳的飞行员人选，因为他能把所有的能量集中在手头的任务上。集中注意不会使得光子更快地进来，但是这能够帮助你参与后续的工作，并且避免浪费珍贵的望远镜时间。在这个夜晚的后面，亚历克斯用汉堡补充了能量，没有在意温度、新鲜度或者固态芝士的质地，而是直接用草莓苏打水将食物都灌进胃里。当其他人的注意力开始漂移的时候，亚历克斯[201]从不懈怠，从强大的凯克望远镜下的一个夜晚中挤榨着每分钟的数据。

我们在凯克望远镜或者 ESO 在智利南部运行的甚大望远镜中获得超新星候选者的光谱。一个新的点可能是超新星，但是也可能是别的东西。光谱会告诉你是选出了一个光变类星体（呃！）、一个Ⅱ型超新星（接近了，但是还不够好），还是我们知道如何塑造成最佳标准烛光的Ⅰa 型超新星。从光谱中也能得到红移，这样我们就知道了要把超新星放在哈勃图其中一个轴的哪个位置上。

但这是一项艰苦的工作。来自超新星的光仅占从天空进入光谱仪的光的大约 1%。所以，为了看清楚你得到了什么，需要一丝不苟的减法。而且你需要快速做出判断，在一整列候选者中找到真正的Ⅰa 型超新星。这种细致工作和快速判断的组合是非常不稳定的。最好的办法是进行分工，让（30 岁以下）计算机操作熟练的人进行数据处理，训练有素、熟悉望远镜和仪器的操作员在控制终端工作，有人担任斯波克先生的角色，对接下来的工作提供有条理的建议。还要考虑到不确定的天气、不听使唤的仪器，以及飞行时差问题所酿造的一锅粥一样的压力。

但是所得到的结果是非常不错的。即使在一般的天气条件下，我们也总是能在每个搜索夜找到几颗Ⅰa 型超新星，它们的红移范围在 0.3 到 0.8 之间，这里的宇宙学效应是最容易观测的。例如，在 1999

年，在位于夏威夷的加拿大 - 法兰西 - 夏威夷望远镜（CFHT）、以及位于托洛洛山的布兰克望远镜的两晚搜索中，我们得到了一列带光谱的 20 个目标，其中 12 个确信为 Ⅰa 型超新星，红移介于 0.28 到 1.2 之间。这是一个你可以了解宇宙膨胀历史的深水区。

然后我们会测量光变曲线。我们需要知道超新星在最大亮度的时候有多亮。我们还需要测量光变曲线的形状，来确定我们是在处理一个典型的 Ⅰa 型超新星、有点过亮的超新星，还是有点像一个太暗的电灯泡。另外，为了测量尘埃吸收的效率，我们会用不止一个滤光片测量超新星，来得到其颜色。关于光变曲线形状的大部分信息来自极大值之后的第一个月，所以我们就在这里集中努力。

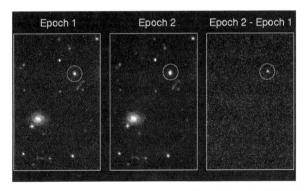

图 10.3 对图像做减法来找到超新星。这张昨晚的图像减去一个月前的图像之后显示了一颗新的超新星。这个图像区域是 CCD 照相机提供的整个区域的 1/1000。对一打图像进行快速处理需要灵敏的软件和一组敏锐的研究人员。版权归属于布莱恩·施密特，澳洲国立大学。

但是宇宙学膨胀不仅仅是将谱线向红端移动，还减慢了遥远时钟的走动，所以驱动遥远超新星的放射性衰变在高红移处看起来更慢，使得我们的后续工作变得稍微没那么紧急了。[4] 对于红移为 1，超新星处流逝的 30 天时间相当于望远镜前观测者的 60 天。所以为了找出超新星在最大值后一个月中（这个时间是在超新星处测量的）变暗的速度有多快，你需要在接下来两个月中在地球上观测它数次。

就算到了此时，你仍然没有完成工作。超新星确实是非常明亮的目标，但是通常来说它们无法像它们爆发时所处的拥有 1 千亿颗恒星的星系那样明亮。所以，即使你非常小心，宿主星系仍然会在你想测量的超新星光线中增加较大量的星系光线。你需要减去这些星系光线。我们等了一年，然后回来拍摄了一幅非常好的"爆发后"图像来显示这个星系，它就像柴郡猫的微笑，在超新星消散后仍然存在。这使得整个过程变得非常漫长。一颗 1995 年发现的超新星需要在 1996 年重新研究，如果 1997 年过了很久它才能通过尼克·辛策夫严格的测 ²⁰³ 光质量控制，那一点都不令人惊讶。所以，即使我们从 1995 年就开始勤奋地工作，直到 1997 年底我们都没有什么可以发表的结论。

我们所有的发现、所有的光谱、大部分的光变曲线数据都来自于地基观测。哈勃空间望远镜是我们那时最伟大的望远镜，但是它对仅仅一小块天空拍摄着超级清晰的照片。仅仅当你对哈勃深场中摩肩接踵的极遥远星系感兴趣的时候，它才是搜寻超新星的有效工具。为了在宽广的区域的中等深度进行搜寻，我们使用了托洛洛山拥有大型 CCD 照相机的 4 米望远镜和夏威夷冒纳凯阿火山的 CFHT。

HST 确实拍摄了很多美丽的图像。它飞越了地球大气的模糊效应而且（如今）拥有着几乎完美的光学系统。这可以帮助我们解决测量星系中超新星光线的困难。超新星和星系之间的角度经常小于 1 个

角秒 —— 大约正是地球大气模糊超新星和星系图像的尺度。我们减去随后测量的星系的光线，但是我们的结果从未完美。我们可以通过用哈勃空间望远镜拍摄一系列消散中的超新星的图像来做得更好。在每张图像上，超新星只是一个小点，仅仅是地基恒星图像的 1/100，星系光线和超新星光线的区别会更加精确。精确度非常重要，因为我们正在使用超新星的视亮度来测量宇宙膨胀的历史，而我们期望的效应是很小的。

　　但是使用哈勃空间望远镜也是有代价的，那就是官僚主义。和 HST 相关的文件工作造成的个人不便程度大概介于办理返税和忍受牙根管治疗之间。这个太空望远镜在一个低轨道中，每 90 分钟左右绕地球一圈。它像一个机器人那样运行 —— 每个星期，地基控制都会在望远镜上的电脑中加载一大串指示，然后 HST 会埋头从它的计划列表上开始工作，将镜头转到感兴趣的目标，锁定指引星，从照相机或光谱仪取得数据，然后用射电波将这些字节送到地球。由于这些复杂的舞蹈是在没有人类干预的情况下完成的，位于巴尔的摩的空间望远镜研究所的职工们喜欢提前将一切设定并检查好。他们不喜欢意外，也不喜欢在最后时刻改变指令列表。出于一些原因，他们相信望远镜的安全比立刻实现我们的愿望更加重要。

　　所以他们的规则是：提前一个月告诉我们你想观测哪个天区。目前来说，对于 HST 的常规观测，这是个合情合理的规则。这给了研究所的计划通们充足的时间来建立一个有效的时间表，并且在望远镜的指令发送之前检查再检查。下一周的指令会在这一周的工作日中在巴尔的摩进行预览，然后在周末通过 NASA 的通信网络"短信息装载"上传到 HST。

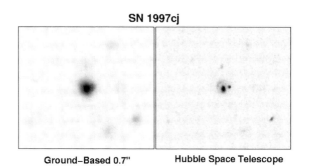

图 10.4 超新星 SN 1997cj 的 HST 和地基图像。哈勃太空望远镜的清晰图像使得超新星的精确测量变得大大容易了。版权归属于彼得·加纳维奇，圣母大学 / 美国国家航空航天局。

但是如果你想观测超新星，该怎么办呢？你怎样才能提前一个月来安排这些呢？对此我们有些经验。我是一个我们称为 SINS（超新星集中研究）的主要研究者，这个计划的目标是通过 HST 在紫外观测上的独特能力，来研究近邻的明亮超新星。我们曾经和空间望远镜研究所进行过非常成功的合作，来将最近注意到的新目标加入他们的计划表中，其中包括近邻 Ia 型超新星 1992 A。但是这些"机遇性的目标"的捣乱程度就像大学宿舍里凌晨两点的火警铃声，研究所，非常有道理地，不希望有太多这样的目标，因为它们要占用太多的职工精力。

作为主导的超新星集中研究者，这些年来我学到了一个道理，研究所的自然节奏是他们对周二报告的超新星反应最好。然后他们可以在这周接下来的时间里更改指令设置，在周末将其发送出去。如果你非常幸运的话，最快下一个周一你的目标就能被观测。经过时间：仅仅 6 天。他们对于周四晚上发现的超新星反应不会这么好。如果你在周五早上打电话，他们会说改变下一周的指令已经"太晚了"。在最好的情况下，他们可能会把你放在从下个周一开始的计时表上，那可能会是从周日开始的一周之后了。经过时间：11 天到 18 天。这个过程挑战了人类的智商极限了吗？并没有。但是这是尖端科学。

太空望远镜不能指向天空中的所有区域 —— 它不得不避开太阳、月亮，特别是地球，在近地轨道上，所有这些天体都在不停地改变位置。所以，困难在于找到未来一个月中超新星在时空中的位置，然后在一周的早期上报给研究所。这其实并不像听起来那样疯狂。幸运如我们，CfA 的皮特·查里斯利用他对太空望远镜系统内部工作的理解，找出了做这些工作的办法。我们招募了空间望远镜研究所的荣·吉利兰德，来帮助我们解决这个困难。在所有使用 HST 的人中，荣是在思考如何用这个复杂机器中的仪器和操作做不寻常但是有价值的科学目标上最成功的一个。

这就是我们在做的事情。我们在 CTIO 或者夏威夷得到的用于超新星搜索的望远镜时间都经过了常规的望远镜时间分配委员会的管理机制和大型地基望远镜的时间安排流程。这些都是提前六个月完成的。所以我们知道我们什么时候会发现遥远的超新星。如果我们能有所发现的话，我们会在观测后的那个晚上找到它们。如果我们有选择的余地，我们会试图在一个周六的晚上做出这些发现，这样我们就有时间在我们选择 HST 目标之前做出筛选。我们也知道我们会在哪里找到它们。我们会在我们上个月进行对照观测和这个月将要观测的星场找到它们。我们知道我们的目标星场在哪里。所以我们知道，我们将会在我们有观测时间的时候，在我们对准望远镜的地方找到超新星。

搜索星场的直径大约是半度，这对于建立空间望远镜的观测计划来说已经足够精确了。这个过程需要考虑大量的技术细节。我所知道的一些包括望远镜轨道的时间、相对于太阳的方向，以及望远镜以时钟分针那样稳定的速度从原先的目标转向我们的目标所需要的时间。还有很多我没有那么多脑细胞去了解的（但是荣·吉利兰德知道）。我们告诉研究所职员我们想要观测的最近发现的超新星的准确位置，他们将这些细节加入计划表中，检查、再检查、传送，然后执行。所需时间：大约一周。

这么麻烦是否值得呢？绝对值得。1997 年，高红移团组实现了这一点，在 CFHT 或者托洛洛山按计划发现超新星，然后在亚利桑那的凯克望远镜和 MMT 得到它们的光谱，在夏威夷大学的 88 英寸望远镜得到早期光变曲线，然后在一个工作日发送具体的目标列表之后，我们会得到一系列漂亮的 HST 观测，开始于凯克望远镜光谱的一周之后，持续到接下来的 80 天。[5] 我们使用 HST 的初始动机是，极好的成像质量可以使得测光更加精确，但是没有大气以及在大气层外，月光不会照亮天空也给了我们帮助。这些观测会精确地按照计划进行，这很难发生在地面上，所以我们可以按照最佳的方式按时间顺序排列它们，来了解光变曲线的形状。

这些测量的一个困难在于确保 HST 和地面的测量能够吻合。为了做到这一点，我们认真地匹配了 HST 图像中的 15 颗不变的背景星的地基和 HST 测量，它们的亮度足以在地面被观测到，但是不会超过 HST 的 CCD 探测上限。

天文电报中央局
国际天文学联合会
美国麻省 02138，史密松天体物理台，邮递点 18
IAUSUBS@CFA.HARVARD.EDU 或者传真 617-495-7231（订阅）
BMARSDEN@CFA.HARVARD.EDU 或者 DGREEN@CFA.HARVARD.EDU（科学）
网址：http://caf-www.harvard.edu/iau/cbat.html
电话：617-495-7244/7440/7444（仅作紧急使用）

超新星

哈佛－史密松天体物理中心（CfA）的 P. 加纳维奇报告说，高红移超新星搜寻团组（IAUC 6160，6646）的 B. 施密特（斯壮罗山和赛丁泉天文台）、S. 贾和 P. 查里斯（CfA），在托洛洛山 4 米望远镜的 CCD 图像中发现了 9 颗超新星。这些超新星是通过从宇宙时 1998 年 1 月 23-24 日拍摄的图像中减除 1997 年 12 月 29-30 日的图像确认的。这些候选者从 1 月 25-26 日以及 2 月 1 日，A. V. 菲利彭科、A. 里斯、C. D. 伦纳德（加州大学伯克利分校）用凯克 -2 望远镜拍摄的图像和光谱中得到了确认。

超新星	1998 年宇宙时	赤经（2000 年）	赤纬（2000 年）	星等	红移	类型
1998 F	1 月 23 日	$4^h16^m50^s.13$	$-5°44'59''.6$	24.5	0.52	？
1998 G	1 月 23 日	8 03 37.02	$+6 10 13.9$	22.8	0.30	II？
1998 H	1 月 23 日	8 04 51.47	$+5 36 39.3$	23	0.66	？
1998 I	1 月 23 日	8 04 51.56	$+5 15 47.7$	23.6	0.89	Ia
1998 J	1 月 23 日	9 31 10.48	$-4 45 36.5$	22.5	0.83	Ia
1998 K	1 月 24 日	4 13 42.86	$-5 50 45.2$	23.8	？	？
1998 L	1 月 24 日	11 33 36.63	$+4 35 04.6$	23.6	？	II？
1998 M	1 月 24 日	11 33 44.37	$+4 05 13.4$	23.3	0.63	Ia
1998 N	1 月 24 日	11 33 29.39	$+3 51 12.5$	23.1	0.26	？

每个超新星都在它的宿主星系核心的 2″ 之内。一个 z＝0.02 的前景星系以超新星 1998 M 东南方向 2″.5 处为中心。可以通过邮件联系 pgarnavich@cfa.harvard.edu 索要搜寻表。

4U 1608-52

麻省理工大学空间研究中心的 W. 崔；以及戈达德太空飞行中心的 J · 斯旺克，代表 MIT 和 RXTE 科学运行机构报告道："实时 ASM 光变曲线指出，4U 1608-52，一个反复出现的软 X 射线瞬变源，在 1 月 29 日开始了一次 X 射线爆发。平均每天的 1.3-12 keV 流量大约为：1 月 29 日为 25 毫蟹[1]；31 日为 21；2 月 1 日为 28；2 日为 121；3 日为 261；4 日为 491。一次针对性的观测在世界时 2 月 3.82 日由 RXTE 搭载的 PCA 和 HEXTE 探测器进行，测得的流量与 ASM 的结果一致。更多针对性的 RXTE 观测正在计划中。其他波段的观测也是值得鼓励的。"

1998 年 2 月 5 日　　　　　版权 1998 CBAT　　　　丹尼尔 · W. E. 格林

图 10.5　一封来自天文电报中央局的国际天文联合会通报，报告了 1998 年两个观测夜的搜寻结果。这些超新星中的一部分是用哈勃太空望远镜观测的。版权归属于天文电报中央局。

---

1. 蟹状星云脉冲星的流量常被用作脉冲星流量的标准单位，称作 Crab，此处酌译为 "蟹"。——译注

彼得·加纳维奇是在 CfA 和我共事的一个博士后，现在他在圣母 [207]
大学的学院中负责将 HST 的数据进行处理。在 1997 年的年底，我们
终于找到了一个合适的机会第一次讨论了宇宙学。基于手头的数据，
我们不同意 LBL 早些时候在普林斯顿讨论并在 7 月发表的结论。他
们找到了减速膨胀的证据，与 Ω_m 接近 1 相对应。在他们的数据中，
这意味着超新星会比它们在自由下滑的轻量级宇宙 [1] 中表现得更加明 [208]
亮一点。当加纳维奇画出数据的时候，我们的超新星并没有显示出这
样的效应。尽管这些数据太少而不足以告诉我们宇宙膨胀的整个历史，
但是它们已经足够指出 $\Omega_m=1$ 了。我们有些担心 LBL 团组已经发表
了一个相反的结果。但是这是个艰难的工作，有很多种出错的可能。
我们决定不要太担心其他人的结果，而是用我们内部的标准来判断我
们自己的数据，然后希望能做到最好。

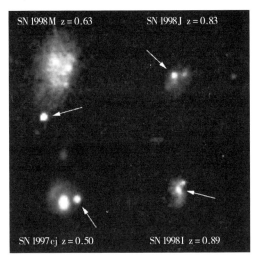

图 10.6　用哈勃太空望远镜观测的高红移超新星。版权归属于皮特·查里斯；
高红移团组 /NASA。

1. 指仅仅以惯性膨胀的、正好处于临界质量的宇宙。——译注

　　一个生动形象地表达加纳维奇的结论的方式是，我们的结果显示，宇宙会永远膨胀下去。这听起来像是个有趣的新闻，所以我们向即将到来的美国天文学共同体会议（AAS）提交了一份摘要，这个会议将于 1998 年 1 月在华盛顿召开。我们还没有足够的数据来说明是否有宇宙加速膨胀，所以这时我们保持沉默。

209　　与此同时，另一个团组正在改变他们的说法。在 1997 年 7 月，他们在《天体物理学报》上发表了一篇文章，其中的数据指向了较大的 Ω_m。在 1997 年底，我们听说他们向《自然》杂志提交了一个新的结果，包含了他们自己的一个 HST 观测，宣布了相反的结论。他们原本的七个超新星样本只增加了一个，但是现在他们发现他们的证据指向了另一方面 —— 较低的 Ω_m。这个新的超新星有 HST 的观测，所以它可能是更好的数据，如果认真校准的话，可以比早期的工作更加有分量。但是，为了一个目标就改变 7 月的结论看起来仍然是不寻常的。我们无法检查他们的工作，因为他们的文章都没有发表光变曲线和光谱的细节。无论如何，SCP 也向即将到来的 AAS 会议提交了一份摘要（我们读得非常仔细！），清楚地阐述了他们现在发现了低 Ω_m 的证据。虽然在宇宙加速膨胀的问题上，那份摘要保持了沉默。

　　在 1997 年秋天，加州大学圣芭芭拉分校的理论物理研究所（ITP），在国家科学基金会的赞助下，举办了一个超新星的研讨会。在我作为大学教授的 21 年中我从未休过假，我的个人生活正处于转变期，这看起来是一个从习惯的生活中休息一下的好时机。不像新英格兰，在那里好天气是一个非常珍贵的稀罕事，在圣芭芭拉每一天都很令人愉快。人们失去了他们的紧急感。打网球吗？哦，也许明天吧。

明天是个不错的主意。物理学家们也没有对这个地方的魅力完全免疫，但是他们比大部分圣芭芭拉的居民都有着更加绷紧的卷绕弹簧。打网球吗？哦，也许明天吧。今天让我们做出超新星的光变曲线。

尽管 ITP 确实是个做理论物理的地方，而说我是个理论学家是错误的，说我是个物理学家是有误导性的，但是他们对我非常好。有点像一只宠物伯恩山犬。在圣芭芭拉有些不相称，不是很擅长找回鸭子，而是擅长搞笑。作为对 ITP 的一项服务，我对当地社区作了一次关于高红移超新星和理解宇宙学的需求的公共演讲。不幸的是，在 1997 年秋天，我们还没有很接近得到重要结果的那个时刻 —— 我们知道怎样解决困难，我们手头有了一些数据，但是我们还没有得到答案。[6]

210

作为对我热心公益的奖励，理论物理研究所的主任大卫·格罗斯和超新星研讨会的组织者亚当·巴罗斯送给我一张自制的国际理论物理学家联盟的会员卡。这张卡片装饰着一个溢出的咖啡杯和一根被踩熄的烟头，印着理论学家们自我参照的格言：我思故我在。为了防止我认为自己是个理论学家，我随身携带着这个卡片。

在 ITP 工作的真正的理论物理学家对宇宙学是非常有帮助的 —— 这是一个快速发展的领域，数据也许会需要新的物理。宇宙学常数是理论物理中的一个著名的问题。我的办公室能看到壮观的海景，包括冲浪的本科生和游泳的海豚，但是穿过 ITP 的大厅就是肖恩·卡洛尔，他是一个年轻的博士后，也曾是哈佛最聪明有趣的天文博士生之一（作为一个学生，他和布莱恩·施密特共享一个办公室）。[7]肖恩是一篇发表于 1992 年的关于宇宙学常数的综述文章的少年老成的作者，和哈佛的比尔·普莱斯以及普林斯顿的埃德·特纳一起。这篇综述从天文学家的视角总结了困难，寻找着证据，并从理论物理学的角度，由粒子和场的自然性质进行推理。尽管在 1992 年，天文观测允许的宇宙学常数值曾经为 Ω_Λ 等于 1 那么大，而最简单的理论预测给出 $\Lambda = 10^{120}$（那是 1 跟着 120 个 0！）更成熟的理论推导能够使之成为 10^{80}，或者也许 10^{50}，但是没有理论原因能够让非常聪明的人想出为什么 Λ 应该是像 0.1、0.6 或者甚至 17 这样的小数。面对有着一个很小的（与 1 后面 50 个 0 相比）宇宙学常数的天文学现实，很多理论学家猜想它会是精确为 0 的。这是一个很好的第二次猜想。但是，不是所有无穷的东西都可以约掉。[8]

肖恩·卡洛尔的文章清晰地阐述了没有正面证据表明存在不为 0 的 Λ 值，只有 Λ 可能引起的各种效应的缺乏给出的上限。回头看看，211 有点好笑的是肖恩 1992 年的文章完全没有提到超新星可能是研究宇宙是否加速膨胀的可能途径之一，因为一个小的 Λ 造成了这一点。1985 年维京人在智利的丹麦望远镜所做的工作，是向着这个目标的，只是没有使之出现在理论的雷达屏幕上。但是作为理论物理中的一个难题，宇宙学常数是一个真正的谜题。[9] 著名理论粒子物理学家史蒂文·温伯格，将宇宙学常量称为"如鲠在喉"。

即使我还没有任何明确的进展可以报告，肖恩的天线正在等待着任何宇宙学常量可能再次变得显著的线索。ITP 是一个粒子物理学革命的中心，正在尝试建立一个作用在亚原子水平并且包含引力的量子力学新理论。在 1916 年，广义相对论就开始建立了，20 世纪 20 年代，量子力学得到了发展，但是仍然没有能够将这两种 20 世纪物理学的有力支柱相结合的量子引力论，而建立这个桥梁是理论物理学的严肃需求。从我这里走下大厅，是正在为发展弦论而工作的人们，这仍然是最有希望成为覆盖所有已知力的单一理论。对这个新理论的一个挑战是通过将量子世界与引力连接在一起，来提供一个对微小宇宙学常数值的自然解释。你真的不需要对 Λ 进行一次天体物理测量，来了解它相比于 10^{120} 是很小的，所以在很多年中，这个话题大部分时候是理论学家们的私人谈话内容。这马上就要改变。

对于超新星一族，研讨会的"工作"包括讨论我们用来将Ia型超新星变成更好的标准烛光的效应的物理学原因。是什么造成了一些热核超新星极端明亮，而另一些相对暗淡的事实？为什么明亮和暗淡的超新星的光变曲线有所不同？这些看起来像是容易处理的问题，而这些聚集起来的爆炸性人物，包括弗里德尔·蒂勒曼（最近在哈佛大学工作，而现在是巴塞尔大学的教授）、亚当·巴罗斯、肯·野本、沃尔夫冈·希尔布兰特、我的夜行格斗搭档克雷格·惠勒、戴夫·阿内特、前 CfA 博士后菲尔·平托，以及我的短期学生荣·伊士曼，看起来像是能够帮助他们回答问题的人。

无论如何，仅仅用实际的、经验的方法来使用Ia型超新星测量宇宙学距离是不够的。如果你不同时理解它们，当你看向化学性质不同而恒星平均起来比较年轻的遥远星系，你可能会被迷惑。有一种可能性是明亮和暗淡的超新星都是来自于非常相似的天体，它们被填塞直到钱德拉塞卡的白矮星质量上限，但是有些在光变曲线中有着更多的放射性能量，因为它们在撕裂这些恒星的爆炸性火焰中合成了更多的镍元素。另一种可能是有些爆炸的白矮星不在钱德拉塞卡极限上，而是来自以不同方式爆炸的较低质量恒星，从而可以解释Ia型超新星的亮度范围。

下降率看起来与大气有关。如果放射性的镍元素提供了大量热量，大气可能会更长时间地保持温暖和不透明，造成这种内在明亮的天体的较慢下降率。较暗淡的那些会更快地冷却并变得透明。这些只是一些想法，它们需要更加具体的研究来使之成为对数据的可信解释。圣芭芭拉是一个做这项工作的好地方。我们总能第二天再打网球。

随着感恩节的临近，当革尔雄·戈德哈贝尔，一个超新星宇宙学项目的高级成员，过来告诉我们他们正在做的工作时，圣芭芭拉的空气中充满了关于辐射出不同光线的白矮星爆炸的讨论。革尔雄来自一个显赫的物理学家的家族：丈夫和妻子、叔叔和阿姨、侄子和侄女，都是物理学家。革尔雄是一个经验丰富的实验粒子物理学家，在20世纪70年代引出了物理学家的标准模型的激动人心的新粒子的工作中起到了中坚作用。尽管革尔雄被物理学家们所熟知并高度尊敬，但是他在天文学家中有些不太为人所知。

作为一个仪表堂堂的灰胡子男人，革尔雄语速缓慢，带有浓重的欧洲口音，一对宽大的吊裤带沿着他魁梧的身躯稍稍绷紧。就像其他很多成功的物理学家一样，他屈服于晚发性天体物理学，正在接受用与他寻找迷人的介子相同的强度来搜索高红移超新星的挑战。在LBL，他们已经花费了很多人力来建立他们自己的计算机软件，来从重复的图像中筛选超新星，而我们高红移团组则将现有的天文项目中有相同功能的软件结合在一起。天文学家和物理学家是来自森林不同区域的部落，革尔雄不认识屋子里的很多人，也不知道在圣芭芭拉的超新星理论学家中的热门话题是对Ⅰa型超新星的不同光度辐射做出解释。

他以一张枝状大烛台的照片和标准烛光的话题开始了他的报告。他告诉我们超新星爆炸都是完全相同的。通过测量表观亮度，LBL 团组开发了一个方法来测量到超新星的距离和宇宙膨胀的历史。我认为虽然不礼貌，但是打断他是有帮助的。

"革尔雄，这张桌子旁边的人们正在试图理解Ⅰa型超新星不相似的原因。至少对这个团组来说，说Ⅰa型超新星完全一样太简单了。"

革尔雄一点也不喜欢被打断。他怒发冲冠，非常正式地转向弗里德尔·蒂勒曼，"主席先生，我必须要忍受这些干扰吗？"

弗里德尔微笑着说这是一个研讨会，想法的交换是非常重要的，自由讨论是我们的风格。然后他给了我一个眼色表示："鲍勃，闭嘴，别再找麻烦了。"

在圣芭芭拉市中心的一家法国餐厅的晚饭中，我非常礼貌，尽管没有什么帮助。革尔雄下午的报告主要是关于方法，没有包含太多 LBL 团组的最新结果。我很有兴趣了解是什么使得他们的结论从 7 月到 11 月来了个 180 度大转弯。但是我没能在伯克利从革尔雄那里了解到任何新的结果。他非常谨慎，没有讨论那篇正在审稿（但不是由我审稿！）的《自然》杂志文章。革尔雄熟练地将谈话控制在 CERN

附近的法国餐厅的相对优点和日内瓦附近的大型粒子加速器。我的未婚妻杰恩·洛德毫无困难地和他延伸着这个美味的话题。革尔雄看起来对我们的高红移团组的进展毫无兴趣。我谨慎地主动提出我们比他们的进度晚了好几个月。

"你的意思是好几年。"革尔雄说道。

我什么都没有说，但是到了 1997 年末，我们已经开始看到一些比仅仅是一个低 Ω_m 的永远膨胀的宇宙更加有趣的线索。在伯克利分校主校区的坎贝尔大厅，就在 LBL 团组所在的山坡下面，亚当·里斯正在他的办公室汇编我们的高红移数据。亚当认为他开始看到了宇宙加速膨胀的证据。我们的数据显示，遥远的超新星比它们在低密度宇宙中应有的要暗淡。暗淡的超新星意味着更大的距离。更大的距离意味着宇宙加速膨胀。每次当他试图用数据去确定没有 Λ 的 Ω_m，质量的值一直是负数。那是不正确的。所以他添加了 Ω_Λ，对数据点的最佳拟合一直给出一个大于 0 的宇宙学常数值。随着数据的慢慢增加，亚当将更多的超新星加入到分析中。统计学开始对宇宙学常数的分析起到作用。

我不喜欢这个结果。宇宙学常数是一个坏家伙。在过去的 50 年中，每篇明智的文章或者在开头写着"我们假设 $\Lambda=0$"，或者只是假设这一点而不进行说明。虽然杰瑞·奥斯泰克和保罗·斯坦哈特正在证明 Λ，以及近年来芝加哥大学的麦克·特纳对 Λ 进行了实验，但是他们只是被挑衅的理论学家。这并不是一个表现良好的观测者应该看到的希腊字母。我们怎么才能确定在一长串数据处理的某处没有什么愚蠢的错误呢？有其他人检查过这些数字吗？

亚当说布莱恩·施密特同意他的数据分析。我仍然认为随着我们积累更多的数据，这个结果就会改变。我不喜欢靠双腿走出去然后被逼着爬回来的想法。我在 SN 1987 A 的时候就做过一次这样的事情了。

振作起我的尊严，我说："亚当，做错的惩罚会像争得第一的奖励一样大。"

"奖励？"亚当说，"你会给我奖励？"

在 1997 年 12 月，杰恩、我们的牛头梗阿尔伯特和我，离开圣芭 [215]芭拉，去加州理工大学的帕萨迪纳访问几周。弗里茨·兹维基已经过世许久，我的论文导师贝夫·奥凯退休后去了加拿大英属哥伦比亚省的维多利亚，吉姆·甘已经在普林斯顿待了 17 年。莱纳德·塞尔已经退休了，瓦尔·萨金特还在这里，但是罗滨逊实验室已经换了个地方。从某种程度上来说，20 世纪 70 年代成为加州理工大学的全盛时期。当 200 英寸拥有最高统治权的时期，巴乐马天文台的力量主导了天文学的舞台。但是随之而来的是 20 年中不愉快的平等化，在 20 世纪 70 年代和 80 年代，世界各地涌现了许多 4 米望远镜，挑战着巨眼的领导权。这对我来说是件好事，对科学来说是件好事，但是对加州理工大学来说就不那么好了。

现在，加州理工大学的天文学家再次有了这种他们喜欢的优势。因为加州理工有两个凯克望远镜 1/3 的观测时间，一个加州理工大学的天文学教授再次有了其他任何人的 10 倍观测能量。这就是他们喜欢的方式。

他们把我安置在了罗滨逊实验室的二楼,这是大部分教员办公室所在的后甲板。对于曾经在第二层地下室的发动机房工作的人来说,这里的空气是非常稀薄的。我甚至找不到去 0013 的路。这条路被射电天文学家们挡住了。我和从剑桥来访问的理查德·埃利斯共享了二楼办公室,他是剑桥大学的鲁米安教授,爱丁顿的继任者。理查德领导了对星系如何随着时间演化的研究,也对高红移超新星的研究有所贡献。在这个领域的史前阶段,理查德曾经和丹麦人一起工作,来对他们的超新星进行后续研究,他现在和索尔·玻尔马特一起工作,帮助 LBL 团组在艾萨克·牛顿望远镜和其他地方进行观测。

在 1997 年末 12 月的一天,我和理查德都在办公室,这时我正和亚当·里斯打一个关于高红移结果的很长的电话。礼仪女士要求不小心偷听的人表现得好像没听到任何内容。而理查德曾经和 LBL 团组一起工作,所以我尝试着不要太过考验他守口如瓶的能力。我对亚当说:"嗯哼,""我了解了,""你对此感觉如何?",就像一个电视上的心理学家。但是办公室太过舒适,所以他的大脑过于活跃了:理查德不禁脑补了这些空白,到了最后,他无法克制想要发表评论。当他走向门口的时候,他转向我,板起他的威尔士面孔说:

"这不可能是宇宙学常数。"
"不可能的,"我赞同道,做了个同样可信的反感的鬼脸。

当我和亚当来回讨论最新结果的时候,我在帕萨迪纳的几周飞快地过去了。我们真的相信我们正看着宇宙学常数的效应吗?直到 1998 年 1 月 1 日我们都没有达到一个正式的决定。在科罗拉多大道举办的玫瑰碗中，密歇根以 21 : 16 打败了华盛顿州，被授予了国家冠军。蓝队加油！我的儿子马修是密歇根大学高年级的学生，他也来到镇上参加庆祝活动。我们根本没有在镇上看到他的身影：密歇根狼獾队的球迷们到处都是，而且马修在南加利福尼亚有很多朋友来分享这次胜利。

在下一周的类似的天文讨论会上，彼得·加纳维奇在华盛顿特区举办的美国天文社区会议上展示了我们小组关于宇宙永恒膨胀的证据。我们为数不多的超新星支持一个低 Ω_m 值。或者更加生动地说，不会减速，永远膨胀！蓝队加油！

彼得和索尔·波尔马特短暂地分享了同一个发布平台。索尔说他们曾经基于同样的原有的 7 颗超新星加上 HST 观测的一颗新的超新星，得出结论说这个世界不会走向一个尽头。和他们原先的结果相比，现在 SCP 支持一个与观测到的减慢宇宙相对应的小数值。另外，索尔展示了一幅基于 40 颗超新星的令人印象深刻的新图像。

最有趣的一点在于 SCP 没有谈及他们的哈勃图。在这次集会上，有很多感兴趣的记者参加，两个小组都不敢宣称他们展示了宇宙加速膨胀，也就是宇宙学常数的标志。吉姆·格兰仕当时是《自然》杂志的编辑，他能够看出 SCP 的数据可能导向哪里，于是给《自然》杂志写了一篇新闻文章，尝试参与下面一步。但是在 1998 年 1 月的那一刻，索尔·波尔马特还没有准备好宣布他们看到了加速膨胀。索尔小[217]心谨慎地一直使用虚拟语气，就好像他在暗示一个与事实相反的假设。格兰仕引用了他的话："如果 [这个结果] 成立，那么会导致存在宇宙学常数的重要证据。"索尔还没有准备好伸出他的脖子。[10]

我们也没有准备好。亚当·里斯迫使彼得·加纳维奇发誓在华盛顿不会谈及我们正在研究的新数据 —— 他本能展示来自我们的 HST 观测的美丽的新数值点，但是却完全没有说到指向 Λ 的新数据。

彼得·加纳维奇认真地研究了 SCP 带去天文社区会议展示的海报。他们都没有宣称 SCP 得到了宇宙加速膨胀的证据，因为他们还没有一个关于如何处理主要由尘埃红化导致的"系统误差"的确切结论。这正是我自从 1993 年的那次尴尬的审稿意见就曾经尝试告诉索尔的论点 —— 如果你不理解尘埃，你就不能谈论宇宙学有关的任何事情。

现在是我们团组变得严肃的时间了。SCP 不会无限期地坐在篱笆上。他们是一群聪明的家伙，会解决如何说明尘埃的问题，或者用不了多久就可以把尘埃"扫到地毯下面"[1]。我们的高红移团组准备好勇攀数据推动我们前往的高枝了吗？遥远的超新星比它们在 $\Omega_m = 0$ 的宇宙中应该表现的那样暗淡了大约 25%。暗淡的超新星暗示着加速膨胀，如果它们不是被尘埃所遮掩的话，而且我们用了两个滤光片的观测显示并没有多少尘埃。

我们的结果有多可靠？我们有 16 个不错的目标，10 个有着对光变曲线形状的多色观测的合理误差估计，来提高距离的准确度和精度。

---

1. 意为清除尘埃红化对结果造成的争议。——译注

如果我们相信来自高斯统计学的规范 3σ 误差预测，这是一个来自实际上减速膨胀的宇宙的不幸样本的可能是千分之三。如果你相信误差估计，我们生活在一个加速膨胀宇宙中的概率是 300 比 1。我们相信误差估计吗？我们相信高斯吗？

好吧，是的，而又不是。

是的，使用光变曲线的方法给出了对近邻超新星样本合适大小的 [218] 误差。这就像是在问一个谷类碗中有多少个麦片。你可以估计数量，同时也可以估计每个样本由于概率，可能距离正确的数值有多远。高斯知道如何做这件事情。比尔 · 普雷斯在他的数学烹饪书《数值分析方法库》中有做这个的菜谱，亚当使得它可以应用于多色光变曲线方法。

而又不是，对于遥远超新星的更加粗略的数据可能会有额外的困难，从某种程度上说我们没有合适地考虑在内。也许我们正在做类似于过于用力地旋转螺旋测微器来测量纸板厚度的事情 —— 得到始终一致的，但是错误的结果。

在这时，我们正在尝试决定我们要多严肃地对待我们自己的数据，同时保持嘴巴禁闭。布鲁诺 · 雷奔德古特不得不在 1998 年 1 月参加了一个阿尔卑斯山会议，同时咬着他的舌头。布鲁诺没有在默里昂滑雪的时候伤到自己，却不得不在对超新星哈勃图的讨论中压抑自己。他展示了和加纳维奇在华盛顿展示的相同的数据。在过去的两周中，人们已经习惯了生活在一个可能永远膨胀的宇宙中，而且这个结果现在看起来像冷掉的燕麦粥一样令人兴奋。布鲁诺没有展示使得我们认为自己看到了宇宙加速膨胀的那些额外数据点。来自 SCP 的某人展示了他们的 42 个目标，这看起来非常令人印象深刻。但是他们仍然没有宣称这些数据显示我们生活在一个加速膨胀的宇宙中，因为他们不是很清楚如何处理"系统误差"。

在我们小组内部，我们正在辩论确切地如何处理 —— 是写一篇快速简短但可能错误的文章，来宣布加速膨胀的发现，还是花费更长时间来写一篇更加透彻的文章，展示所有的证据。在高红移团组的所有人都发表了评论。我们进行了一个电话会议 —— 这通常是一个没有把握的提议，如果有些成员在欧洲和澳大利亚，情况会更加糟糕。总有一些人在半睡半醒之间。我们交换了邮件，非常大量的邮件。

亚当·里斯正在为这篇文章进行大量的升华工作，将所有数据汇总到一起，找出数据中的暗示，然后处理写作任务。所以我们都在给他建议，互相矛盾的建议。归根结底，我们是合作伙伴，而不是一支军队。

我不喜欢这个结果。我不认为我们比爱因斯坦聪明，而他曾经被宇宙学常数绊倒过。我不想犯错误。我不喜欢曾经在超新星 1987 A 的前身星上犯的错误，也不想在宇宙膨胀的历史上搞错。在 1998 年 1 月 12 日（上午 10：18：31），我写道：

> 我正在担心第一眼看上去好像你可能需要某个 Λ。在你的内心深处，你知道这是错误的，尽管你的头脑告诉你

你并不在乎，而只是想报告观测结果……说出"我们必须有一个非零的 Λ"而不得不在下一年收回这句话，这是非常愚蠢的。

当彼得·加纳维奇在华盛顿的时候，亚当有几天不见了踪影，回到新泽西去和他的麻省理工同学南希·舍恩多夫结婚。在接待处，南希的一个表兄弟询问了他那天早上在报纸上读到的一篇新故事。他说宇宙会永远膨胀下去。新郎知道有关于此的什么消息吗？

"我对这个工作很熟悉。"亚当说。

（在1998年1月12日下午6：36：22）亚当给我们所有人写了一封长邮件。这是婚礼的两天之后，就在他离开去度蜜月之前，这是一个写邮件给科学同事的传统时间。

结果是令人惊讶，甚至震惊的。出于一些原因，我已经避免告诉任何人这些结果了。我想要做一些交叉检查（我已经做了），而且我想要找到办法在索尔他们得知风声之前把结果写下来。你看，我感觉像是在龟兔赛跑。每天我都看着 LBL 的伙计们在周围跑来跑去，但是我认为如果我保持安静我就可以蹑手蹑脚地赶上……嘘……数据需要一个非零的宇宙学常数！不是用你的心或者头脑来接近这些结果，而是用你的眼睛。无论如何，我们是观测者！！

亚历克斯·菲利彭科一门心思地想要快速地前进。他的逻辑很简

²²⁰ 单。数据指向了宇宙加速膨胀，LBL 团组也接近了同样的结论，但是还没有完全准备好下决心行动。所以让我们首先发表吧。艾利克斯不太担心可能会出错。

"有可能会有一些轻微的系统效应，但是即使如此，我认为这会花费很长时间才能弄清楚。"

布莱恩·施密特从澳大利亚写邮件来，表现得更加矛盾一些：

> 新的超新星显示，完整的约 12 个目标的样本给出了 Ω_Λ 大于零的结果，其置信率超过 90%，这是毫无疑问的……但是我们对于这个结果有多确信呢？我认为这非常令人困惑，我认为我们真的应该尝试在这里合乎科学地占领高地……让我们发表一篇我们能引以为傲的文章吧——赶快。

尼克·辛策夫从智利参与了讨论，并且给了亚当加强体育锻炼的好建议：

> 我真的建议你们用尽全力去做这个。每个人都是对的。我们需要小心谨慎地发表一篇好文章，加上足够多的讨论来使其对我们自己可信……如果你们真的接近于确定 Λ 不是零——我的天啊，放松点。我真的这样认为——你们这辈子可能再也不会有另一个科学结果能比这个更加激动人心了。

在最后，我们决定让高斯来引导我们，勇往直前。如果数据表明宇宙学常数是一个 3σ 的结果，那么我们就会宣布它是一个 3σ 的结果，并且和它的推论和谐共处。错误的可能性小于 1%。为了赢得 100 美元可以赌上 30,000 美元。但是不要赌上你的宠物。

我曾经受邀在加州大学洛杉矶分校每隔一年组织的暗物质会议上发表演讲，但是这个会议在 2 月举行，和我返回哈佛的时间相冲突。所以我当时正在和杰恩以及牛头梗阿尔伯特自驾穿越美国，寻找着接受宠物入住的汽车旅馆。与此同时，亚历克斯·菲利彭科带着高红移团组的旗帜去了玛瑞娜戴尔瑞。革尔雄·戈德哈贝尔和索尔·波尔马特首先发表演讲，展示了时间膨胀的证据、Ω_m 太小而不能中止宇宙膨胀的强证据，以及可能存在 Λ 的试探性证据，但是他们仍然没有完全准备好声明他们已经足够好地理解了系统性影响，所以不能确定。艾利克斯展示了我们团组的包含了红移为 $z=0.16$ 到 0.97 的 16 颗超新星的数据和分析，将它们和来自哈佛–史密松天体物理中心和卡兰／托洛洛的联合样本的 27 颗近邻超新星做了比较。这些超新星的哈勃[221]图暗示着宇宙并不仅仅是在膨胀，也不仅仅是注定要没有极限地膨胀。艾利克斯清楚地说道，我们的超新星提供了证据，在过去的 50 亿年中宇宙膨胀加速了。[11]

对于 2 月 27 日开始的新闻媒体的猛烈攻击，我们完全没有准备。艾利克斯离开了镇上，去阿鲁巴做一次日食探险的向导。当那一天亚当·里斯到达他在伯克利的办公室时，电话正响个不停。美国有线电视新闻网派出了一个摄制组横跨了海湾大桥 —— 他们能够采访他吗？在 15 分钟之内？接下来的一天，亚当出现在了《新闻一小时》上，这是他父亲最喜欢的节目。新闻媒体真的对加速膨胀的宇宙很感兴趣，但是他们更加感兴趣的是我们对这个结果感觉如何，好像这会以某种方式影响宇宙一样。布莱恩·施密特的话被引用了，他说："我自己的反应介于惊讶和恐惧之间。"

索尔·波尔马特的小组那时也挣扎于同一组问题，尽他们最大的努力来回答正确。他们的数据指向了加速膨胀，但是在 1998 年 1 月的美国天文学会上，或者在默里昂，或者在 2 月的暗物质会议上，他们还没有完全准备好宣称他们相信这个结果。他们担心着如何正确地处理尘埃对超新星光线的吸收问题。我们花费了过去的 5 年来获得近邻超新星的数据，然后找出使用光变曲线和颜色来测量尘埃吸收的方法。我们在 2 月纵身一跃。在 1998 年 4 月，革尔雄·戈德哈贝尔对《纽约时报》解释了他对这一系列事件的看法："基本上说，他们证实了我们的结果。他们只有 14 颗超新星，而我们有 40 颗。但是他们在公众游戏中拨得了头筹。"[12]

将摘要提交给会议，将关于你的心理状态的简报提供给新闻媒体，在会议上讲话，这些都是很好的，但是真正的科学产出应该是一篇同行审阅过的杂志文章。高红移团组集中精力在将数据变成适合公众检验的形式，将证据展示得尽可能清楚，结论在证据能指出的情况下阐释得尽可能强。我们尝试着做我们自己最严格的批评者，指出证据中的弱点，并将这些假设暴露在辩论中。到了 3 月 13 日，我们的工作还没有完美，但是已经足够好了。有时候足够好就是足够好了。

我们决定将我们的草稿提交给《天文学报》，而不是《天体物理学报》，这成了一个内部笑话。另一个小组说他们使用了一个"基于物理学"的方法。因为我不知道这是什么意思，使用一个以"天文学"为题的期刊看起来就有了些含糊的搞笑意味。另外，我们知道 AJ 发表论文会快一些。"对于加速膨胀宇宙和宇宙学常数的来自超新星的观测证据"被同行审议并发表于 5 月 6 日，并刊发在 1998 年 9 月刊上。我们用一大串可能的错误来源结束了文章的摘要，然后总结道："现在，这些效应都没能将数据调和到 $\Omega_\Lambda = 0$。"

自始至终，我们证明了有两个独立的小组来跟进这项工作是一件好事。我们对于看到 SCP 具体做了什么十分感兴趣。他们的文章"从 42 颗高红移超新星来测量 Ω 和 Λ"在 1998 年 9 月 8 日被提交给了《天体物理学报》，在 12 月被接收，刊登在 1999 年 6 月刊上，尽管这两个项目是独立的，它们获得的结论是一致的：在红移接近 0.5 处的超新星会比它们在 $\Omega_m = 1$ 的宇宙中应有的暗淡 25%。遥远的那些超新星，除了少部分例外是两个小组帮助彼此观测的，剩下的都是不相同的。数据处理是用不同的方法来完成的。用光变曲线形状被来矫正 Ia 型超新星亮度变化的方法是不同的。我们还用了不同的方法来处理尘埃吸收。但是尽管有这些细节上的不同，我们的结论是，像索尔简洁地说的那样，"简单粗暴地一致的"。

尽管，正如革尔雄·戈德哈贝尔的正确评论所说，我们的遥远超新星比较少，16 个对比于他们的 42 个，但是平均来说，我们的每个点的误差只有他们的一半。我认为这是有尼克·辛策夫作为高红移团组的领导的良好效果，加上我们为了分析超新星光变曲线所发展的统计学方法的力量。数据点告诉你信息的能力随着分散程度的平方而下

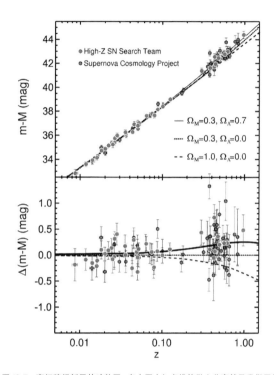

图 10.7　高红移超新星的哈勃图。在上图中与点线的微小分离就是我们居住在
一个加速膨胀宇宙中的证据。在下图中，45 度斜线正是平方反比律，已经被去掉了。
这些点确定地落在向下延伸的长虚曲线的上方，这就是 $\Omega_m = 1$ 的预测值，没有宇宙
学常数。大部分的点也落在虚水平线的上方，这是 $\Omega_m = 0.3$ 的预测值，没有宇宙学常
数。得到上面的实线（也就是数据的最佳拟合）的唯一方法就是包含加速膨胀效应。
来自高红移团组和超新星宇宙学项目的数据点都显示在这里。高红移团组的点比较
少，但是因为更小的不确定性，有着同样的比重。

224　降，所以我们的 16 个有着小分散程度的点正好和他们的 42 个在讲述
　　宇宙学方面有着相同的帮助。

　　　　这里的信息是，你需要 Λ 来拟合数据。因为在减缓宇宙膨胀的
　　Ω_m，以及加速宇宙膨胀的 Ω_Λ 之间有一场看不见的竞争，超新星结果

提供了信息，表明了物质的吸引和暗能量的加速效应之间的区别。超新星结果显示加速效应正在取得胜利，延长了遥远的光线从红移 0.5 处的超新星旅行到我们的望远镜的距离。超新星结果测量了 $\Omega_m - \Omega_\Lambda$，它们显示这个量必须小于 0。如果没有 Λ，或者一些非常像它的东西，你就不能做到这一点。这有点像走上一个天平却发现你的砝码小于 0 —— 一定是发生了有些超出通常的引力吸引的事情！到目前为止，超新星数据是宇宙加速膨胀的唯一证据，也是直接展示 Λ 效应的唯一测量。就像弗兰克·戴森先生对光的引力弯曲所说的那样："我自己是一个怀疑论者，期待着不同的结果。"我也是这样。

宇宙学常数可能是爱因斯坦最大的错误，以及爱丁顿进入理论学荒谬旅程的一部分，但是超新星证据显示我们需要它，或者一些非常像它的东西，来理解这个我们生活的世界。这已经不再是来自奥卡姆剃刀的美学或者内省或者胡诌的问题了。我们需要学会和 Λ 共处。

当然，布莱恩·施密特的惨事使得我们增加了额外的步骤来确定这些遥远超新星的微小的额外暗淡不是来自其他效应。如果有人要在这个工作中发现什么缺点，我们认为如果是我们自己来发现是最好的。所以我们努力地尝试看看能不能证明我们自己的结果是错误的，或者是有误导性的，或者我们遗漏了一些没有被数据点的统计学描述的重要的误差来源。

我们知道这不是马姆奎斯特偏差。马姆奎斯特偏差在观测的接近极限处筛选了最亮的目标。但是我们没有在观测额外明亮的超新星，我们在观测额外暗淡的那些。但是出错的方式不止有一种。

225   我们知道当我们看向红移为 0.5 的位置时，我们是在回顾宇宙大爆炸的大约三分之一的路程，约 50 亿年。所以所有的恒星都会更加年轻 50 亿岁。年龄会造成超新星的性质不同吗？

我们知道宇宙中的重元素变得越来越丰富，部分通过过去 50 亿年中所有爆发的超新星的活动。化学会造成近处和远处的超新星的性质不同吗？

而且我们确定地知道很多天文学研究因为对尘埃的误解而走向了不好的结果。会不会是无聊的老尘埃，而不是加速膨胀导致遥远的超新星显得暗淡呢？

这些问题都很严肃，而答案仍然不曾完整。如今我们的工作就是检查这些可能性，来看看它们是否误导我们进入了圈套，将实际上属于演化的星群、改变的化学成分或尘埃的效应归属到了宇宙学中。

对于恒星的年龄，我们知道如今的星系中恒星市民的人口统计学是非常不同的。椭圆星系的现有恒星形成率非常小，所以所有的恒星都很年老，就像一个亚利桑那州退休社区的人口那样。与之对比的是，漩涡星系和不规则星系经常有着非常活跃的恒星形成 —— 这更像安娜堡镇，一个充满了喧闹的年轻人和安静的年老群体的城镇。这些星系有年轻的恒星，包括在远小于 50 亿年之内作为 II 型超新星爆发的大质量恒星。它们也拥有一个安静的老年恒星的星群，慢条斯理地围绕在周围，此时年轻的恒星们生活得很快，英年早逝，然后留下一个美丽的中子星遗骸。所以不同类型的近邻星系提供了学习年轻和年老星群效应的场所。

有趣的是，Ia 型超新星在所有类型的星系中都有发现。看看漩涡星系（这里有近期恒星形成）中的 Ia 型超新星是否和椭圆星系（没有近期恒星形成）中的不同，是很有价值的。这会提供一个线索，是否看向时间的过去会导致超新星亮度的区别。从卡兰 / 托洛洛数据和 CfA 数据中，我们现在建立了一个超过 50 颗观测完善的近邻星系中的超新星样本，可以让我们检验这个问题。每个月我们都会观测更多。[226] 我们将会发现这一点。

在第一眼看来，这是个不好的消息。平均来看，椭圆星系中的 Ia 型超新星比近邻漩涡星系中的要暗淡。无论如何，当你使用光变曲线来改正光度的时候，就像我们对近邻和遥远样本所做的那样，椭圆星系中的超新星是无法和漩涡星系中的区分开的。这表明了也许在漩涡星系中形成的超新星真的有一些区别，想必在我们观测来测量 Λ 的遥远年轻星系中也是如此，但是我们发展的改正方法非常合乎需要地处理了这个区别。通过测量光变曲线的形状，我们消除了过去 50 亿年的超新星年龄的差别。

化学是否影响超新星的亮度，以某种方式使得遥远星系中的超新星更加暗淡呢？有很多种方式来解决这个问题。理论是其中一种路径。彼得·赫夫里希、克雷格·惠勒和弗里德尔·蒂勒曼在 1998 年写了一篇文章，来研究理论上的概率。[13] 超新星理论的一个预测就是，像在星系中随着时间发生的那样增加化学丰度，不会太大地影响光谱或者总的光线辐射，除了在紫外波段，在这里增加的丰度被预测使得

Ia 型超新星变得暗淡。这与我们看到的效应相反，遥远的星系（据推测更加"贫血"）比近邻的目标要暗淡，这些是由更加富饶的气体形成的。

从 50 亿年前到现在的化学演化并不是非常极端。在我们的星系中，在太阳形成的位置 50 亿年前的化学丰度，正是我们如今在太阳系看到的太阳丰度。我们星系和其他星系中大部分化学变化发生在恒星形成的暴力事件中。如今我们星系中的气体，在太阳形成的 50 亿年之后，并没有比形成太阳系的气体更加富含多少重元素。

尽管如此，为了保持谨慎，我们应该看看这些因素。使用理论预测作为行动的地图，我们现在建立了一个近邻超新星的紫外观测样本，因为在这部分光谱中化学的效应是最重要的。我们会看看有着不同化学丰度的星系是否会产生有着不同紫外光变曲线和颜色的超新星，像预测的那样。这个工作还没有完成，但是到目前为止，没有看出有很大的区别。

我们也将我们的高红移超新星光谱和观测到的近邻 Ia 型超新星光谱做了比较。强大的凯克望远镜令人惊异地擅长获得遥远目标的光谱，使用它极大的收集面积来聚集来自遥远的 Ia 型超新星的光子，然后按波长将它们分类。阿里森·科尔和亚历克斯·菲利彭科领导我们的小组来研究高红移超新星的光谱，并且将它们和本地的近邻超新星做比较。遥远 Ia 型超新星的光谱，在我们的测量能力范围内，恰恰与远至超新星 1972 E 和超新星 1937 C 的近邻 Ia 型超新星的光谱一致。[14]

　　在一个爆炸白矮星的膨胀大气层中形成的光谱，以一种非常复杂的方式依赖于整颗撕裂恒星中的化学成分、速度和温度。很难相信近处和遥远的爆炸白矮星虽然在光辐射上有显著差异，但是以某种方式同谋着产生了同样的光谱。仅仅因为我们不能想象一些东西，这并不意味着它无法成真，但是光谱测量检验了是否遥远超新星和近邻的那些有显著区别。如果是这样，超新星结果的宇宙学解释就会受到质疑。这可能是一个 Ia 型超新星会失败的测试，但是就我们目前看来，它们没有失败。

　　尘埃是更难对付的。我们知道如何通过尘埃产生的红化来探测它们的存在，就像我们对本星系尘埃所做的那样。亚当·里斯在他的博士论文中解决了这一点，然后托洛洛的职员做了一些等效的工作。我们用特定的两个颜色进行了所有对高红移超新星的测量，来克服最早的 SCP 数据的弱点。但是聪明的理论学家们可以发明一种不像银河系中那样的尘埃，也许是好像真实存在的尘埃小精灵。一个哈佛的天文毕业生，安东尼·阿吉雷，运用他轻微的逆向思维构造了它。作为一个刚刚入门的学生，安东尼检测了宇宙微波背景辐射并不是真的来源于热大爆炸，而是来自固体粒子的热辐射的可能性。再一次挑战正 229 统的是，安东尼问道，在宇宙中是否存在使得遥远超新星的光变得暗淡的尘埃小精灵，但是不会留下红化的指纹。为了按这种方式解释高红移超新星的结果，你需要一种将遥远超新星减弱大约 25% 还能躲开我们的颜色测量的尘埃。这有可能吗？

　　安东尼知道，导致红化的效应有着它自己的来源，就是星际尘埃粒子的尺寸。当粒子尺寸和光波的波长相当时，你就得到了红化。星

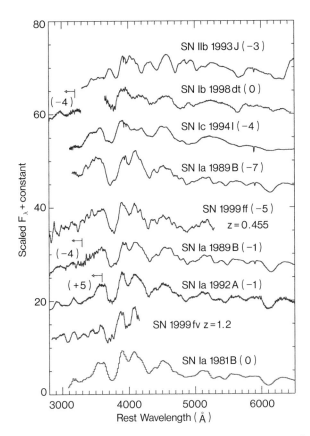

图 10.8 超新星光谱。在高红移处观测的超新星，超新星 1999 ff 和 1999 fv，在我们能分辨的最接近的程度上，和近邻处相似年龄的那些一致。这些光谱已经被移动到你在每个超新星所在星系应该观测到的波长上。版权归属于阿里森·科尔，亚历克斯·菲利彭科，以及高红移团组。

际尘埃不像大团的狗毛和脱落的人类皮肤那样，在你的长椅背后积累。星际尘埃是一种非常良好的亚微观雾霾，由对于普通显微镜不可见的碳和硅构成。这是一种煤烟和沙尘，即使是最好的白手套测试也不能揭示。尽管这是一种我们所了解的尘埃，但是安东尼提议道也许有另一种我们所不知道的尘埃，仅仅在超新星数据中存在。这也许是大尘埃颗粒，大到它们对所有颜色的影响几乎等效。大尘埃颗粒会导致吸收但没有多少红化。

科学想象必须遵循辩证法，而且不能违背观测极限。安东尼不得不思考如何使得尘埃平滑地分布在星系间的大块太空空间中。另一方面，超新星发出的光有时候会遇到尘埃小精灵，但有时候不会。这会造成高红移超新星的分布更加分散，超出了我们的观测。所以他发明了一个故事——并不是特别的疯狂——来形成一种尘埃，确保它只有大颗粒而没有小颗粒，并且把它排放到星系之外。他必须非常小心，不要使用比恒星能产生的更多的碳元素。安东尼发现这种特殊制造的尘埃有可能存在，并且展示了它可以令人信服地解释我们在高红移超新星中观测到的结果。当没有关于这种尘埃小精灵的其他证据的时候，这并不是不可能的。

如果这是一场辩论，你可能会以一种富有修辞手法的方式，用力拍着讲台问道："我问你们，我的朋友和同胞们，是一种至今躲避了探 230 测的星系际尘埃，还是用整块布制作的一种神秘的宇宙新成分——所谓暗能量，据称主导了宇宙学膨胀，哪一种情形更加有可能呢？我们必须要重复爱因斯坦"臭名昭著"的失误吗？我们不能从过去学到些什么吗？我们必须要自信地迈进错误的深渊中吗？"

幸运的是，科学并不包含公众布道。我鼓励安东尼继续他的工作。当然，如果他是对的，我们的测量结果就是关于我最不喜欢的东西——尘埃，而不是发现了一种戏剧性的隐藏于观测之外80年的宇宙新成分。但是因为我们正在尝试接近真相，我们应该检测推理链条中的每一环。尽管辩论可能会变得滑稽，为了检测安东尼的主意，我们需要对他的尘埃小精灵的存在进行更加敏锐的测量。

　　起初，安东尼提高了他关于这种尘埃具体会做什么的早期预测。在更近的检查中，它不是理想的灰体，等效地减弱所有的波段，但是有一点粉色，吸收蓝光稍微多于红光。为了寻找这个，我们在一个更大波长范围中观测了超新星，在这里细微的效应可以显示出来。在实践中，这意味着从发射光谱的蓝端，一直观测到超出人类视觉范围外的红外波段。到目前为止，我们有了一个观测完善的例子，超新星 1999 Q，而我们没有看到粉色尘埃的信号。在 2000 年，我们在一个很宽的波段范围尽可能认真地观测了一系列超新星，来观察我们是否能够把赌注押在灰色尘埃上面。我们将数据放在我很有能力的毕业生沙鲁巴·贾手上。我们会看到他发现了什么。

　　所以我们有了一些证据，表明恒星的年龄、它们的化学成分，以及尘埃小精灵都不是我们看到的效应的原因：遥远的超新星并没有显示出是因为这些因素之一而变得暗弱。但是我们有更加强有力的方式来区分一种真正的宇宙学效应和超新星中的误导性系统效应。如果我们暂时想象，红移 $z = 0.5$ 的遥远的超新星的表观暗弱是因为由暗能量主导的宇宙学造成的加速膨胀，在我们看向更深的过去的时候，我们能够预测将会发生什么。

231　　我们测量的超新星亮度依赖于加速效应的 Ω_Λ 和减速效应的 Ω_m 之间搏斗的结果。我们所看到的就是暗能量在过去的 50 亿年左右赢得了这场拔河比赛，这时来自 $z=0.5$ 的超新星的光芒正在向我们传来的路上。但是更远的超新星又是如何呢？

如果我们看向膨胀宇宙的过去，每一大团会在过去变得更小。想象一个区域，每条边长为 5 亿光年，从过去的一个较小体积中拉伸开来。在这样一大块宇宙中的物质总量并没有随着时间产生很大的变化 —— 那是一个太大的区域，很难被星系的个体运动或者结构的生成所影响太多。所以如果你看向红移为 1 的距离，随着宇宙膨胀的一个立方体的每条边会以指数 2 变小。如果你在一个更小的体积中有同样的物质质量，这意味着密度升高了 2^3，所以我们会看向一个宇宙密度大 8 倍的时间。

当你看向过去的时候，你会看到一个更加致密的宇宙。当你看向更深的时候，Ω_m 相对于 Ω_Λ 变得更加重要。爱因斯坦保证了总的 Ω 是 1，它始终为 1，但是拖曳着减慢事物的 Ω_m 和推动宇宙加速膨胀的 Ω_Λ 之间的平衡，可能会在你看向过去更深处的时候发生改变。遥远的过去可能是由暗物质而不是暗能量主导的。

如果你认为宇宙开始于大爆炸，最初的几十亿年可能是由于暗物质的引力导致的减速运动的迟缓年份，但是接下来，由于物质变得稀薄而它的密度下降，平衡就会发生改变。暗能量在开始是可以忽略的，却注定要主导宇宙的演化。缓慢而稳定地赢得比赛。会有一个时刻到来，取决于 Ω_m 和 Ω_Λ 的精确值，这时因为暗物质造成的减速膨胀松开了手，加速膨胀开始了。

使得这个故事变得有趣的是，我们已经能够回看到刹车松开、油门踩到底的时刻。与我们在 1998 年得到的超新星数据一致的合理 Ω_m 和 Ω_Λ 值，例如 $\Omega_m = 0.3$ 和 $\Omega_\Lambda = 0.7$，标志着从减速膨胀宇宙到加速膨胀转变的滑行点的红移大约为 0.7。这很遥远，但是没有超出我们已经做过的观测。当我们看向更深的过去的时候，我们应该能看到来自暗能量的更少的加速膨胀，和持续增长的暗物质减慢物质的影响。而这件事情发生的红移并没有超出所能触及的范围。

所有其他效应，比如星群的年龄、恒星的化学成分、灰色尘埃的吸收都会随着红移而增加。无论如何，如果恒星的年龄很重要，看向更大的红移意味着你正看向更年轻的恒星。如果化学成分很重要，当你看向过去的时候，你应该能看到更低的元素丰度。如果粉色尘埃小精灵统治了宇宙，你会在看向更高红移的时候横跨过更多。

这给出了明确的预言 —— 如果我们看到的暗淡是由于宇宙学，那么如果我们看向足够远的过去，超过滑行点，额外的暗淡会变小，然后转变符号而造成额外的明亮。另一方面，如果其他年龄、成分或者尘埃效应是遥远超新星暗淡的原因，你会期待更加遥远的超新星变得更加暗淡。所以我们有了一个方法来分辨我们是否被愚弄了，还是我们看到的效应真的是因为宇宙膨胀的历史引起的。看向更高的红移吧。

为了观测暗能量的信号，我们需要找到并测量红移超过 1 的超新星。如果它们变得更加暗淡，我们就是错的，一些不是宇宙学的东西正在使得超新星变得暗淡。如果它们比你所期待的要明亮，这意味着我们正在正确的轨道上。为了找出这一点，我们需要将我们的注意力从 z = 0.5 转移到 z = 1 或者更远。

到了 1998 年，我们曾经被逼到绝路，但是我们希望能够自我了断。最好是我们自己而不是其他什么人。比失败的风险更加糟糕的是投机的匍匐感。一开始，高红移团组的每个人都感觉"Λ 真实存在"的说法让人感到不快，随着我们自己的证据积累得越来越多，而且另一个研究小组的数据给出了同样的结果，我们开始对 Λ 感觉舒服，然后慢慢地开始喜欢它。我们开始关心宇宙是什么样子。这并不是完全 [233] 健康的。你更愿意认为你只是一个冷静的观测者 —— 一个有着鹰眼的裁判："我只是说明我看到的东西。"但是我们开始漂移到成为相信者，或者至少是宇宙学常数的粉丝。到了一个减少宣传而增加数据的时间了。

第 11 章
案发现场？

234   到 1999 年初，宇宙加速膨胀的事情传开了些。高红移团组的结果被发表在《天文学报》上，劳伦斯伯克利实验室的结果作为预印本和会议报告被广泛流传，都指向了相同的结果。来自两个独立小组的一致结果使得证据更加可信，尽管仍然有可能我们都犯了特定的错误。但是如果我们犯了错误，这是一个稳定的错误。就我们两个小组所知，遥远超新星正像近邻超新星。尽管年龄、成分和尘埃是可能的复杂因素，它们的效应看起来很小，而且我们努力地评估了这些效应所产生的影响的大小。决定性的结论可以通过观测更高红移的超新星获得。

     对于暗能量 Ω_Λ 和暗物质 Ω_m 的任何组合，我们都能预测当看向红移为 1 和更远时会看到什么。在大爆炸之后，会有一个 Ω_m 导致的宇宙减速膨胀，接下来是 Ω_Λ 导致的宇宙加速膨胀。在超过红移为 1 的某个地方，超新星观测应该能够到达减速膨胀区域，然后我们应该开始看到超新星变得更加明亮一些。如果反之超新星表现得额外暗淡，那么就会指向一个系统性的问题，我们就会被迫撤销我们关235 于 Λ 真实性的宣告。除了尴尬之外，还会有遗憾的情绪。我们开始喜欢 Λ 了。

图 11.1　宇宙加速膨胀的工作入选《科学》杂志 1998 年的"年度自然科学突破"。
根据《科学》282 卷 1998 年 12 月 18 日的许可重印。图像：约翰·卡斯特。阿尔伯
特·爱因斯坦漫画，由加利福尼亚礼佛利山的罗格·理查曼代理机构提供。版权归属
于美国科学促进会，1998 年。

　　不止我们自己喜欢这个发现。《科学》，美国领先的自然科学杂志，
在 1998 年底选择宇宙加速膨胀作为它们的封面"年度自然科学突破"。
布赖恩·施密特赢得了澳大利亚的首个"马尔科姆·麦金托什物理学成
就奖"。布赖恩很有市场，至少在澳大利亚，在这里澳大利亚播音公司
让他在"宇宙的年龄"节目上接受了采访，主持人是约翰·多伊尔，他
以电影《小猪宝贝》中的电视播音员而被更多观众所知。

为了多采访一个人，他们邀请我在晚上 11 点去一个电视录制棚，这个时间对澳大利亚人的时区来说很方便。简和我先去芬威球场看了波士顿红袜的比赛。愚蠢的是，为了在比赛结束后赶去美国广播电台，我是开车去的，更加愚蠢的是，我把车停在了其中一个标记着 "E–Z 出口" 的停车场，从这离开的时候，要多少车有多少车，堵得死死的。当时钟嘀嗒着走过十点半，克利夫兰印第安人和波士顿红袜陷入一场泰坦尼克式的挣扎。两个球队的候补队员鱼贯而入。1959 年我在芬威的露天座位上对我祖父发誓不会在最后一个人离开之前离开比赛，但我这次为参加一个喜剧演员主持的澳大利亚电视节目违背了诺言。我的车子挤在停车场里，进退不得，这时简用想象中的方向盘打着手势，缓慢地引导我避开其他车辆。然后我听到了尖利的金属弯曲声，我在一辆雪佛兰的保险杠上把我的瑞典萨布牌轿车的门撞出了坑，再也动不了了。在那个瞬间，我意识到做出工作比在电视上谈论它要好。

很多人都跟进了宇宙加速膨胀的发现，洪水般发表出大量关于暗能量的理论文章，这看起来很快就变成了物理学的前沿。[1] 宇宙主要由带有负压力的真空能量组成的想法，被天文观测所需要，但是在地基实验室中无法找到，意味着基础物理中的一个重要难题还没有被解决。大概这与还没有一个完整的 "万物理论" 有关，这个理论将引力和电磁力、弱核力和强核力统一在同一个量子力学框架下。虚粒子和它们的反粒子从真空中成对出现并湮灭彼此的效应是理论物理对电磁效应的主要预言。足够惊人的是，卡西米尔效应和兰姆偏移都是经过实验室检验的效应，说明这些疯狂的想法都有真实的影响，而且符合事实。真空是一个活跃的地方。

对于真空效应的引力等效，还没有地面实验和完善的理论，只有来自超新星的对加速膨胀宇宙的证据。但是有一些大胆的想法。我在理论物理研究所的工会兄弟们已经走到了弦理论的前沿，人们告诉我这个理论在一个庞大的 11 维空间中应用最佳。有些人期待也许在我们的三维空间、一维时间的膜上，宇宙学常数较小的数值可以由这种思考所解释。所以我看了些标题类似《一个标量张量膜世界模型的宇宙学》的文章摘要。除了有张伪"理论学家国际兄弟会"的会员卡之外，我的真实定位很像哈勃："我承认理论对我的理解能力来说太过深奥了。"天文学家现在也学习广义相对论了，所以哈勃的谦虚看起来过时了。某天我们也许必须要理解 11 维的 M 理论或者它的后续理论来理解宇宙学，尽管现在"权威地讨论这个话题的极少数有能力者"之间还存在争执。

不是只有我们想到了通过红移大于 1 的超新星来寻找暗物质的线索。"超新星宇宙学项目"仍然在很多方面领先我们几个月，他们已经找到了一颗，超新星 1998 eq。在超新星被汇报给国际天文联合会来获得它们的编号前的短暂时间里，每个小组使用它们自己的绰号来称呼候选者，有点像飓风命名的惯例。索尔·波尔马特是一个儒雅的学者、哈佛毕业生和小提琴家。他们小组决定用一个作曲家名单来命名他们观测到的极高红移候选体，这份名单开始于阿尔比诺尼。[2] 到目前为止，据称红移在 1.2 处的阿尔比诺尼的数据还没有被发表，但是在学术报告中他们说，在考虑了像年龄、尘埃这些最重要的误导性效应之后，它的数据点在期望线之下，这种偏离与来源于真正的宇宙学效应的解释基本相符。

1999 年期间，夏威夷大学的约翰·唐利领导了我们高红移团组对更高红移的冲击。约翰是一个富有创造性的天文学家，他完善了一个新方法，通过星系看起来有多模糊来推测它们的距离。他是个特立独行的家伙，也是第一等的程序员。约翰曾经开发出他自己的一套精巧的减天光软件，然后检查改进了高红移团组那一整套叠床架屋的工作流程。这些惊人的努力不仅保护我们免于在计算机程序中遗漏 π 或者负号，而且提高了我们在红移为 1 或者更远的地方找到超新星的能力。因为你需要在更高的红移寻找超新星，你不仅必须找到更暗的物体，而且必须看向更红的一端，因为那是非常遥远的超新星的光红移到的地方。然后你不得不处理更多闪耀在近红外的来自地球大气的天光，而且在这个波段 CCD 探测器通常不能像在可见光波段工作得那样好。

所以一切都在和你对着干：目标更加暗弱偏红；因为它们变得更红，你不得不在探测器效率较低的地方观测它们；然后你不得不和一个更加明亮的天空背景斗争，即使是在无月夜。但是做这些困难观测的奖励会是找到直接指正宇宙学常数的超新星。这看起来很值。

为了适应更高红移，我们改变了观测战术。因为高红移超新星会比我们以前寻找的那些更暗淡，我们延长了曝光时间。因为它们会位于更高的红移，我们将曝光时用的滤光片的颜色往红端移动到更远。因为天光问题，我们真的需要布赖恩·施密特和约翰·唐利编写的改进软件来执行星场相减。我们博采众家之长，通过把克里斯托夫·阿拉德的方案包含进我们的数据处理程序，改进了我们的图像相减算法。

在 1999 年 11 月 2 日和 3 日，我们小组使用加拿大 - 法兰西 - 夏威夷望远镜的 12,000 × 12,000 像素 CCD 阵列照相机，通过减除一个月之前拍摄的图像，发现了 20 颗超新星。校验图像拍摄于托洛洛山，使用 4 米布兰可望远镜。约翰·唐利和亚历克斯·菲利彭科在接下来 10 天中在凯克获得的光谱显示我们的候选者中的 12 个是 Ia 型超新星。其中两个被证明是特别有趣的目标，有着超过 1 的红移。为了和另一个小组形成一点对比，我们走了一条没文化的路线，用卡通人物而不是文化名人来命名我们的超新星。所以我们有洛基和布温克尔、鲍里斯和娜塔莎，还有镭射眼作为候选者。最有趣的是维尔玛和骑警杜德雷。尽管测量每个光谱进展艰难，它们看起来都在红移 1.05 到 1.2 之间。[239]

在 12 月我们继续跟踪这些超新星的光度下降来测量光变曲线的形状。在高红移，时间被宇宙膨胀所拉伸，就像光线的波长被拉伸的方式一样。这意味着在我们的一个月时间中，超新星只变老了两周。所以我们的 12 月份观测正是为了看看超新星在最大亮度之后的前两周在做些什么。因为我刚刚在 12 月的满月期间结婚，此时正在夏威夷度蜜月，所以我去了莫纳克亚山的山顶和我的博士生沙鲁巴·贾一起观测。我的夫人，简·劳德，通过在莫纳克亚山海滩宾馆画脚指甲来补偿她受到的精神伤害。

沙鲁巴已经掌握了在莫纳克亚山夏威夷大学 2.2 米望远镜观测的所有细节。在日落时分，这座山是一个极好的地方：一个没有植被的（如我们所希望）休眠火山地貌。信风的云朵在我们之下，而在我们上方的空气只有我夫人在海平面所呼吸的 60%。到了午夜，缺氧开始烦扰我。传说你不能在 13,796 英尺的山顶清醒思考。但是如果你不能保持头脑清醒，为什么我们应该相信你说的有关你怎么思考的事情？无论如何，我开始头疼，我的牙龈也开始发酸，我感觉有一点呼吸短促。但是沙鲁巴看起来仍然很机警，我们得到了极好的数据。这很有趣。如果你在举办一个秀，你需要挑选音乐，所以沙鲁巴正在他的 CD 播放器上播放史蒂芬·莱许创作的一首极简风格的作品。当有音符编织成精细的图案，我试着忘记我疼痛的牙龈，转而开始思考 Λ。我们正观测足够高红移的宇宙，来看向宇宙加速膨胀之前的时代，那是物质统治宇宙的时期。我能看到星系从大爆炸中涌现，形成于暗物质团块之中，整个膨胀因为暗物质的拖曳而减缓；之后宇宙学 240 常数稳步改变了平衡，驱使空间越来越快地向外，消散在红端，将我们独自留在黑暗之中，挣扎着呼吸。或者也许我只是急切地渴求着氧气。当我醒来的时候，曝光已经完成了，是时候移动到下一个目标了。

夏威夷大学通过让你在山顶观测来测试你的耐力，但是凯克天文台通过砸钱让观测者能在海平面远程工作，从而消灭了高原反应。因为无论如何你再也不需要亲手触碰望远镜了，在通过电脑控制仪器的时候，你不妨同时呼吸一些氧气。技术人员在山顶像照顾婴儿那样照顾着望远镜，观测者却在下面的怀梅阿，使用飞快的远程连接来控制仪器、获取数据。如果他们在山顶上，他们也会在一个控制室里面，使用同样的计算机，所以这样做没有失去什么，却在脑力和体力方面获得了很多。这给了你更多的机会来明智地选择下一步操作，考虑天气、图像的锐度有多高，还有你的目标列表。

有一个慢扫监控电视来让你看到望远镜操作员耐心地坐在一把椅子上，也让操作员看到你，火急火燎地尝试着足够快地校准最新的观测以决定下一步要做什么。这个交流是足够好的。你不会成为操作员韦恩的好朋友，只通过这种遥远的方式遇到他，但这是避免高原反应保持清醒的合理代价。

有时候会发生奇怪的事情 —— 有一个晚上，当我们正在拍超新星光谱的时候，在怀梅阿正下着夏威夷的瓢泼大雨。在山顶上面，韦恩的世界中，他们正在信风的湿气上方，观测条件非常好。当我们争论接下来观测哪个目标的时候，芭芭拉·沙佛，凯克望远镜操作员的组长，在办公室待到深夜返回家中的路上看向数据室。我们告诉她我们正在做什么 —— 跟踪红移为1的超新星。我们正在尝试决定是要做这些近乎不可能的目标中的另一个，还是做一些更容易的、我们确定会得到有用结果的事情。芭芭拉的脸显得很平静，把她的手掌放在一起，然后，用高地威斯康辛的切达干酪那样浓郁的鼻音吟诵着凯克[241]的偈子："时易行难。"然后她就回家照料她的猫去了。

对这个模式的逻辑学引申就是使用快速的网络连接，这样你就可以不必离开伯克利或者帕萨迪纳或者剑桥，不必非得在夏威夷观测了。你不会再穿着适合山顶的绒毛派克大衣和沉重的靴子到达科纳，引得只穿单薄衣服的游客和本地人发笑，或者睡过怀梅阿的完美一天；你会在你电话频响、学生们等在门外的办公室里，仅有的小憩机会是在全院教工大会上打盹，忙碌一天后还要坚守一个漫长的观测夜。而我们会称之为工作条件的进步。

有很多新的大型望远镜开始投入运行，包括两架分别在莫纳克亚山和智利的 8 米双子望远镜。为了确定双子天文台的科学目标，他们组织了一个关于"天体物理时间尺度"的会议并邀请我去讲话。这看起来是一个讨论 Λ 如何影响对从宇宙大爆炸以来过去的时间的估计，所以我同意了。但是到了计划旅行的时间，我意识到还有一个时间尺度我不能更改。我没有办法去夏威夷大学希洛分校再回来，而不错过任何一个在哈佛的本科生课程。他们没有要求我们教太多课，所以我尝试着每次都不缺勤。这样会好一些，并不仅仅因为逻辑：约翰做了大部分工作，看起来他应该去作报告。

尽管最后的分析还没有全部完成，而且约翰的会议报告还没有被评审，所以它还没有真正的期刊文章的分量，但是它已经显示了命运的手指正指向着哪一边。如果遥远的超新星更暗弱，这对 Λ 来说就是个坏消息。如果遥远的超新星变得比那更明亮一点，这就会是早期宇宙中减速膨胀的印记，一个很明显的信号，表明我们观测到的效应是宇宙学的，而不是早期的新闻和观点中所担心的"一种不同的超新星星族"的结果。约翰展示出来自昵称"骑警杜德雷"的超新星的数据，
242 它在 $z=1.2$ 处，它和它的高红移朋友们比期望的明亮了一点。在带 Λ 的宇宙学的情境中，我们的新数据支持一个正在加速膨胀的宇宙，但是它在遥远的过去是减速膨胀的，大约在 70 亿年之前。这个先制动、再加速的宇宙对暗能量来说是个好消息。

因为希洛的双子望远镜会议是一个关于宇宙时间尺度的会议，约翰也清楚地说明了 Λ 对于宇宙膨胀和宇宙年龄之间的联系意味着什么。如果你有一个 72 千米每秒每兆秒差距的哈勃常数，$1/H_0$ 就是

140 亿年。如果没有加速膨胀也没有减速膨胀，这会是自从宇宙大爆炸的真实流逝的时间。在一个 $\Omega_m = 1$ 的完全由暗物质主导的宇宙中，宇宙的减速膨胀意味着如今的膨胀率低于平均值，所以宇宙比它现在表现得要更加年轻，流逝的时间大约为 90 亿年。这与大约 120 亿年的恒星年龄相冲突，这是在超新星的观测证据发现之前提到 Λ 时的修辞学开场白之一。

在一个加速宇宙中，真实的年龄可以比表观的年龄要大，但是在一个制动后再加速的宇宙中，根据约翰·唐利展示的高红移数据所指出的，两种情况都可能发生。如果减速更加重要，宇宙会比 140 亿年要年轻；如果加速更加重要，宇宙会更老一些。

巧合的是，如果 $\Omega_m = 0.3$ 而且 $\Omega_\Lambda = 0.7$，这是对我们包含红移大于等于 1 的超新星数据的很好的解释，此时减速和加速恰好大致平衡，从宇宙大爆炸到现在流逝的时间恰好是 141±16 亿年，哈勃常数为 72。所以，在所有这些刻苦钻研之后，包括宇宙减速膨胀和随后的宇宙加速膨胀，看起来你用小学三年级的算术得出的答案就是宇宙年龄的正确答案。那个答案和宇宙中天体的年龄吻合得很好。到目前为止，都很好。[3]

但是如果红移 1.2 的结果不错，那么是不是看向更远的过去会更好呢？减速膨胀的效应会更大，捣蛋鬼星际尘埃的相反效应也会更大，那么它们之间的差别会是更加令人印象深刻的证据，表明我们正在观测基于宇宙膨胀历史的宇宙学效应，而不是由恒星年龄、化学成分或者吸收造成的假象。但是在约翰·唐利的领导下，我们已经非常接近在地面所能做到的极限了：我们在使用世界上最大的望远镜，在世界上最好的台址。下一步需要在地球大气之上来做。

尽管哈勃太空望远镜不适合广角搜索，它在深深地凝视一小块天空上是无可匹敌的。在 1995 年，鲍勃·威廉姆，巴尔的摩空间望远镜科学研究所（STScI）主任，促成了一个用哈勃太空望远镜盯着一小块本来空白而无趣的天空的项目。他广泛商议以确信这个"哈勃深场"得到了普遍的学界支持。我们只有一个哈勃空间望远镜，尽管主任负责设置科学项目，名义上可以做他认为最好的事情，但是实际上"主任的自由裁决权"时间是有限的，每年大部分空间望远镜的观测项目是由时间分配委员会的十分激烈的同行评议来决定的。

前主任里卡尔多·贾科尼，使用过他的自由裁决权来处理在观测季中突然出现的科学机会，或者改正由时间分配过程中的繁文缛节引起的不公平裁决。但是鲍勃·威廉姆想要将他的主任时间集中在一个单独的点，在科技允许的情况下挖掘最深的过去，我曾经认为这是个无聊的主意。

在一个膨胀的宇宙中，星系和天空的对比度会以 $(1+z)^4$ 的比例消减，所以一旦你超过了红移 1，你失去了一个 2^4 的因子，也就是 16，而且你在冒着几乎什么都看不到的风险。为什么投资这么多高价值的望远镜时间在这个很可能无效的努力上，却每年拒绝那么多好的（包括我的一些）观测申请？

幸运的是，鲍勃收到了很多意见，并不只有我的，然后他继续前进了。哈勃深场观测井喷式地产生了关于宇宙过去的信息 —— 特别是过去的星系中恒星形成的历史。遥远的星系不仅在夜空的映衬下可见（因为它们是大团的 —— 谁知道？），而且它们正好在凯克望远镜 [244] 对光谱的可观测范围之内，所以哈勃深场不只是一个迷人的截屏者，而且是一个看向红移为 1、2、3 和更远的宇宙中的恒星形成历史的强大窗口。

在 1996 年，太空望远镜科学研究所的罗恩·吉利兰，和托洛洛山的马克·菲利普，申请了望远镜时间重新观测哈勃深场。第二次观测可以让他们探测到在此期间改变了的东西 —— 让他们可以找到高红移的超新星。当马克描述他们打算做什么的时候，我表现冷淡。我在一个信封背面算了算，表明他们找到什么东西的机会不太高，甚至即使他们找到了什么，没有一个庞大的后续研究项目，他们也无法了解到很多东西。没有光变曲线，他们不能知道超新星是变亮还是变暗了。没有光谱，他们不能知道超新星类型或者星系红移。他们看向了一个错误的地方来寻找非常遥远的超新星的光线：一个超过红移 1.5 的超新星的辐射会平移到红外，波长超过 1 微米，在这个波段哈勃望远镜的 CCD 探测器对光线完全无动于衷。另一方面，尝试是没有坏处的，而且他们可能会很幸运。幸运的是，那一年我没在时间分配委员会中，他们得到了观测时间。

在重复观测的数据中，包括从 1997 年 12 月 23 日到 26 日的 18 次轨道曝光，罗恩·吉利兰所做的小心谨慎的减法显示，有个给罗恩的圣诞礼物，还有马克的一份。有两个确定无疑的点：超新星 1997 ff 和超新星 1997 fg。罗恩和马克；还有彼得·纽金特，给《天体物理学报》写了他们的发现。

一方面来说，我是对的。他们没有足够的信息来对这次探测做什么，这没有给展开的宇宙学故事添加什么。另一方面，他们是对的——他们展示了 HST 可以被用来发现非常暗弱的新目标。我们都非常非常幸运，比那时候的其他任何人所知道的还要幸运，因为超新星 1997 ff 就要被反复反复地用正确的方式观测，来给加速膨胀宇宙的故事添加细节。

245　　早在 1997 年，当宇航员开着航天飞机去哈勃望远镜时，他们带着两个新的仪器——一个叫作 STIS 的有很大改进的光谱仪，还有一个叫作 NICMOS 的红外照相机。尽管把空间望远镜放到近地轨道会让计划观测的过程非常令人头疼，这确实使得将新的仪器带到这个 20 世纪 70 年代设计的望远镜上成为可能。NICMOS 是一个小型红外阵列，像是 CCD 的东西，但是它的光线探测能力拓展到了红外的 2.5 微米，大约是可见光波长的 5 倍。红外辐射来自凉爽的地方，红外光不会像可见光那样被尘埃严重遮挡，所以 NICMOS 是一个探测凉爽尘埃覆盖的恒星出生之地的强大工具。

相比于太空望远镜的 CCD，NICMOS 阵列非常小——只有 65,000 个像素，相比于可见光照相机的 250 万像素。它覆盖的天空只有边长小于 1 角分的一小块，CCD 阵列可以覆盖 8 倍的面积，而且像素更高。但是它有着一个强大的新功能——由于对红外敏感，NICMOS 观测的是极遥远的星系和超新星最明亮的波段。从太空观测可以得到最锐利的图像，但是对红外观测更重要的是，太空中受到的天空辐射干扰更小。结果是，NICMOS 在测量遥远恒星和星系的红外线的工作上可以打败地面上的 10 米望远镜。

高红移星系中的普通恒星发射可见光，它们会被宇宙膨胀红移到红外波段。所以，看起来对 NICMOS 小组来说，跟随在可见光波段进行的哈勃深场的成功，使用 NICMOS 对一个小区域连续观测 100个轨道周期，来看看在红外波段什么东西会显示出来，这是个好主意。在 1997 年 12 月 26 日的一次测试曝光之后，NICMOS 小组在 1998年 1 月 19 日认真地开始了他们的观测。在没有人为干预的情况下，因为纯粹的幸运，超新星 1997 ff 出现在他们的小视场的角落里，就像国庆日全家大合影中出现了一只蜂鸟。

在科学中，就像在生活中那样，幸运是很好的事情！为了得到一 246个深场，NICMOS 小组一次又一次地回到相同的地方，缓慢地积累越来越多的数据，来打败噪声，使得暗弱星系能够被看到。在一个 32天的周期中，HST 积累了同一个地方的很多次曝光。而且几乎每一次都有一张超新星 1997 ff 的红外图像，构建了画出这个目标的美丽光变曲线的材料。但是没有人知道这一点。这些数据到了 STScl 数据库中，然后它们就像来自波尔多的好葡萄酒那样越酿越香。就在贝弗·奥凯把他的超新星光谱放在他的加州理工办公桌上的时候，这些数据出窖的时机终于成熟了。

去年，我作为 NASA 一个委员会的成员访问了空间望远镜科学研究所，那是向 NASA 提供关于如何运行的明智建议的无数个委员会之一。我们讨论了下一代空间望远镜。NASA 学会了如何将一个人放在月球上：通过使用备忘录。他们对于纸面工作功效的信仰已经扭曲为对横屏幻灯片报告的崇拜。为了逃避茶歇时暴雪一般的图表，我走下大厅去看我曾经的学生亚当·里斯。[4]

对于亚当来说，一切都进展顺利。在获得哈佛的博士学位之后，他成为了伯克利的米勒学者。他关于 Ia 型超新星的论文获得了授予近期最佳博士的特朗普勒奖。他和南希·舍恩多夫结婚了。他是我们关于宇宙加速膨胀的论文的第一作者。他现在在空间望远镜科学研究所有了一份真正终身职位的工作。他获得了哈佛的博克奖，授予我们天文学院做出优秀工作的低于 35 岁的博士生。亚历克斯·菲利彭科和我冒着被控告作伪证的风险，为亚当给美国天文学会的华纳奖写了热情洋溢的推荐信 —— 他也赢得了那个奖。他的照片被刊登在《时代周刊》上，给他妈妈带来了无尽的幸福。沃伦·N. J. 的《哨兵回声报》在头版头条安排了一则报道，《我市男儿在天体物理领域表现出色》。他买了一栋房子。现在，他有个真的很好的结果要展示给我。

"不要告诉任何人，"他告诉我，仔细地关闭他办公室的门，"我仍然在做这个工作。等一会儿你就会看到！"

247　我暗暗地发笑。亚当才是八卦的人，不是我。

当会议单调沉闷地进行时，在走廊里，亚当给我展示了讲述整个故事的图表和图像。根据这些年我给 NASA 的建议的质量，我在会议的缺席也许对学界是一种净收益。亚当彻底搜索了哈勃望远镜的数据库，挖掘出了 NICMOS 的超新星 1997ff 的数据。有一项规则是，你有一年的时间来私人使用你自己的数据，然后一切都会被公开。STScI 建立了一个优秀的数据库，并鼓励人们去探索它。NICMOS 小组的规定的限制时间已经用完了。任何人都可以做亚当在做的事情。也许有的人已经做了。

"不要告诉任何人。"
"继续做下去。"

有着哈勃深场本身作为"前期"图像，还有来自吉利兰和菲利普的在光学波段做出发现的数据，重复性的 NICMOS 观测给出了一个极好的数据样本。和 CCD 数据相比，超新星 1997 ff 在红外图像上是一个更大更丰满的点。亚当正在和一整组了解哈勃深场细节和 NICMOS 的有能力的人们一起工作，包括 NICMOS 组的组长，罗杰·汤普森。亚当正在将这些数据都放在一张超新星 1997 ff 的令人惊异的图像中。他们有极好的光变曲线。他们有颜色测量。他们有关于超新星爆发的星系性质的极好数据。它看起来像一个椭圆星系——这种类型只有 Ia 型超新星和很少的尘埃。观测也通过星系的颜色得到了它的红移。亚当展示了你可以独立地从超新星的颜色中得到对它红移的估计。这两种方法是吻合的。红移是大约 1.7。这是我们都曾梦想过要做的事情——我们没有做任何计划、填任何观测申请表就拿到了这些数据。

这样做的报酬就是这个来自遥远过去的超新星能够告诉我们，我们引进加速膨胀宇宙的推理是不是一个巨大的错误。亚当越来越慢地翻阅这些图像。他正在享受悬念。甚至他正在享受翻动这些图表。多少次我是那个修订他的论文草稿、并且有权在结果上签字、批准他的论文的人？这些不会再有了。学生变成了同事，而他正在享受这一点。

超新星是变暗了，表示我们被愚弄了；还是变亮了，指向了宇宙学常数 Λ？亚当保持最后一张表格正面朝下。

"如果这东西变暗了，亚当，你将不得不退回特朗普勒奖和博克奖。南希将不得不决定她自己要对你做什么。"

我在开玩笑，实际上我已经迫不及待想要看到他翻开那张最后王牌。

"看这个。"

超新星 1997 ff 在它的红移下变得额外明亮，正是在宇宙先减速后加速的情况下它应该有的样子。

"亚当，这真的很好。"
"我知道。"
"你真的非常非常幸运 —— NICMOS 的人们很容易就会选择其他的星场来观测。"
"我知道。"
"亚当，这真的很好也真的很重要。NASA 的出版机构会欣然接受它。但是不要相信所有你读到的内容。"

在 2001 年 6 月 25 日,《纽约时报》的麦克·勒莫尼克写了超新星 1997 ff 的故事,在地球上没有天灾人祸的一周中,他们把这个刊登到了封面:《宇宙将会如何终结》。因为他们已经有了亚当的档案照片,他们将它用在了一个亚当的妈妈更加喜欢的照片序列中。它展示了爱因斯坦、哈勃,然后兹威基、彭齐亚斯和威尔逊,然后是亚当·盖·里斯,宇宙的探索者们。我告诉亚当他们的顺序是重要程度的降序和喜爱程度的升序。

这个结果太重要了,不能依赖仅仅一个天体,但是超新星 1997 ff 指向一个真正的暗物质和暗能量混合组成的宇宙。哈勃望远镜的更进一步观测会揭示更多非常遥远的超新星,并且更加清晰地展示我们是否生活在一个先减速后加速的宇宙中。这会是查获 Λ 的案发现场。但是超新星 1997 ff 是一个可能令宇宙加速膨胀假说失败的测试 —— 而它并没有在测试中败下来。 ²⁴⁹

超新星是宇宙加速膨胀的唯一直接证据,但是就在 1998 年第一个超新星结果之后的不久,我们开始整合超新星数据和宇宙微波背景辐射的涟漪的观测,它可以确定宇宙的几何形状。马丁·怀特,在作为伯克利粒子天体物理中心的博士后时,以及此前当他在伊利诺伊工作时,还有晚些时候在他回到伯克利之前、作为哈佛的同事时,反复向我指出当实验测量了微波背景的斑点,它们就测量了宇宙的几何形状。你能够了解总的 Ω。当合并了超新星观测后,这些测量就会确定宇宙中包含多少暗能量和多少暗物质。

这些测量的作用机制是这样的:宇宙不透明的时代结束于大爆炸

后的大约 30 万年。所以产生于物质变化的温度变化的最大尺度应该是大约 30 万光年。这类似于你在一个浴缸里能造成的水波 —— 最长的水波是浴缸的尺寸。你可以在家里尝试一下。如果任何人抗议你造成的混乱，你就说你正在学习早期宇宙中声波的形成。我们在一个 140 亿光年的距离上观察这些涟漪。现在，已知大小的物体（30 万光年）在已知距离（140 亿光年）上覆盖的角度取决于宇宙的几何形状。爱因斯坦告诉我们物质和能量，总的 Ω，即 Ω_m 加上 Ω_Λ，决定了空间的曲率。如果宇宙的形状是球形（Ω 大于 1），CMB 的斑点就会覆盖更大的尺度，相对于宇宙是马鞍形（Ω 小于 1），或者像暴胀预测的那样是平直的（Ω 恰好等于 1）。

超新星数据给出了 $\Omega_m - \Omega_\Lambda$ 的值，微波背景给出了 $\Omega_m + \Omega_\Lambda$ 的值。即使一个理论宇宙学学位证书是修图软件伪造的人也能看出，这会使你同时测量出 Ω_m 和 Ω_Λ。如果你知道贝基和鲍勃的年龄之和是 79 岁，鲍勃的年龄减去贝基的是 26 岁，这足够告诉你每个人的年龄是多大。如果你有了超新星和背景辐射的测量，你就能了解有多少暗物质和多少暗能量构成了宇宙。

在 1998 年，微波背景波动的测量刚刚开始提供对总 Ω 的可信测量。回到 1992 年，COBE 卫星展示了有一些波动，但是 COBE 对天空的成像是模糊的，以边长为大约 7 度的小块取平均。这些测量中小尺度的斑点会被平滑到棕褐色的小块上。最近设计的气球和地基系统拥有看到 1 度或者更小尺度上的变化的敏锐度。

这些实验者精力充沛地工作来得到它们的测量，随后，下一个卫星微波各向异性探测器（MAP）的结果主导了这个领域。MAP 被特别设计来生成角分辨率精细的微波图像。但是就像任何其他卫星一样，在设计和发射之间，科技在不断进展。MAP 中的探测器在提出来的时候就是保守的设计，而这在开始测量的 7 年之前。敏捷的气球驾驶者、高地荒原的居住者，以及南极探险者们使用了更加先进的技术来探测微波信号。尽管他们的观测地不得不和更多来自地球大气的干扰斗争，但是如果他们非常聪明而且在某种程度上很幸运，相比于空间项目这只动作迟缓的大象，这些小老鼠有时候能够做得非常好。

在 1998 年，情况是令人困惑的，但是充满着希望。有很多测量指出微波背景在大约 1 度的角尺度下是粗糙的。但是一些测量与其他的不吻合，没有任何一组测量可以单靠自己就证实这个信号的存在。对于领域的外行，像我们团组，很难知道如何去使用这些信息。一些充满活力的工作者迎难而上，将他们自己设定为知识的经纪人，将多次实验的数据合并起来，从互相矛盾的证据中提取一些可信的东西。超新星数据和 CMB 数据是互相补充的。它们定义了两条线，互相垂直。X 标记出它们相交的地方，这就是宝藏埋藏的地方。Ω_m 和 Ω_Λ。我[251]们所谓的那种宝藏。

我的博士后，彼得·加纳维奇，急切地想要投入这场游戏。彼得是一个晚熟的人。他曾经是 MIT 的研究生，然后退学去空间望远镜科学研究所工作，最后去华盛顿大学攻读博士学位。他作为研究生只观测了一颗超新星，但是看起来是一个做博士后的不错人选。彼得比我期待的更加全才和勇敢。他用我们的第一次空间望远镜数据做出了很好的工作，但是在 1997 年秋天，我们还没有完全准备好声称这些数据需要加速膨胀。在 1998 年，我们有了加速膨胀的证据。彼得开始和哈佛研究生苏拉布·贾一起，研究这个难题。你需要计算对于 Ω_m 和 Ω_Λ 的每个可能取值，两种数据多好地彼此吻合。苏拉布画了一个图来展示你从单独的超新星数据能够了解什么，然后是你将它和 CMB 数据交叉观察可以得到什么。我震惊了。当你将微波背景数据和超新星数据合并之后，它们正中了可能性的靶心。这些线可以在任何地方交叉，但是它们交叉的地方正是 $\Omega_m = 0.3$ 和 $\Omega_\Lambda = 0.7$。我们找到了宝藏！这个工作在 1998 年 2 月发表在《天体物理学报通信》上面。[5]

Ω_Λ 的值本身不是一个强大的测试 —— 它大于 0 的事实正是超新星工作的独特贡献。但是 X 的结果是 $\Omega_m = 0.3$，是可以与 Ω_m 的独立测量相比较的，这是与超新星或者微波背景辐射完全无关的测量。在兹威基的指引下，对于宇宙中暗物质的测量有着丰富的文献。星系在星系团中的运动、引力透镜，以及 X 射线辐射都是由这些不可见物质的引力效应探测它们的方法。这些测量指出 $\Omega_m = 0.3 \pm 0.1$。当完全独立的证据线汇聚到一起，你就听到了真理的钟声。

在 1999 年初这个故事甚至变得更好。为了测量微波背景的波动，两个气球实验报告了它们的结果。"回旋镖"环航了南极洲并且在观测了 10 天之后返回了发射地；还有"千里马"，另一个气球实验，都展示了在角尺度为 1 度下的清楚信号。更好的是，这些新测量的精确度足够确定总的 Ω。它们展示了 $\Omega = 1.00 \pm 0.04$。因为 $\Omega = 1.0000000000 \cdots$ 是 Ω 被宇宙暴胀所驱使产生的有着精致精确度的值，在理论学家之中有些人感到非常高兴。暴胀也许不是大爆炸的唯一模型，也有一些在暴胀模型下的衍生模型不产生 $\Omega = 1$，但是这是一个测试：这个理论最纯粹的版本可能会失败，但它没有失败，它的几个作者有很好的理由感到高兴。

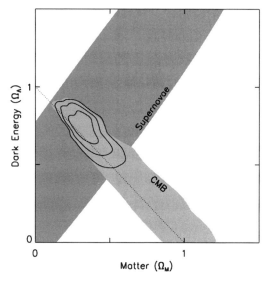

图 11.2　来自超新星和宇宙微波背景辐射波动的合并信息相交于 Ω_m 和 Ω_Λ 的值。版权归属于苏拉布·贾；哈佛 - 史密松天体物理中心。

　　当宇宙学的碎片快速地整合到一起，就像完成一个拼图时令人既愉快又暴躁的最后一分钟，麦克·特纳，宇宙学的拉拉队长，写了相关的文章。如果你在会议上作了很多报告，你也许最后会不止一次地使用类似的材料。但是仔细阅读这些报告的题目，可以感受到数据确信程度的提升。在 1998 年 3 月，麦克·特纳写了一篇叫作《宇宙学的问题解决了？或许吧》的文章。在 4 月，他再次使用了这些文字，但是标题更加简短——《宇宙学的问题解决了？》。在 1998 年 10 月，当麦克为他的报告起名时，他走出了下一步——《宇宙学的问题解决

了？非常可能》。我盼望着他未来的工作 ——《宇宙学的问题解决
了！》。将宇宙学常数从爱因斯坦的垃圾篓中拿出来看起来是超新星
数据所要求的。与宇宙微波背景测量合起来看，这些测量指向了大约
2/3 的暗能量和 1/3 的暗物质构成的宇宙。

254　　我猜我们应该为我们能够对宇宙有任何理解而感到骄傲，因为我
们微小的大脑、短暂的生命、有限的经历，但是关于这个图景有一些

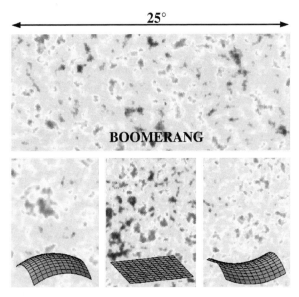

图 11.3　来自"回旋镖"气球实验的微波背景波动。测量生成了微波背景的变
化的图像。波动的角尺寸告诉我们宇宙的几何形状，这与 $\Omega_\Lambda + \Omega_m = 1$ 的平直宇宙拟
合最好。版权归属于"回旋镖"合作组。

深刻的令人心绪不宁的东西。我们也许，非常有可能地，已经考虑到
了这个疯狂的宇宙中所有的物质和能量，但是不幸的是，我们并不确
切知道我们在谈论什么。暗能量可能是宇宙学常数，但是它也可能是

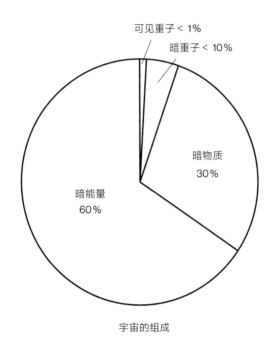

可见重子 < 1%

暗重子 < 10%

暗物质
30 %

暗能量
60 %

宇宙的组成

图 11.4　宇宙饼图。尽管我们可以为填好了这个图标而感到骄傲，但是宇宙中最大的一片能量密度是暗能量，这是我们所不理解的，次大的是暗物质，这也是我们所不理解的。还有很多工作要做。版权归属于彼得·加纳维奇，圣母大学。

任何其他有着负压力的东西。而且如果暴胀理论是正确的，那么这是宇宙第二次由暗能量主导 —— 曾经有一次在大爆炸之后的 10^{-35} 秒，现在是 10^{18} 秒。暗物质包括中子、质子和中微子，但是其中大部分肯定是另外一些东西，肯定不是由这些熟悉的粒子构成的，而且仍然未 ₂₅₅ 被定义。所以，当我们应该为填上这些空白而感到有些愉快的同时，我们是在用那些我们只能依稀抓住其性质的事物完成这一点。这应该是那些正在考虑进入这个领域的人的好消息 —— 这个领域还没有终结，它刚刚起步。

加纳维奇和贾领导了我们小组对了解暗能量性质的适度的初次尝试。宇宙学常数会产生加速膨胀。我们观测到了加速膨胀。这并不证明爱因斯坦想象的宇宙学常数是可靠的。如果还有些东西引起了加速膨胀呢？暗能量可能是其他一些东西吗？

根据爱因斯坦的方程，容易看出（记得我并不真的是一个正经的理论学家，但他们就是这么说的！）你可以从一个有着正能量和负压力的宇宙成分中得到加速膨胀。当宇宙学常数做这个的时候，它有一些令理论学家不快的其他性质。首先，测量值相比于理论估计太小了。他们计算出至少 10^{50}。我们测量得到 $\Omega_\Lambda = 0.7$。他们期待其非常大或者精确为 0。但是我们测量得到的不是很大也不为 0。

其次，我们测量的暗能量值 $\Omega_\Lambda = 0.7$，与暗物质值 $\Omega_\Lambda = 0.3$，不是非常不同。但是这在过去不成立，也在未来不成立，如果暗能量是宇宙学常数的话。在过去 Ω_m 要大一些，因为密度更高。我们从非常高红移的超新星，像超新星 1997 ff 中看到了这方面的证据，这个红移上的数据倾向于宇宙历史早期的减速膨胀，加速膨胀只持续了过去的 50 亿年。在未来，暗物质的能量密度会持续下降，而宇宙学常数保持不变，将会变成宇宙中总能量密度的更大一部分。换句话说，如果有个宇宙学常数，它保证了 Ω_Λ 会最终主导 Ω_m，因为物质的密度下降，但真空的能量密度不变。为什么我们居住在这个独特而有秩序的，两者基本一致的短暂瞬间？

256　　你可以说："好吧，它就是这样的。"但是大部分理论学家，非常正确地，对巧合十分怀疑。他们不喜欢把我们放在宇宙历史中的一个特殊时间的想法的气息。如果暗能量从某种程度上与暗物质相联系，他们会开心一点，这样就会有一个它们如此接近一致的原因。保罗·斯坦哈特，他指出我们也许需要 Λ，尽管早期劳伦斯伯克利实验室超新星结果指向另一种可能，他继续构想了一个 Λ 的替代品，他称之为"精质"（quintessence）。精质是一种随着时间演化的真空能量的形式，所以质量和能量密度的接近吻合不是一个巧合 —— 它只是你应该期望得到的东西。保罗也继续用他称之为火劫宇宙（Ekpyrotic universe）的模型，挑战着我们的想象力和拼写能力，它将暴胀替换为时间起初的碰撞的时空膜。宇宙学常数由爱因斯坦发明，而且它按照他的公式在广义相对论中完全不变。精质和其他形式的暗能量超越了广义相对论，走向了物理学的新领域。想到这个现象的根本起源，这十分令人激动，它只被穿越数十亿光年的天文学测量探测到过，与在能想象的最小尺度上理解宇宙的追求相联系。

有没有一种方法将对暗能量的讨论从测量的美学和修辞学上移开？有的。我们可以通过测量分辨一些可能性。关键的部分是压力依赖于密度的方式。我们称之为"状态方程"。对于像压缩气体喷枪中装的二氧化碳那样的普通气体，当你通过将更多二氧化碳塞进同样尺寸的圆柱体来增加密度的时候，压力会上升。对于宇宙学常数，当宇宙膨胀的时候，（负的）压力和能量密度不发生改变。对于其他的加速膨胀来源，例如精质，压力也许会随着宇宙膨胀而改变。如果它使得宇宙膨胀发生在一个不同的红移，这会在哈勃图中留下一个记号。加纳维奇从我们的早期数据中展示了一些形式的暗能量已经被排除，而宇宙学常数与观测完全吻合。但是如今的数据还非常概略。为了在 257 宇宙状态方程上做好研究，为了找出暗能量究竟是什么，我们需要在一个红移范围内进行更多更精确的超新星测量。

劳伦斯伯克利实验室小组开始着手于一项雄心勃勃的计划,他们要建造一颗专业的卫星,精巧地命名为 SNAP(Super Nova Acceleration Probe,超新星加速膨胀探测器),来发现并测量数千颗超新星。这颗卫星会安装一台大视场望远镜,聚焦在一个巨大的 CCD 阵列上,远大于任何曾被装在民用卫星上送到太空的东西。通过集中注意力于寻找和测量超新星,SNAP 时间分配组说他们能够确定暗能量的性质。这确实非常值得去做,我希望他们能做好。有一件事是确定的,他们要在未来的 10 年中开很多无聊的会议。我希望他们知道大厅尽头的某人正在做一个见效更快的项目。

但是我猜想同样也会有没那么复杂昂贵、更加快速的项目的一席之地。推动一个非常完美的项目不应该影响你去做一个足够好的项目。也许通过从地面上寻找和测量几百个超新星,我们就能从红移为 0.5 到 1 的地方来了解宇宙膨胀的细节。这是加速膨胀的效应看起来最大的区域,而且我们已经知道我们能够从地面上做这些测量,所以具体的观测可能可以确定暗能量的状态方程。像气球基实验者测量 CMB 所做的那样,我们也许能发现通过更加合理的方式来得到 SNAP 的主要结果是可能的。那是我们在未来几年中计划的一部分。也许晚些时候我们可以根据 SNAP 的发现来检查我们自己的结果。

当我坐在我的桌子前完成这个草稿的时候,一群宇航员已经乘坐航天飞机进行了去往哈勃太空望远镜的惊心动魄的旅程。他们训练有素地安装了一个有着更大视场的新照相机,它可以拍摄更锐利的图像。

新相机的上马对于用哈勃望远镜本身来搜索遥远超新星给出了一个[258]可行的选项，就像斯特灵·科尔盖特和古斯塔夫·塔曼在 23 年前所预言的那样。使用这台照相机，一个由亚当·里斯领导的小组希望能找到几个红移超过 1 的目标，就像超新星 1997 ff，来看看宇宙是否真的有停下来再走的性质，这标志着暗能量的效应在起作用。更好的是，这些灵巧的宇航员正好给了 NICMOS 一台新的制冷器，所以，如果一切进行顺利，我们会在红外波段测量这些非常遥远的超新星的光变曲线，宇宙学膨胀将它们的光线平移到了这里。接下来的几年应该会非常令人激动。

为了看到比我们用哈勃望远镜能观测到的还要更加深入宇宙过去的Ia 型超新星，我们需要一台有着哈勃望远镜的强大能力，但是设计在红外波段工作的望远镜。这个望远镜已经在开发中了。下一代空间望远镜会是一个巨大的、冷却的、空间基的望远镜，能够看到远至红移为 5 的Ia 型超新星（如果有的话）！到时候我们就会确信无疑地看到星系中恒星的年龄如何影响超新星的性质，我们将能够使用超新星来追溯宇宙的历史直到第一代恒星。为了这台望远镜，我愿意坐在会议中来帮助建造它。

如果这个故事是正确的，它的推论是什么呢？如果存在一个宇宙学常数引起了过去 50 亿年间的加速膨胀，然后宇宙会继续无限期地加速膨胀到未来。膨胀简直会是指数型的：宇宙变得越大，膨胀加速越多。宇宙会失控于莽撞的膨胀中。其中一个奇异的影响是我们如今可以观测到的星系在未来会被红移到超出我们的探测范围。随着时间的流逝我们会看到越来越少的宇宙，而不是宇宙的更多内容。宇宙会变成一个孤独、无聊、寒冷、黑暗的地方。这是一个现在来做这项工作的很好的原因。在几千亿年之后，也许我们就不再有能力去做。

无论如何，认为如今最接近可以理解宇宙的讲故事方式就是整个故事的全部真相，总是不够智慧的。流行的智慧是始终用同样权威的语调说话，有着同样程度的自信——只有内容是变化的。10 年前，一个由冷暗物质主导的宇宙被很多天体物理学家强烈推崇。这暗示了一个"正好"的宇宙，Ω_m 等于 1，会永远膨胀并且是减速膨胀。如今，我们（用天文馆展览叙述和纪录片中用的上帝一般的口吻）说，物质只是宇宙总能量密度的一部分，暗能量确定了宇宙膨胀的未来，宇宙会永远加速膨胀下去。因为新的证据可以在 10 年的时间尺度上改变我们的最佳理解，我们可能应该在预测未来 1000 亿年中发生的事情上更加小心谨慎。如果现在的加速膨胀是由多种暗能量引起的，它也许会在某个遥远的时间里发生改变，结束加速膨胀的时代。我们不应该太过自信地说没有更早的加速膨胀时代，只是没有显示在现在的数据中。宇宙比我们通常敢于想象的更加疯狂。尽管现在有一种感觉，随着我们揭开宇宙的秘密，所有的齿轮都转到了正确的位置，但是这并不是研究的结束，而只是开始。

我们画了一个奇怪的图景。宇宙中有着暗物质和暗能量，根据我们的日常经验，我们对两者都不熟悉，它们也不能被地球上的实验探测到。宇宙中的可见部分和组成我们身体和我们世界的美丽而精心制作的原子，并不是宇宙的主要材料和成分。我们已经从认为我们自己是造物的中心部分，通过一系列理解的宇宙级飞跃，变成将我们自己看作一次时空盛会的观测者和受益者，我们不能影响它，它却极大地影响了我们。我们不是由构成宇宙中大部分物质的那些粒子构成的，我们也仍然不知道怎样直接感受到决定宇宙命运的暗能量。如果哥白尼教会我们自己不在事物的中心，我们如今的宇宙图景则重复了这一点。

另一方面，我们不是由组成大部分宇宙的东西组成的，这个事实也许应该使得我们感到特殊。我们的起源是在宇宙中，由原子组成的我们是由通常形式的物质组成的，重子从恒星中形成。我们与暗物质或者暗能量并不相似，我们由更加全能的东西组成，它们有着更大的潜能，可以产生像人类生命这样复杂而不可预测的产物。

一年前，我参加了美国物理学会的一次会议 —— 这是美国最大的物理学协会。在讲台上是一群过去的总统科学顾问，一直可以回溯到杜鲁门政府。听着他们谈论科学在美国所扮演的角色，我变得恼怒、不耐烦而乖戾。他们正在谈论通过技术创新，科学对经济增长的价值 —— 科学就像一只金鹅。他们正在谈论科学对国家防卫的价值 —— 科学补充秘密的速度比他们泄露的更快。他们正在谈论科学对治愈疾病和增长人类寿命周期的作用 —— 科学就像不老药。

现在我假设每个人都想变得富有、安全、长生不老，或者至少每个国会议员是如此。所以我猜测这是一个总统科学顾问所提倡的合理的目标列表。但是宇宙学的目标并不是创造财富，提高守卫，或者治愈疾病。它的目标是提高我们的理解，平台上的所有人都没有谈论这个。

我们有着微小的大脑和短暂的生命，但是就像我尝试在这本书中展示的那样，我们开始给我们置身其中的宇宙建立一个合理的宇宙图景。通过合并来自古老光线的线索和对世界如何运作的来之不易的理解，我们开始看到宇宙历史的大图景。

这对人们重要吗？当然，对我们这些喜欢一起工作来找出问题答案的人来说，这是很重要的。但是这对其他人重要吗？我认为同样是的。人们是充满好奇心和想象力的。人们想要知道：我们从哪里来？要到哪里去？我们是什么时候到达这里的？宇宙学尝试着使用现代科技的最强工具和在实验室详细研究测试的最佳理念，来回答这些关于物理世界的问题。

宇宙学乐趣的一部分是它带我们走进了实验室物理学还没有碰触的领域。加速膨胀的宇宙是一个新的现象，没有在实验室中被发现，可能会打开一个物理学理解的新领域。它可能会引出一个对真空是什么，引力如何与其他力相联系，以及宇宙中的各种成分如何形成其密度的新理解。冒险、探索，以及发现比我们敢于想象得还要奇怪的真实的东西，这些元素使得天文学成为灵感的源泉。而且不仅仅是对专家而言。我们的最高理想不是完美的舒适。如果我们很富有、安全、长生不老，却很无聊，这不会是天堂。宇宙学发现滋养了我们理解这个世界是什么，和它如何运作的最深渴望。

注记

有用的参考资料   263

相关信息可见 http://cfa-www.harvard.edu/hco/astro/ people/ homepages/kirshner.html.

通过天体物理学数据系统可以很容易访问原始的天文学文献：http://adswww.harvard.edu/

Donald Goldsmith, The Runaway Universe, Perseus Books, Cambridge, MA, 2000. 一位经验丰富的科学作家对这个工作所作的充满活力的记录。

Tom Lucas, Runaway Universe, 一个长为 1 小时的超新星纪录片，可获得于 http://main.wgbh.org/wgbh/shop/wg 2713 .html

Mario Livio, The Accelerating Universe, Wiley, New York, 2000. 一个接近科学和这个工作的推论的有趣的审美学途径。

Ken Croswell, The Universe at Midnight, Free Press, New York, 2001. 一本极好的现代天体物理概览。

Lawrence Krauss, Quintessence, Basic Books, New York, 2000. 一本关于暗物质和暗能量的微观物理学的生动概述。

Alan H. Guth, The Inflationary Universe, Addison–Wesley, Reading, MA, 2000. 一本暴胀宇宙的一手记录。

Martin Rees, Our Cosmic Habitat, Princeton University Press, Princeton, N. J., 2001. 宇宙学专家之一的冒险刺激的想法。

Laurence Marschall, The Supernova Story, Princeton University Press, Princeton, NJ, 1994. 关于超新星 1987 A 和其他超新星的活泼可读的记录。

前言

[1] 事实上，航海书籍会强烈警告，反对根据灯光的表观亮度来判断它的距离。近海航行中错误的后果要比宇宙学中更加严重。

[2] 引用于 Abraham Pais 所作的爱因斯坦的伟大传记，*Subtle Is the Lord*, p. 288, Oxford University Press, Oxford, UK, 1982。

第 1 章

[1] 一个在海滨跋涉的人，他的眼睛高度为海平面以上 1.6 米（5 英尺 4 英寸），能看到地平线上大约 10 千米（6 英里）的距离。即使曲度是到达地平线的距离有限的主要原因，我们中的大部分人都没有居住在一个弯曲的行星上的常识感觉。这也许是因为在这个距离上雾霾是很重要的，它导致在 10 千米的距离上的物体有些时候可见有些时候不可见。如果地球远小于它现在的 6400 万米的半径，就像一个比较小的小行星，地平线会更近，我们也许会知道我们居住在弯曲表面上。

[2] 在 1801 年，当时 24 岁的高斯，使用了第一颗小行星，谷神星的早期不完整的观测，来预测当它消失在太阳的光芒中时，会从何处重新出现。他的预测基于牛顿引力论，是完全正确的，新的目标出现在 1801 年 12 月 31 日。预测谷神星轨道是高斯作为一名天文学家幸运的公众事业的开端。

[3] 1 英尺，0.3048 米，是一个在美国、利比西亚和缅甸使用的单位长度。在这本书中，当我说十亿或者十亿分之一，我的意思是 10^9 或者 $1/10^9$。

[4] J. R. Gott 的书 *Time Travel in Einstein's Universe*, Houghton Mifflin, New York, 2001，极好地、有趣地、严肃地讨论了时间机器。

[5] 光的速度为 2.997929×10^8 米每秒，一年是大约 3.155×10^7 秒。所以一光年是大约 9.46×10^{15} 米。

第 2 章

[1] 孔特被 Abraham Pais, p. 165 引用于 *Inward Bound*, Oxford University Press, Oxford, UK, 1988。

[2] 在缺乏光线的情况下包含的信息可以比喻为在夜间引起狗的警觉的事件。在故事《银火焰》中，巡视员格雷戈里问夏洛克·福尔摩斯：
"有什么关键点是你希望我能注意到的吗？"
"在夜间引起狗的警觉的事件。"
"狗在夜间不做任何事情。"
"那就是警觉事件。"夏洛克·福尔摩斯强调道。
夏洛克·福尔摩斯提供发现现代物理的模板的概念由 *The Einstein Paradox* by Colin Bruce, Perseus Books, Reading, MA, 1997 探索到了最外延的极限。

[3] *Measuring Eternity* by Martin Gorst, Broadway Books, New York, 2001 给出了一个对于了解宇宙年龄的圣经方法和物理方法的详细记录。相对于恒星的年龄和发现宇宙加速膨胀的事实，在主教阿瑟和开尔文勋爵的话题上，戈斯特要擅长得多。

[4] 弗雷德·霍伊尔写了 Frontiers of Astronomy，我记得它读起来像任何夏洛克·福尔摩斯故事那样生动。弗雷德去世于 2001 年。
霍伊尔的自传 *Home Is Where the Wind Blows* (University Science Books, Mill Valley, CA, 1994) 讲述了他对天体物理的兴趣是如何在二战期间的一次去帕萨迪纳市的未被授权的访问中，遇到沃尔特·巴德而被激发的，当时沃尔特·巴德正作为一个外国敌人被限制在帕萨迪纳和威尔逊山。巴德对超新星造成的物理学问题的生动解释将霍伊尔带入了这个领域。

[5] 引力波现象和探测它们的常识被描述于 Marcia Bartusiak 所作的活泼书籍 *Einstein's Unfinished Symphony*, Joseph Henry Press, Washington, D.C., 2000。

[6] 论文《Ia 型超新星中 $^{56}Ni \rightarrow ^{56}Co \rightarrow ^{56}Fe$ 衰变的证据》("Evidence

for ^{56}Ni → ^{56}Co → ^{56}Fe Decay in Type la Supernovae"）发表于《天体物理学报通信》426，L 89（1994）。它的结论是"这是一个对 la 型超新星的 ^{56}Ni 衰变模型的简单直接、令人满意（如果不是牢不可破）的演示"。

[7]　第谷的描述被引用于 The Historical Supernovae, David H. Clark and F. Richard Stephenson, p. 174, Pergamon Press, Oxford, U.K., 1977。

第3章

[1]　这是由达尔文的强硬对手，开尔文勋爵的名字命名的温度单位：它们的原点是绝对零度（-273 摄氏度，-460 华氏度），分度值与摄氏温度相同。水沸腾于 +373 开尔文。

[2]　W. 巴德和 F. 兹威基，Proceedings of the National Academy of Sciences (U.S.A.), 20, 254 (1934).

[3]　I 型超新星的额外变化在第八章有详尽论述。兹威基和巴德的原有 I 型现在成为 la 型。

[4]　超新星按照报告给国际天文联合会的天文电报中央局（现在以邮件为主）的顺序，被加上字母顺序的标签。所以 1987 年的第一颗超新星是 SN 1987 A，第二颗是 SN 1987 B。当我们接近字母表的末尾时，就变为两个字母的名称：aa, ab, ac, …… 在 2001 年，当我写下这些的时候，这一年的最后一颗超新星是 2001it，这意味着一共有 254 颗被发现了。（那是 26 个字母标记的，加上 8 组每组 26 个超新星都从"aa"到"hz"，再加上另外 20 个从"ia"到超新星 2001it。）

[5]　我的文章《超新星——恒星的死亡》（"Supernova — Death of a Star"）发表于 National Geographic 173, 618 (1988)，是一篇有着 Roger Ressmeyer 的摄影作品的对超新星 1987 A 观测的

带有丰富插图的报告。但是如果你想要对我错误地考虑桑度列克－69202 的逢场作戏进行幸灾乐祸，这被 Robin Bates 生动地编年记录在他的新星纪录片《恒星死亡》（"Death of a Star."）中。这个视频可获得于波士顿的 WGBH，网址为 http://main.wgbh.org/wgbh/shop/wg 1411.html

一部极好的大众水平的关于超新星、特别是超新星 1987 A 的 266 纪录片，是 Lawrence Marschall 的《超新星的故事》（"The Supernova Story"），Princeton University Press, Princeton, NJ. 1994。

[6] 《超新星 1987 A 中的亚毫秒光学脉冲星》（"Submillisecond optical pulsar in supernova 1987 A"），Kristian, Pennypacker, Middleditch, Hamuy, Imamura, Kunkel, Lucino, Morris, Muller, Perlmutter, Rawlings, Sasseen, Shelton, Steinman-Cameron, & Tuohy, *Nature* 338, 234 (1989)。

[7] John Middleditch 于 New Astronomy 5, 243 (2000) 发表了一篇对超新星 1987 A 中脉冲辐射的进一步分析。证明的标准应该是第二次要高。目前为止没有对这个工作的独立确认，所以保留判断看起来比较谨慎。

第 4 章

[1] 这个直接引语来自 Abraham Pais, *Subtle Is the Lord*, p. 257, Oxford University Press, Oxford, U.K. 1982。

[2] 一个角秒是一个角：1/3600 角度。这远低于人类视觉锐度的阈值，后者接近于 60 角秒（1 角分）。一颗罂粟种子有 1 毫米直径，它在 200 米的距离处覆盖 1 角秒。

[3] Pais, *Subtle Is the Lord*, p. 253.

[4] 引用于对爱丁顿的一生的动人概述，钱德拉塞卡所作的，Eddington:

The Most Distinguished Astrophysicist of His Time, Cambridge University Press, Cambridge, UK, 1983。

[5] 这个有名的故事被简短叙述于 Pais 中（304-312），更加详细的叙述在钱德拉塞卡的小书中，第三次被提及是在 Amir C. Aczel 的《上帝方程》（God's Equation, Delta Books, New York, 1999）中，这本书特别提及了 1914 年 Freundlich 的克里米亚远征，当时他试图去测量这一偏折但被一战爆发所打断。

[6] 爱因斯坦最初将他的宇宙学观点发表在 Prussian Academy of Sciences Session Reports, p.142（1917）。

第 5 章

[1] 当我写信给分区听证处，说明在我们天文台规划一个大型房地产计划的负面影响，一个图森的开发者威胁我要罚款 900,000,000 美元。我们的很多超新星数据都获取于霍普金斯山的惠普尔天文台。幸运的是，我对 10 的幂的理解非常透彻，即使不得不付这么多钱也毫无恐惧。90,000 美元或者 90,000 美元会更吓人一些。街区的改造计划最终没有被允许。

264

[2] A.S. 爱丁顿，The Mathematical Theory of Relativity, p. 162, Chelsea, New York, 1975.

[3] H. S. Leavitt in Annals of the Harvard College Observatory 60, 97-108（1908）.

[4] 一个对柯蒂斯和沙普利的讨论的有趣的现代记录，由 Virginia Trimble in Publications of the Astronomical Society of the Pacific 107, 1133（1995）给出。

[5] E. P. 哈勃，《天体物理学报》，69, 103（1929）.

［6］ 尽管哈勃常数的单位非常混杂，但是它们在这个学科中是非常合适的。红移可以被表示为以千米每秒为单位的速度，距离单位是秒差距（1 秒差距 = 3.262 光年 = 3.086×10^{16} 米），或者兆秒差距（百万秒差距）。秒差距是个很好的单位，因为到附近恒星的距离是几个秒差距，兆秒差距也是个很好的单位，因为到附近星系的距离是几个兆秒差距。一个相似但是不标准的，在特定情境中很实用的单位是斯穆特，在 MIT 被使用。一个斯穆特是奥利弗·R. 斯穆特在 1962 年的身高：5 英尺 7 英寸。MIT 的学生不得不在马萨诸塞州寒冷的夜晚走过哈佛大桥，它的长度为 364.4 斯穆特加一个耳朵。

［7］ 牧夫巨洞被报告于《天体物理学通信》，248，L 47 (1981)，by R. P. Kirshner, A. Oemler, P. Schechter, and S. A. Shectman。

［8］ 这个测量开拓了电子照相机的大尺度用途，即扫描小块天空来选择星系，以及纤维光学的用途，即同时获得许多星系的光谱。拉斯坎帕纳斯红移测量被描述于 S. A. Shectman, S. D. Landy, A. Oemler, D. L. Tucker, H. Lin, R. P. Kirshner, and Paul L. Schechter,《天体物理学报》，470，172 (1996)。

［9］ George Gamow, *My World Line*, Viking Press, New York, 1970. 盖莫是一个拥有伟大创造性和童趣的人，但是也许不是这个世界上最可靠的叙述者。尽管如此，这个引用仍然好到让人无法抗拒。

［10］ A. S. 爱丁顿，*The Expanding Universe*, Cambridge University Press, Cambridge, UK, 1987. 根据威廉·麦克雷在引言中所说的，这本书是"一个令人疯狂的产品"，宇宙学常数是它的主要内容。"读者永远无法确定他什么时候受邀跟随一个严肃的论据，或者什么时候 —— 如此微妙地 —— 被骗了！"

［11］ 爱丁顿，The Expanding Universe, p. 102.

［12］ 克利福德·威尔的出色的书 *Was Einstein Right*? Basic Books, New 268

York, 1993 中，有为大众读者准备的广义相对论及其证据的详细比较。

[13] 爱因斯坦和德西特 , Proceedings of the National Academy of Sciences 18 , 213 (1932).

[14] 上文引用的钱德拉塞卡关于爱丁顿的书讲述了这个奇妙的逸闻，这看起来太过恰好均衡，不像是爱因斯坦、德西特和 Λ 的全部故事。

[15] 临界密度由 $3H_o^2/8\pi G$ 给出，这里 G 是牛顿的引力常数。对于 $H_o = 70$ 千米每秒每兆秒差距，这个值是 1×10^{-26} 千克每立方米 —— 一个非常低的密度，真的！然后 Ω 是真实密度除以临界密度，所以当观测密度等于临界密度的时候，它精确为 1。

[16] A. R. 桑德奇 , " The Ability of the 200 -Inch Telescope to Discriminate Between Selected World Models, "《天体物理学报》133 , 355 (1961).

[17] 一个只由两个数描述的宇宙太简单了。对于一个包含了来自大爆炸的波动，以及它们在宇宙结构的增长方面的效应的现代视角，见 *Just Six Numbers* by Martin Rees (Basic Books, New York, 2000)。

[18] 作为最近对桑德奇的科学描述，Dennis Overbye 的 *Lonely Hearts of the Cosmos* 已经足够了。确保你买的是 1999 年的平装版（小开本，棕色的，波士顿出版），在宇宙加速膨胀方面有着精确观测的编后记。

第 6 章

[1] Martin Gorst, *Measuring Eternity*, Broadway Books, New York 2001.

[2] 为了计算哈勃时间，我们需要将所有的量统一单位。$t_0 = 1/H_0$,

但是 H_0 的单位是千米每秒每兆秒差距。

因为 1 千米 $= 10^3$ 米，1 兆秒差距 $= 3.08 \times 10^{22}$ 米，所以哈勃常数为 70 千米每秒每兆秒差距 $= 70 \times 10^3$ 米 / 千米 × 1/(3×10^{22}) 米 / 兆秒差距 $= 2.27 \times 10^{-18}$ 秒 $^{-1}$。

严格地说，这是表达哈勃常数的正确方式。这意味着宇宙每秒延伸出的尺度为它自身尺度的 2.27×10^{-18}。一旦这些单位的问题被解决，哈勃时间的计算就变得简单了：$t_0 = 1/(2.27 \times 10^{-18}$ 秒 $^{-1}) = 4.40 \times 10^{17}$ 秒。所以这就是宇宙的年龄，基于现有的膨胀率。因为一年有 3.16×10^7 秒，这可以被表达为 3.16×10^7 秒/年 $= 13.9 \times 10^9$ 年。140 亿已经足够接近了。因为我们不是完全确定这是哈勃常量的最终值，对于一些 H_0 的其他数值，你可以 [269] 得到 $t_0 = 139$ 亿年 × (70 千米 / 秒 / 兆秒差距 $/H_0$)。如果膨胀率不发生改变，这个"哈勃时间"将是宇宙的年龄。来自暗物质的引力作用减缓膨胀，而暗能量加速它。

[3] 传说有个记者采访了爱丁顿，问道，是否这个世界上真的只有三个人能够理解相对论。爱丁顿没有回答。

"说吧，说吧，先生，不要谦虚。"

"我只是在试图思考第三个人会是谁。"

[4] A. S. Sharov and I. D. Novikov, *Edwin Hubble, the Discoverer of the Big Bang Universe* p. 67, Cambridge University Press, Cambridge, UK, 1993.

[5] A. S. 爱丁顿, The Expanding Universe, p. 65.

[6] 令人惊讶的是，汉斯·贝蒂仍然在天体物理学领域做出贡献：他曾经有效率地工作于超新星爆炸的机制，并在 2001 年就这个主题发表了一篇论文。

[7] 1999 年，英语单位和米制单位的混淆导致了气候轨道飞行器在火星大气中烧毁。

[8] 我的同事约翰·赫克拉编写的一个搞笑的表格展示了哈勃常数从 1929 年到现在的引用数值：http://cfa-www.harvard.edu/~huchra 。

[9] N. Panagia, R. Gilmozzi, F. Macchetto, H.-M. Adorf, and R. P. Kirsh-ner, "Properties of the SN 1987 A Circumstellar Ring and the Distance to the Large Magellanic Cloud,"《天体物理学报通信》380, L 23 (1991).

[10] R. G. Eastman, and R. P. Kirshner, "Model Atmospheres for SN 1987 A and the Distance to the Large Magellanic Cloud,"《天体物理学报》347, 771 (1989).

第 7 章

[1] 天文学家对电子被炽热恒星附近的紫外光子从氢原子中撕掉，然后在原子重新组装的时候辐射可见光的过程，是非常熟悉的。在本行业中，这被称为 "复合"。从复合氢原子发出的光线使得恒星形成区的气体云发光。这没什么逻辑，但是我们也称在大爆炸冷却的余波中第一次形成氢原子的时期为 "复合时期"。这没有逻辑是因为在第一次的时候，它不是 "复" 合。但是我们就是如此称呼它。称它为合成时期会是非常文雅的，但是我们小心的演讲就会是有污点的。

[2] 在不久之前，当我们在慕尼黑的时候，简和我漫步在德意志博物馆延绵不断的走廊中 —— 这是一个关于科学和技术的巨大而透彻的博物馆。这里有齐博林部分和全尺寸轮船，一个电火花噼啪的范德格拉夫发电机，还有关于电磁学的教学展览，这要花费一年来消化。但是在楼上的天文大厅，我震惊地看到了彭齐亚斯和威尔逊使用过的原版接收机。在这里，在它的图表记录仪上，曾经是热大爆炸的真实特征。它在慕尼黑做什么？彭齐亚斯，于 1933 年生于慕尼黑，于 1940 年和他的家庭一起搬家到美国。我猜想他对德意志博物馆有着很好的回忆。也许这就是他了解电磁学的地方！

270

【3】 这不是完整的故事。银河系穿过微波背景的运动确实造成了一个
大约 2％ 的纵向效应。一旦这个简单的运动被移除了，小尺度的
粗糙就是 100，000 分之 1 的量级。

【4】 Guth 保持着写日记的习惯，它在芝加哥的阿德勒天文馆的一
个展览上被打开到这一页。所有这些都详细叙述于他的书 The
Inflationary Universe, Helix Books, Reading, MA, 1997。

【5】 有许多版本的暴胀可以造成 Ω 不精确为 1 的宇宙。其中一部分被
描述于 Richard Gott 的极好的书 Time Travel in Einstein's Universe,
Houghton Mifflin, Boston, 2001 的第四章中。

【6】 一手记录见 George Smoot and Keay Davidson 的 Wrinkles in Time,
Avon Books, New York, 1993, 以及 The Very First Light by John Mather
and John Boslough, New York, Basic Books, 1996。

【7】 地狱的温度被但丁和其他人记录为硫黄融化的温度。这是 718 开
尔文。所以我们在谈论宇宙比地狱热 6 千万倍的时刻。

【8】 这个话题被史蒂文·温伯格的经典著作 The First Three Minutes,
Basic Books, New York, 1993 优雅地讨论了。

【9】 生日气球中的氦并不是确切地直接来自于大爆炸。它来自形成于
恒星中的更加复杂的元素在地球上的放射性衰变。世界上最大的
氦能源是得克萨斯州阿马里洛附近的天然气田。在氦的纪念碑，
氦对与其他原子的化合反应的惰性由一块放在充满氦的容器中
的苹果派来展示。它看起来像刚被烤箱的红外光子烘焙出来的那
天一样新鲜。它有 33 岁了。(www.dhdc.org/heliummonument.htm)

【10】 兹威基的初始工作被发表于 Helvetica Physica Acta 6, 110 (1933)。
他的书 Morphological Astronomy, Springer Verlag, Berlin, 1957, 包括
了一个更长的英语版本。一个 Sidney van den Bergh 的近期综述，
发表于《太平洋天文学会会刊》111, 657 (1999)，是非常有趣的。

271 **第 8 章**

〔**1**〕 R. Minkowski,《天体物理学报》89，156（1939）.

〔**2**〕 R.Minkowski,《太平洋天文学会会刊》52，206（1940）.

〔**3**〕 细节由 Robert N. Turner 友好地提供，他是位于新墨西哥州阿尔马格尔多的新墨西哥博物馆空间历史的助理馆长。

〔**4**〕 R. P. Kirshner, and J. Kwan,《天体物理学报》193，27（1974）.

第 9 章

〔**1**〕 行星状星云和星系没有一点关系。元素周期表氦以上的元素都称为"金属"。恒星的视亮度由递减结构的"星等"来测量，它有着（100）$^{1/5}$ 的标准间隔。还有很多历史碎片迷惑局外人的其他例子。

〔**2**〕 S. A. Colgate,《天体物理学报》232，404（1979）和 G. A. Tammann, IAU Symposium #101, *Scientific Uses of the Space Telescope.*

〔**3**〕 如果在可观测宇宙中有像 10^{10} 那么多星系，那么因为一个世纪是 3×10^9 秒，一个超新星每世纪每星系意味着宇宙中每秒有 3 个超新星。难题不是超新星的短缺，而是我们不能在每个方向都看得足够远。

〔**4**〕 标题为"Explosive Assault on Ω"的"News & Views"文章发表于《自然》339，512（1989）。

〔**5**〕 Muller 关于彗星坠毁、爆炸的恒星和热大爆炸的工作被描述于他与 Philip M. Dauber 写的传记体著作, *The Three Big Bangs*, Helix Books, Reading, MA, 1996。

〔**6**〕 这个科学探测故事被生动地描述于 *T-rex and the Crater of Doom* by Walter Alverez, Princeton University Press, Princeton, NJ, 1997。

[7] 这出现于 John Noble Wilford 在 1998 年 4 月在《纽约时报》的长文章，引用于 Wilford 的书 *Cosmic Dispatches*, p. 248, W.W. Norton, New York, 2001。

[8] 这个过程的打印版本发表于 Neil Turok（编辑），*Critical Dialogs in Cosmology*, World Scientific Publishing, Singapore, 1997。它不包括这些讨论，尽管有一篇 Fukugita 写的文章探索了反对宇宙学常数的超新星例子。说来古怪，高红移超新星团组的两个成员都在新泽西的东不伦瑞克上高中：沙鲁巴·贾和大卫·里斯。亚当·里斯成长于新泽西的沃伦。约翰·唐利去了普林斯顿。我自己出生于朗布兰奇。这是因为水还是微波背景？

第 10 章

[1] S. Perlmutter et al.《天体物理学报》483, 565 (1997).   272

[2] 亚历克斯·菲利彭科为《太平洋天文学会会刊》113, 1441 (2001)，写了这一章的这个事件的活泼的第一手记录。

[3] 在智利，这是"不"的礼貌形式。

[4] 显示于超新星光变曲线拉伸的宇宙学时钟减慢由威尔逊山的职员奥林·威尔逊在 1939 年提出，作为宇宙学红移真的是由膨胀造成，而不是由于兹威基在 1929 年提出的"光子能量的逐渐消散""疲劳光子"假设的证据 (O. C. Wilson,《天体物理学报》90, 634 (1939)。伯特·拉斯特在他 1974 年的博士论文中探寻了这个效应，但是数据并不足够。在 SN 1995 K 中时间膨胀的证据被布鲁诺·雷奔德古特和高红移团组发表在《天体物理学报通信》466, L 21 (1996)。革尔雄·戈德哈贝尔和他的同事在热核超新星会议的一个会议报告中发表了相似的结论，编辑者是 Pilar Ruiz-Lapuente 和 J. Isern, Kluwer, Dordrecht, The Netherlands, 1997, p. 777. 一个戈德哈贝尔所作的更加透彻的分析在《天体物理学报》555, 359 (2001)。

[5]　在 1997 年 10 月 14 日，这个工作被提交给了《天体物理学报通信》，发表于 1998 年 2 月 1 日，作为 P. M. Garnavich, et al.,《天体物理学报通信》493，L 53 (1998)。

[6]　就像这些文字，这次报告仍然可获得于理论物理研究所的网站上：*http://online.itp.ucsb.edu/online/plecture/kirshner/*

[7]　事实上，肖恩·卡罗尔曾经如此聪明和有趣，他在 3000 斯穆特远的 MIT 得到了关于他的论文的大部分建议！关于宇宙学常数的文章发表于《天文学和天体物理学年评》30，499 (1992)。肖恩在芝加哥大学的学院中。

[8]　Λ 和 Ω_Λ 的单位由 $\Omega_\Lambda = \Lambda c^2 / 3 H_o^2$ 相关联。

[9]　在 ITP，办公室在我这条走廊深处的人之一是托尼·兹，我最喜欢的关于引力的科普书，*An Old Man's Toy*, Collier Books, New York, 1989 的作者。如他所说，"矛盾太大了，以至于不需要难为情就能将 { 物理学家 } 从钩上解下来"。

[10]　对这次事件有很多记录。Dennis Overbye 的 *Lonely Hearts of the Cosmos* 的"编后记"，如上文所引用，非常精确地描述了这些事件。类似地，Ted Anton 的 *Bold Science*, W. H. Freeman, New York, 2000，包含了一个对索尔·波尔马特小组的仔细观察介绍。它描述了他的小组对于没有在 1998 年 1 月对宇宙加速膨胀的证据更加确定的悔恨。Jim Glanz 的文章发表于《自然》279，651 (1998)，那是他那一年写过的许多文章之一。

[11]　第三届暗物质源及探测国际学术报告会的会议报告发表为 A. V. 菲利彭科和 A. G. 里斯，"高红移超新星搜寻小组的结果"，*Physics Reports* 307，31–44 (1998)。

273

[12]　戈尔达贝被引用于 *Cosmic Dispatches*, p. 247。

[13]   The Hoflich, Wheeler, and Thielemann 的文章发表在《天体物理学报》495, 617 (1998).

[14]   Alison Coil's 和高红移团组合作的文章"红移 $z=0.46$ 和 $z=1.2$ 的 Ia 型超新星的光学光谱"发表于《天体物理学报》544, 111 (2000)。

第 11 章

[1]   上次我看的时候,物理和天体物理文献中,《天文学报》上对高红移团组 Riess et al. 1998 文章的引用量为 762。一篇天文文章的典型引用量在 20 左右,通常都是相同作者的后续文章所引用的!这些文章和预印本可获得于洛斯阿拉莫斯的预印本服务器: *http://xxx.lanl.gov/archive/astro-ph*

[2]   托马索·乔万尼尼·阿尔比诺尼 (1671 — 1751) 生于威尼斯,写了 48 首歌剧 (大部分都遗失了),他是第一个为小提琴独奏写协奏曲的人之一。我不得不查找了这个。我对骑警杜德雷比较熟悉,源自我挥霍童年所看的《洛基和布温克尔》。

[3]   约翰的会议记录可获得于洛斯阿拉莫斯的预印本服务器: *http://xxx.lanl.gov/abs/astro-ph/* 0105413

[4]   发明古抄本 (包边装订书籍) 的文化没有回到卷轴的。现在的幻灯片报告就像卷轴上的东西,有一个固定的顺序,很难浏览。但是我离题了。

[5]   P. 加纳维奇,以及高红移团组,"由高红移超新星的哈勃空间望远镜观测限制的宇宙学模型",《天体物理学报通信》493, L 53 (1998)。

致谢

    揭示一个加速膨胀的宇宙需要很多人，我非常感谢我所有的高红移组成员允许我分享这次冒险经历。我发现完成一本书也需要相当多的人，我很感激我获得的帮助。首先，我必须感谢我的妻子，简·劳德，因为她的鼓励、恰当的建议以及尖锐的编辑之笔。她被证明是一名机敏的网络搜索者 —— 能将她的手指迅速地放在需要的事实上。杰克·瑞切克，之前在普林斯顿大学出版社，现在在诺顿，让我将这本书继续下去。乔·维斯诺夫斯基，之前在诺顿，现在在普林斯顿，让我得以完成。若不是积累了对我的父母 —— 迪克和维吉尼亚·科施娜 —— 的巨额债务，我不可能开始这本书，或者其它任何一本书。他们，在所有其它的事情中，让我建造了特斯拉线圈和示波器，很显然不害怕我马上就被电死。我的姐妹，萨拉·科施娜，通过专业地阅读早期的草稿和帮助我删减无用的内容，就像拖走垃圾，露出里面的文稿，这更加直接地帮助了我。我的女儿，瑞贝卡·兰德·科施娜，用一根棍子正中了打开的剧本的中心，将它变形为一场夏威夷的梦境。马修·科施娜的画作是无价的。

    我最近做了这项工作的毕业生，克里斯·史密斯、布赖恩·施密特、亚当·里斯和沙鲁巴·贾，他们是令人愉快的。还有我的博士后，布鲁诺·雷奔德古特、彼得·加纳维奇和汤姆·马西森，他们是非常出色的。彼得·查利斯给这个项目带来了不间断的喝彩和能量，而且对于准备这本书的图片特别有帮助。国家自然基金委对哈佛 - 史密松天体物理中心的超新星研究提供了稳定的支持，我们也通过太空望远镜科学研究所得到了 NASA 的慷慨支持。

我的高红移小组组员宽容而有帮助地将这份草稿严格地整理成形。尽管他们帮助我去掉了很多错误，但是剩下的错误都是我自己的。艾利克斯·菲利彭科用一架显微镜阅读了这份草稿，亚当·里斯找到了他的旧邮件，布赖恩·施密特帮助我整理了记忆，布鲁诺·雷奔德古特揭示了质能等效，沙鲁巴·贾帮助我弄对了大尺度结构。我们在智利的高红移同事，包括尼克·辛策夫、马里奥·海姆和马克·菲利普斯，对超新星研究这项工作做出了主要贡献。我也试着讲述他们的故事。悲剧的是，在托洛洛山用许多个夜晚寻找高红移超新星的鲍勃，去世了，我再也无法感谢他的友谊和对这项工作的热情。我们都很想念他。

索引

每个条目后的页码均为原书的页码，即本书的边码。

" Ability of the 200-Inch Telescope to Discriminate Between Selected World Models, The " (Sandage)"200英寸望远镜辨别选定的宇宙模型的能力 "（桑德奇），81

Aczel, Amir C. 阿克泽尔，阿米尔·C.，266 n. 5

Aguirre, Anthony 阿吉雷，安东尼，227，229-230

Alard, Christoph 阿拉德，克里斯托夫，238

Albinoni, Tomaso 阿尔比诺尼，托马索，237

Alpher, Ralph 阿尔弗，拉尔夫，117

Alvarez, Luis 阿尔瓦雷斯，路易斯，180

Alvarez, Walter 阿尔瓦雷斯，沃尔特，180

American Astronomical Society (AAS) 美国天文协会，18，208，216-217

American Physical Society 美国物理协会，37，260

Andromeda galaxy 仙女座大星云。见 M 31

Anglo-Australian Telescope 英澳望远镜，170，181，182

arcsecond 角秒，266 n. 2

Arnett, Dave 阿内特，戴夫，211

Arp, Chip 阿尔普，奇普，143

astronomy 天文学：

    analog chemical imaging 模拟化学成像，100；

    cross-checking of data 数据的交叉检验，107；

    digital imaging 数字成像，100；

    driven by discovery 由发现驱动，5-6；

    " eyeball "approach to 目视研究，99；

    measuring errors 测量误差，94-96；

    observational errors 观测误差，93-94；

observational science 观测科学，**39**；

resemblance to physics 与物理的相似之处，**6**；

rhythm for observations 观测的自然节奏，**168**；

sampling error 采样误差，**96**；

scale error 尺度误差，**96**；

"standard candles ""标准烛光"，**80-81**；

"standard rulers ""标准尺度"，**81**；

systematic errors 系统误差，**96-98**。

Astrophysical Journal, The 天体物理学杂志，**18**，**81**，**166**，**184-186**，**222**

"Astrophysical Timescales ""天文时间尺度"，**241**

astrophysics 天体物理学，**18**

Axelrod, Tim 阿克塞尔罗德，蒂姆，**155**

axions 轴子，**129**

B

Baade, Walter 巴德，沃尔特，**34**，**37-38**，**67**，**139**，**156**，**175**，**265 n. 4**

Bahcall, John 巴考尔，约翰，**43-44**，**192**

Ballot, Christoph 白贝罗，赫里斯托福，**50**

Barbon, Roberto 巴尔邦，罗伯托，**174-175**

Barris, Brian 巴里斯，布莱恩，**197**

Bartusiak, Marcia 巴图西克，玛西娅，**265 n. 5**

baryons 重子，**128**，**138**

Berkeley Astronomy Department 伯克利天文系，**179**

Berkeley Automatic Supernova Search Team 伯克利自动超新星搜寻团队，**180**

Berkeley Physics Department 伯克利物理系，**179**

Bethe, Hans 贝特，汉斯，**93**，**269 n. 6**

Big Bang 大爆炸，**2**，**4**，**6**，**13-14**，**86**，**98-90**，**225**，**354**；

evidence of 的证据，**114-135**

black hole 黑洞，**46**，**77**

Blanco Telescope 布兰科望远镜，**201**，**238**

BOOMERANG 回旋镖，**251-252**

Boötes Great Void 牧夫座大空洞，**71**

Bowdoin Prize 鲍登奖，65

Brahe, Tycho 布拉赫，第谷，9，32−33

Branch, David 布兰奇，戴维，159

Burrows, Adam 巴罗斯，亚当，210，211

Bunsen, Robert 本生，罗伯特，18

Calán/Tolodo supernova search 卡兰 / 托洛洛超新星搜寻，171−173，176，186−188，190，191

Caltech 加州理工大学，37

Canada-France-Hawaii Telescope (CFHT) 加拿大 - 法兰西 - 夏威夷望远镜，201，203，238

Carnegie Observatories 卡耐基天文台，44，149

Carroll, Sean 卡洛尔，肖恩，210−211，272 n.7

Casimir effect 卡西米尔效应，236

Cassiopeia A 仙后座 A，161−162

Center for Particle Astrophysics 粒子天体物理中心，181−182

Central Bureau for Astronomical Telegrams 天文电报中央局，41，265 n.4

cepheids 造父变星，62−63，67，97，98，102−104，106，108

Cerro Tololo Inter-American Observatory (CTIO) 托洛洛山美洲际天文台，15，153，171−173，175，191，203，238

Challis, Peter 查利斯，彼得，15−16，31，33，178，196，205

Chandrasekhar, Subrahmanyan 钱德拉塞卡，苏布拉马尼扬，26，31，153

Chandrasekhar limit 钱德拉塞卡极限，26，28，30，31，105，141，212

charge coupled device (CCD) detectors 电荷耦合器件探测器，100−102，175，198−199

Chevalier, Roger 希瓦利埃，罗杰，161−162

Chornock, Ryan 查诺克，瑞恩，196

Clocchiatti, Alejandro 克里奇阿提，亚历杭德罗，197

Coil, Alison 科尔，阿里森，196，227

Colgate, Stirling 科尔盖特，斯特林，147，166，167，179−180，258

Compte, Auguste 孔特，奥古斯特，17

Cosmic Background Explorer (COBE) satellite 宇宙背景探测器卫星，122，250

cosmic microwave background (CMB) 宇宙微波背景，116，121，136−137，250；

　　detection of 的探测，117；

uniformity of 的均匀性，117

cosmological constant 宇宙学常数，58-59，75-79，81，90，127，132-133，135，136，165，210，211，214，220，224，242，256，258；

properties that are distasteful to theorists 令理论学家不快的性质，255

cosmology 宇宙学，260

Couch, Warrick 库奇，沃里克，170

Crab Nebula 蟹状星云，44，64-65

Crafoord Prize 克拉福德奖，25

critical density 临界密度，79，80，137

"Critical Dialogs in Cosmology ""宇宙学尖峰对话"，192-193

Curtis, Heber D. 柯蒂斯，希伯·D.，63，64，67-68，172

D

dark energy 暗能量，138-139，232，236，248，253-257，259

dark matter 暗物质，37，44，57，74，127-128，181，194，231-233，248，253-256，259；

composition of 的成分，129-130；

hot dark matter 热暗物质 134-135；

measurements for 的测量，251，255；

standard cold dark matter model 标准冷暗物质模型，134。

See also baryons; 也见重子；

neutrinos; 中微子；

weakly interacting massive particles (WIMPs) 弱相互作用大质量粒子

Darwin, Charles 达尔文，查尔斯，20，21

deceleration measurement 减速测量，163-166

Dekel, Avishai 德克尔，阿维沙伊，193

de Sitter, William 德西特，威廉，51，54，55，58，78-79，91，132

de Vaucouleurs, Gerard 德沃库勒尔，杰勒德，149-150

Diercks, Alan 迪尔克斯，阿兰，196

Dirac, P.A.M. 狄拉克，P.·A.·M.，129

Doppler, Christian 多普勒，克里斯蒂安，50

Doppler effect 多普勒效应，50

Dorpat Observatory 塔尔图天文台，63

Duhalde, Oscar 杜阿尔德，奥斯卡，39-40，47

dust, interstellar 尘埃，星际，51，52，150-151，182，187，193，227，229-230；

　　and"reddening"和"红化"，151，227，229

Dyson, Sir Frank 戴森，弗兰克爵士，56，224

E

Earth 地球：

　　age of 的年龄，2021；

　　bombardment by asteroids 小行星撞击，180-181；

　　spherical geometry of 的球状几何，2

Eastman, Ron 伊斯门，罗恩，110，150，176，211

Eddington, Arthur Stanley 爱丁顿，亚瑟·斯坦利，55-56，61，69，76-77，91，92，132-133，267 n.10

Einstein, Albert 爱因斯坦，阿尔伯特，3-4，8，51-59，90，106，135，192。

　　See also cosmological constant; relativity, theory ofEinstein's Unfinished Symphony (Bartusiak) 也见宇宙学常数；相对论，《爱因斯坦的未完成交响曲》（巴图夏克），265 n.5

electrons 电子，116，128

Ellis, Richard 埃利斯，理查德，170，215

European Southern Observatory (ESO) 欧洲南方天文台，16，168-171，181，191

expanding photosphere method (EPM) 膨胀光球法，110，150，151

Expanding Universe, The (Eddington)《膨胀的宇宙》（爱丁顿），267 n.10

F

Fesen, Rob 费森，罗布，162

Filippenko, Alex 菲利彭科，亚历克斯，15，159-160，173，176，179，182，183，196，200-201，219-221，227，238

Fizeau, Armand-Hippolyte 斐索，阿曼德 - 伊波利特，7

fossil record 化石记录，21，85

Fowler, Willy 福勒，威利，31，34，141

Fransson, Claes 弗兰森，克莱斯，109

Fraunhofer, Joseph von 夫琅和费，约瑟夫·冯，**17**，**18**

Freedman, Wendy 弗里德曼，温蒂，**107-108**，**110**

Friedmann, Alexandr 弗里德曼，亚历山大，**75**，**79**，**80**

future, prediction of 未来，的预测，**7-8**

Galaxies 星系，**84**；

and dark matter 和暗物质，**37**，**57**；

distances between 之间的距离，**10**，**31**，**68-69**；

distribution of 的分布，**121**；

elliptical 椭圆，**28**，**168**，**225**；

galactic cannibalism 星系吞食，**157**；

galaxy clusters 星系团，**57**，**137**，**168**；

measurement of velocities 速度的测量，**68**，**74**；

spiral 漩涡，**28**，**225**。

See also M 31；也见 M 31；

Milky Way galaxy 银河系

Galilei, Galileo 伽利雷，伽利略，**98-99**

Gamow, George 伽莫夫，乔治，**75**，**117**，**125**

Garnavich, Peter 加纳维奇，彼得，**196**，**207-208**，**215-216**，**217**，**251**，**255**，**256**

Gauss, Karl Friedrich 高斯，卡尔·弗里德里希，**2-3**，**24**，**53**，**132**，**166**，**217-218**，**264 n. 2**

Geller, Margaret 盖勒，玛格利特，**71**

Gemini Observatory 双子座天文台，**241**

Giacconi, Riccardo 贾科尼，卡尔多，**243**

Gilliland, Ron 吉利兰德，荣，**197**，**205**，**206**，**244**

Glanz, Jim 格兰仕，吉姆，**217-218**

Goddard Space Flight Center 戈达德太空飞行中心，**42**，**108**

God's Equation (Aczel)《上帝的方程》(阿策尔)，**266 n. 5**

Goldberg, Leo 戈德堡，利奥，**65**，**147**

Goldhaber, Gerson 戈德哈贝尔，革尔雄，**212-214**，**220**，**221**，**222**，**272 n. 4**

Gorst, Martin 戈斯特，马丁，**264 n. 3**

Gott, Richard 戈特，理查德，**264 n. 5**，**270 n. 5**

Göttingen observatory 哥廷根天文台，2，3

graphs 图表，69

Graves, Jenny 格雷夫斯，珍妮，48

gravity 万有引力，5；

　　and massive stars 和大质量恒星，34-36

Gross, David 格罗斯，大卫，210

Gunn, Jim 冈恩，吉姆，143，154，155-156

Guth, Alan 古思，艾伦，120-121，270 n. 4

Hale, George Ellery 海尔，乔治·埃勒里，56，65-66，99

Hale Telescope 海尔望远镜，81，99，138

Hamuy, Mario 阿穆伊，马里奥，172，176，186，196

Hansen, Leif 汉森，莱夫，168-171

Hartwig, Ernst 哈特维希，恩斯特，63

Harvard College Observatory 哈佛大学天文台，61，64，65；

　　Great Refractor at 的大反射镜，100

Harvard-Smithsonian Center for Astrophysics (CfA) 哈佛 - 史密松天体物理中心，71，105，

　　170，173，176，178

Heber D. Curtis Telescope 希伯·D·柯蒂斯望远镜，172

Heisenberg uncertainty principle 海森堡不确定性原理，119

Hermann, Robert 赫尔曼，罗伯特，117

high-z supernova search team 高红移超新星搜寻团队，190-193，194-209，214-222，224，

　　232-233，234-235，237-243，246-248；

　　citations in the physics and astrophysics literature to the Riess et al. 1998 paper 物理和天

　　体物理文献中对 1998 年里斯等人文章的引用，273 n. 1

Hillebrandt, Wolfgang 希尔布兰特，沃尔夫冈，211

Höflich, Peter 赫夫利希，彼得，178，226

Hogan, Craig 霍根，克雷格，196

Home Is Where the Wind Blows (Hoyle)《家是风吹过的地方》（霍伊尔），265 n. 4

"How the Universe Will End" "宇宙将会如何终结"，248

Hoyle, Sir Fred 霍伊尔，弗雷德爵士，24-25，34，141，264-265 n. 4

Hubble, Edwin Powell 哈勃，埃德温·鲍威尔，56，67，68-69，75，76，83，91，93，95；

　　and cepheid variables 和造父变星，97

Hubble constant (H_0) 哈勃常数 (H_0)，70，79，81，89，90，92，93，97，103-104，133，137，

　　242，267 n.6，268-269 n.2；

　　calculation of 的计算，106-107；

　　Key Project team's calculation of "关键项目" 小组的计算，107-108，111-112；

　　Kirshner/Kwan's calculation of 基尔什纳有关的计算，149；

　　numerical value of 的数值，98；

　　Sandage et al.'s calculation of 桑德奇等人的计算 107，150

Hubble's law 哈勃定律，70，73，89，91，103；

　　as approximation to cosmic expansion 作为对宇宙膨胀的近似，158

Hubble Space Telescope (HST) 哈勃太空望远镜，5，11，46，138，166，203，205；

　　and bureaucracy 和官僚主义，203-204；

　　the Hubble Deep Field 哈勃深场，11-12，13，243-244；

　　limitations of 的限制，14；

　　matching measurements on the ground 在地面上匹配测量结果，206；

　　opticians' error in mirror fabrication 光学仪器商在镜子制造中的错误，94；

　　and SN 1987 A 和超新星 1987 A，109；

　　and the Space Telescope Time Allocation Committee 空间望远镜时间分配委员会，106，

　　205；

　　and "Target of Opportunity" observations 和 "机遇性目标" 的观测，204-205；

　　and work on cepheid variables 研究造父变星，102-104。

Hubble time 哈勃时间，89，91，118，131，268-269 n.2

Huchra, John 修兹劳，约翰，71，269 n.8

Humason, Milton 赫马森，米尔顿，91，93

Hyades 毕星团，55

I

IAU Circulars IAU 快报，170

Institute for Advanced Study 高等研究院，192

Institute for Theoretical Physics (ITP) 理论物理研究所，209-211，237

International Astronomical Union 国际天文学联合会，76，153-154，237

International Ultraviolet Explorer (IUE) 国际紫外探测器，41-42，108

Irvine-Michigan-Brookhaven experiment 欧文 - 密歇根 - 布鲁克黑文实验，43

Isaac Newton Telescope 艾萨克·牛顿望远镜，170，183

J

Jeffery, David 杰弗里，戴维，178

Jha, Saurabh 贾，苏拉布，196，239，251，255

Jørgensen, Henning 约根森，亨宁，168-171

journals, publication in 期刊，上发表的文章，184-185

Just Six Numbers (Rees)《宇宙的六个神奇数字》(里斯)，268 n.17

K

Keck Observatory 凯克天文台，240-241

Keck Telescope 凯克望远镜，15，138，227，238

Kelvin, Lord 开尔文，勋爵，20，21，35

Key Project team 重点项目小组，107-108

Kirshner, Robert 基尔什纳，罗伯特，15，29-30，31，142-156，158，196；

    in the astronomy program at Caltech 在加州理工学院的天文学项目，142-147；

    " Attacking H_0 and PHI with Supernovae,"" 用超新星冲击 H_0 和 PHI "，182；

    Crab Nebula project 蟹状星云项目，64-65；

    on the External Advisory Board of the Center for Particle Astrophysics 在粒子天体物理中心的外部咨询委员会，181-182；

    at the International Astronomical Union meeting 在国际天文学联合会会议上，153-154；

    " News and Views "in Nature《自然杂志》上的 " 新闻和观点 "，170-171；

    at the 1972 Tucson supernova workshop 在 1972 年图森超新星研讨会上，148-149；

    1989 speech at the National Academy of Sciences 1989 年在美国国家科学院的演讲，45；

    observations of Cassiopeia A 对仙后座 A 的观测，161-162；

    at Palomar 在巴乐马，101-102；

    review of the 1993 LBL paper for The Astrophysical Journal 对 1993 年 LBL 发表在《天体物理学报》上的文章的评论，184-186；

and Sanduleak-69 202 桑杜列克 -69202，41-45，265 n.5；

spectrum paper 光谱文章，155-156。

See also high-z supernova search team 也见高红移超新星搜寻团队

Kitt Peak National Observatory 基特峰国家天文台，147，183

Kondo, Yoji 近藤，耀司，42

Kowal, Charlie 科瓦尔，查利，101，151-152，156，169

Kristian, Jerry 克里斯蒂安，杰里，44

Kuchner, Marc 丘赫内尔，马克，29

Kwan, John 关，约翰，149，150，158

lambda (Λ). 兰布达。See cosmological constant 见宇宙学常数

Lamb shift 兰姆位移，236

Large Magellanic Cloud (LMC) 大麦哲伦星云，9，11，39，63，67；

distance to 的距离，110

Las Campanas Observatory 拉斯坎帕纳斯天文台，39

La Silla Observatory 拉西亚天文台，192

Las Campanas Redshift Survey 拉斯坎帕纳斯红移巡天，80，267 n.8

Lawrence Berkeley Lab (LBL) 劳伦斯·伯克利实验室，44，173-174，179，181-184，191，194，207-208，257。

See also Supernova Cosmology Project 也见超新星宇宙学项目

Leavitt, Henrietta 勒维特，亨丽爱塔，61-62，63，67

Leibundgut, Bruno 雷奔德古特，布鲁诺，16，29，104-106，162，163，174，176，186，191-192，196，218，272 n.4

Lemâitre, Georges 勒迈特，乔治，79

Lemonick, Mike 勒莫尼克，麦克，248

leptons 轻子，128

Le Verrier, Urbain Jean Joseph 勒·维里尔，厄本·让·约瑟夫，53

"Leviathan of Parsonstown" telescope "帕森斯镇的利维坦海怪" 望远镜，99-100

Lick Observatory 利克天文台，173

light 光：

gravitational bending of 的引力弯曲，56-57；

speed of 的速度，6-7，264 n. 5

light-curve shape (LCS) 光变曲线形状，187，188，201-202，218，226

light-year 光年，8，264 n. 5

Livermore 利弗莫尔，36，39

Loader, Jayne 劳德，杰恩，25，214，215

Local Group of galaxies 本星系群，11

Lonely Hearts of the Cosmos (Overbye)《宇宙的寂寞心灵》(奥弗比)，268 n.18

Los Alamos 洛斯阿拉莫斯，36，39，147

Los Angeles Times 洛杉矶时报，37

Lowell, Percival 罗威尔，帕西瓦尔，60

Lowell Observatory 罗威尔天文台，60-61

M

M 31，10，11，61，67，75

M 32，61

M 33，11，67

M 51，100

M 101，149

Madore, Barry 马多雷，巴里，40

Magellanic Clouds 麦哲伦星云，61-63。

　　See also Large Magellanic Cloud 也见大麦哲伦星云；

　　Small Magellanic Cloud 小麦哲伦星云

Malmquist bias 马姆奎斯特偏差，96，98，224

Manhattan Project 曼哈顿计划，106

Mars 火星，60

Marschall, Lawrence 马歇尔，劳伦斯，266 n. 5

Marsden, Brian 马斯登，布赖恩，41，170

Mathematical Theory of Relativity, The (Eddington)《相对论的数学理论》(爱丁顿)，61

MAXIMA 千里马，252

Maza, José 马萨，何塞，172

" Measurements of Omega and Lambda from 42 High-Redshift Supernovae ""从 42 颗高红移超新星来测量 Ω 和 Λ "，222

Measuring Eternity (Gorst)《测量永恒》(戈斯特)，264n.3

Mercury 水星，53-54

metals 金属，271n.1

Microwave Anisotropy Probe (MAP) 微波各向异性探测器，250

Middleditch, John 米德尔迪奇，约翰，266n.7

Miknaitis, Gajus 米克纳提斯，盖加斯，196

Milky Way galaxy 银河系，8，10，49，84；

    motion of 的运动，270n.3；

    1900s view of 20 世纪初的观点，51-52，59；

    oldest stars in 最年老的恒星，124

Minkowski, Rudolph 闵可夫斯基，鲁道夫，38，139-140，147，148-149，156，161

Monthly Notices《皇家天文学会月报》，55

moon, phases of 月亮的相位，168-169，198

Mount Wilson Observatory 威尔逊山天文台，37，38，56，59，63，66-67，99，101，139

Muller, Rich 马勒，里奇，44，179，180

multicolor light-curve shape (MLCS) 多色光变曲线形状，188，190

N

National Academy of Sciences 美国国家科学院，45，63

National Science Foundation 美国国家自然基金委，181

Nature《自然》，44，45，170-171

Nemesis 涅墨西斯恒星，180

Neptune 海王星，54

neutralinos 中性微子，129

neutrinos 中微子，35，36，39，43，44，128，129，138

neutrons 中子，92-93，128，129

New Technology Telescope 新技术望远镜，192

Newton, Isaac 牛顿，艾萨克，17，53，56

NGC 1058，149

NGC 4618，160

NGC 5128，174

NGC 5236，151-152

NGC 5253, 152

NGC 6822, 67

NICMOS 近红外相机和多目标光谱仪, 245-246, 247

Nomoto, Ken 野本, 肯, 211

Nørgaard-Nielsen, Hans Ulrik 内尔高 - 尼尔森, 汉斯·乌尔里克, 168-171

novae 新星, 37

Noyes, Bob 诺伊斯, 鲍勃, 142

nuclear fission 核裂变, 25

nuclear fusion 核聚变, 21-22, 25, 35, 92-93

nuclear physics 核物理, 21, 24-26;

and prediction of most likely iron-peak product in white dwarf explosions 对白矮星爆炸中最有可能的铁峰产物的预测, 154-155

" Observational Evidence from Supernovae for an Accelerating Universe and a Cosmological Constant " 对于加速膨胀宇宙和宇宙学常数的来自超新星的观测证据 ", 222

Observatoire de Paris 巴黎天文台, 6, 7

Occam's razor 奥卡姆剃刀, 58, 129

Oke, John Beverly 奥克, 约翰·贝弗利, 142, 143, 147, 152-153, 153-154, 155, 156

Old Man's Toy, An (Zee)《老男人的玩具》(兹), 272 n.9

Ω, 79-81, 112, 120-121, 126, 127, 133, 164-166, 188, 190, 192-193, 194, 249, 252;

measurements in microwave background 宇宙微波背景的测量, 249-250

Ω_b, 128

Ω_Λ, 80, 133, 195, 214, 224, 231-232, 234, 242, 249, 251, 255

Ω_m, 79, 80, 126, 127, 130, 132, 133, 137, 194, 195, 214, 224, 231-232, 234, 242, 249, 251, 255

Optiks (Newton)《光学》(牛顿), 17

Origin of Species (Darwin)《物种起源》(达尔文), 20;

first-edition timescales 第一版的时间尺度, 20

Osmer, Pat 奥斯默, 帕特, 153

Ostriker, Jerry 奥斯特里克, 杰里, 147, 148, 194, 214

Overbye, Dennis 奥弗比, 丹尼斯, 268 n.18

P

Palomar Mountain Observatory 巴乐马山天文台，37，66，81，99，101，152，153

Parsons, William 帕森思，威廉，99

particle physics 粒子物理学，5，120，129-130；

    grand unified theories 大统一理论，41；

    standard model 标准模型，134

Pennypacker, Carl 彭尼帕克，卡尔，44，173-174，179

Penzias, Arlo 彭齐亚斯，阿尔诺，114-115，270 n. 2；

    and the Nobel Prize for Physics 和诺贝尔物理学奖，117

Perlmutter, Saul 珀尔马特，索尔，44，173-174，179，182，193，194，195，215，216，217，
    220，237

Phillips, Mark 菲利普斯，马克，171-172，174，175，176，179，186，188，191，196，244

photometry 测光，176，182，193

photons 光子，52，114-116，117-118

Pinto, Phil 平托，菲尔，29，178，211

planetary nebulae 行星状星云，26，271n.1

positrons 正电子，129

precession 进动，53

Press, Bill 普雷斯，比尔，186，210，218

Press, Frank 普莱斯，弗兰克，45

Princeton University 普林斯顿大学，192

protons 质子，41，43，93-94，116，128，129

Pskovskii, Yuri 普斯科夫斯基，尤里，175

Q

quantum mechanics 量子力学，19，31，119，121；

    and low-mass stars 和低质量恒星，35

quintessence 精质，256

R

recombination 复合，269 n.1

redshift surveys 红移巡天，69，71-72，135，168，201-202，238；

  and z 和 z，74，190-191

  (see also high-z supernova search team)（也见高红移超新星搜寻团队）

Rees, Martin 里斯，马丁，268 n.17

Reiss, David 里斯，大卫，196

relativity, theory of 相对论的理论，3-4，51-59，211。

  See also cosmological constant 也见宇宙学常数

Riemann, Bernhard 黎曼，伯恩哈德，3，53

Riess, Adam 里斯，亚当，178，186-188，196，214，215-16，217，218-19，221，227，246-248，258

Robertson, Howard P. 罗伯逊，霍华德·P，79

Rømer, Ole 罗默，奥勒，6-7，109

Royal Astronomical Society 皇家天文学会，55

Royal Bohemian Society for Sciences《波西米亚皇家科学学会》，50

Royal Society 皇家协会，55

Ruiz-Lapuente, Pilar 鲁伊斯-拉普恩特，皮拉尔，178

Rust, Bert 拉斯特，伯特，272 n.4

S

Sadoulet, Bernard 萨杜莱特，伯纳德，181，182

Saha, Abi 萨哈，阿比，107

Salpeter, Edwin 萨尔彼得，埃德温，24-25

Sandage, Allan 桑德奇，艾伦，81-82，101，106，107，138，149-150，156，162-163

Sanduleak, Nick 桑杜列克，尼克，39，43

Sanduleak-69202 桑杜列克-69202，39，42-43，46

Sargent, Wallace 萨尔让，华莱士，101，111，124，143，159，160

scalar fields 标量场，120

Schaefer, Barbara 沙佛，芭芭拉，240-241

Schlegel, Eric 施莱格尔，埃里克，160

Schmidt, Brian 施密特，布赖恩，15，111，150，178，179，190-191，196，214，220，221，225，238

Schmidt, Maarten 施密特，马尔滕，143，144

Schmidt Telescope 施密特望远镜，37，139，151

Schommer, Bob 舒穆尔，鲍勃，196

Science《科学》，216-217，235

scientific debate 科学辩论，64

Searle, Leonard 瑟尔，伦纳德，124，143，149

Shapley, Harlow 沙普利，哈洛，63-64，65，67，172

Shelton, Ian 谢尔顿，伊恩，40

silicon 硅，35，126

Sirius 天狼星，26，28

Sirius B 天狼星 B，26，28

Slipher, Vesto Melvin 斯里弗，维斯托·梅尔文，60-61，67，68，75，76，83，132

Small Magellanic Cloud 小麦哲伦星云，11

Smith, Chris 史密斯，克里斯，196

Smoot, George 斯穆特，乔治，267 n. 6

Sonneborn, George 索恩本，乔治，42，108

Space Telescope Science Institute 太空望远镜科学研究所，15，203-204

spectrum analysis 光谱分析，17-20，29-30

spiral nebulae 漩涡星云，59，60-64，67，100

Spyromillio, Jason 施皮罗米利奥，贾森，191-192，196

Stanford Linear Accelerator 斯坦福直线加速器，120

stars 恒星：

    ages of 的年龄，225；

    distances between 之间的距离，9-10；

    elements present in 中的元素，20，25-26；

    globular clusters 球状星团，22-24，26；

    measurement of brightness 亮度的测量，271 n. 1；

    measurement of velocity 速度的测量，51；

    neutron stars 中子星，34-36，141；

    red giants 红巨星，22-24；

white dwarfs 白矮星，26-28，30-31，141。

See also cepheids 也见造父变星；

supernovae 超新星

Steinhardt, Paul 斯坦哈特，保罗，194，195，214，256

string theory 弦理论，221，237

Stubbs, Chris 斯塔布，克里斯，196

sun 太阳：

energy of 的能量，21-22；

future of 的未来，22，24，26

Suntzeff, Nick 辛策夫，尼克，16，172，176，179，196，220，222

SuperNova Acceleration Probe (SNAP) 超新星加速膨胀探测器，257

Supernova Cosmology Project (SCP) 超新星宇宙学项目，173-174，181-182，195，209，
212-214，237

supernovae 超新星，6，16-17，67；

alphabetical labels of 字母顺序命名，265 n. 4；

and expansion of the universe 和宇宙的膨胀，8；

light visible from 发出的可见光，8-9；

and measurement of cosmic deceleration 和宇宙减速膨胀的测量，186；

origin of term 术语的起源，37；

rarity of 的罕见性，107，167；

recorded on photographic plates 记录在摄影底片上，143；

relation of chemistry to brightness 化学成分和光度的关系，226-227；

SN 1937 C, 140, 156, 159, 160 超新星 1937 C，140，156，159，160；

SN 1940 B, 140 超新星 1940 B，140；

SN 1970 G, 148, 149 超新星 1970 G，148，149；

SN 1971 M, 101 超新星 1971 M，101；

SN 1971 N, 101 超新星 1971 N，101；

SN 1972 E, 152-156, 159, 160, 174 超新星 1972 E，152-156，159，160，174；

SN 1975 A, 159 超新星 1975 A，159；

SN 1985 F, 160, 162 超新星 1985 F，160，162；

SN 1986 G, 174 超新星 1986 G，174；

SN 1987 A, 39-48, 108-110 超新星 1987 A，39-48，108-110；

SN 1991 bg, 173 超新星 1991 bg，173；

SN 1991 T, 173 超新星 1991 T，173；

SN 1992 bi, 183, 184, 190 超新星 1992 bi, 183, 184, 190;

SN 1994 G, 184 超新星 1994 G, 184;

SN 1995 K, 192 超新星 1995 K, 192;

SN 1997 ff, 244-246, 248-49, 255 超新星 1997 ff, 244-246, 248-249, 255;

SN 1998 eq, 237 超新星 1998 eq, 237;

SN 1999 Q, 230 超新星 1999 Q, 230;

type I, 38, 49, 140, 154, 159 I 型超新星, 38, 49, 140, 154, 159;

type Ia, 28-31, 34, 37-39, 82, 104, 106, 110, 139, 161, 182, 193, 225-226 Ia 型超新星, 28-31, 34, 37-39, 82, 104, 106, 110, 139, 161, 182, 193, 225-226;

type Ib, 161, 162 Ib 型超新星, 161, 162;

type II, 34-36, 38, 39, 49, 110, 140, 141, 147 II 型超新星, 34-36, 38, 39, 49, 110, 140, 141, 147

Supernova INtensive Study (SINS) 超新星深入研究小组, 46, 204-205

Supernova Story, The (Marschall)《超新星的故事》(马歇尔), 266 n.5

T

Tammann, Gustav 塔曼, 古斯塔夫, 104, 106, 107, 149-150, 162-163, 166, 173, 174-175, 258

telescopes 望远镜:

    and digital imaging 和数字图像, 100, 102;

    increasing size of 的尺寸增加, 99;

    and light detection 和光线探测, 99-100;

    and photography 和拍摄, 100;

    and scheduling 和日程, 171。

    See also individual telescopes listed by name 也见望远镜名单

Thielemann, Friedel 蒂勒曼, 弗里德尔, 211, 213, 226

Thompson, Rodger 汤普森, 罗杰, 247

Times (London) 泰晤士报 (伦敦), 56

Time Travel in Einstein's Universe (Gott)《爱因斯坦宇宙中的时间旅行》(戈特), 264 n.4, 270 n.5

Tonry, John 唐利, 约翰, 197, 237-238, 241-243

Turner, Ed 特纳, 埃德, 210

Turner, Mike 特纳, 麦克, 194, 195, 214, 252-253

U

Uffizi Gallery 乌菲兹美术馆，**98**

universe 宇宙：

    accelerating universe (see universe, expansion of) 加速膨胀宇宙（见宇宙的膨胀）；

    age of 的年龄，**1-2**；

    average properties of 的平均性质，**84**；

    density of 的密度，**79-80**；

    expansion of 的膨胀，**7**，**16**，**56**，**60-82**，**83-86**，**89-93**，**111-13**，**131**，**136**，**214**，**231-33**，**236-37**，**258**，**(see also "inflation" model of)**（也见"暴胀"模型）；

    Ekpyrotic universe 火劫宇宙，**256**；

    geometry of 的几何，**80-81**；

    "inflation" model of 的"暴胀"模型，**117-123**；

    limit of direct knowledge of 直接知识的局限性，**13**；

    static universe 静态宇宙，**58**

University of Hawaii 夏威夷大学，**239**，**240**

Uomoto, Alan 鱼本，艾伦，**160**

Uranus 天王星，**54**

Ussher, Bishop James 乌雪，詹姆斯主教，**84**

V

vacuum energy 真空能，**119-120**，**236**

van den Bergh, Sidney 范登伯格，悉尼，**173**

Virgo Cluster 室女座星系团，**11**

Vulcan 火神星，**54**

Wagoner, Bob 瓦戈纳，鲍勃，158

Was Einstein Right? (Will)《爱因斯坦是对的吗？》（威尔），268 n.12

weakly interacting massive particles (WIMPs) 弱相互作用大质量粒子，130，138

Weinberg, Steven 温伯格，史蒂文，211

Wheeler, Craig 惠勒，克雷格，41，147，148，160，211，226

Whipple Observatory 惠普尔天文台，173，175

Whirlpool galaxy. See M 51 涡状星系。见 M 51

White, Martin 怀特，马丁，249

Will, Clifford 威尔，克利福德，268 n.12

Williams, Bob 威廉姆，鲍勃，243-244

Wilson, Bob 威尔逊，鲍勃，114-115；

　　and the Nobel Prize for Physics 和诺贝尔物理学奖，117

Wilson, O. C. 威尔逊，O. C.，272 n. 4

Woosley, Stan 伍斯利，斯坦，42-43，155，171

Yerkes Observatory 叶凯士天文台，99

Z

Zee, Tony 兹，托尼，272 n. 9

Zirin, Hal 齐林，哈尔，142

Zwicky, Fritz 兹威基，弗里茨，34，37-38，67，74，91，101，124，126，127，139，144-147，

　　251

图书在版编目（CIP）数据

疯狂的宇宙 / （美）罗伯特·P. 基尔什纳著；青年天文教师连线译 . — 长沙：湖南科学技术出版社，
2020.12（2023.3 重印）
（第一推动丛书 . 宇宙系列）
书名原文：The Extravagant Universe
ISBN 978-7-5710-0619-8

Ⅰ . ①疯… Ⅱ . ①罗… ②青… Ⅲ . ①宇宙学—普及读物 Ⅳ . ① P159-49

中国版本图书馆 CIP 数据核字（2020）第 132550 号

The Extravagant Universe: Exploding Stars, Dark Energy, and the Accelerating Cosmos
Copyright © 2002 by Robert P.Kirshner
Published by Princeton University Press
All Rights Reserved

湖南科学技术出版社通过中国台湾博达著作权代理公司获得本书中文简体版中国大陆独家出版发行权
著作权合同登记号 18-2018-405

FENGKUANG DE YUZHOU
疯狂的宇宙

著者
[美] 罗伯特·P. 基尔什纳

译者
青年天文教师连线

出版人
潘晓山

策划编辑
吴炜 杨波 李蓓 孙桂均

责任编辑
杨波

装帧设计
邵年 李叶 李星霖 赵宛青

出版发行
湖南科学技术出版社

社址
长沙市芙蓉中路一段416号
泊富国际金融中心

网址
http://www.hnstp.com

湖南科学技术出版社
天猫旗舰店网址
http://hnkjcbs.tmall.com

邮购联系
本社直销科 0731-84375808

印刷
长沙鸿和印务有限公司

厂址
长沙市望城区普瑞西路858号

邮编
410200

版次
2020 年 12 月第 1 版

印次
2023 年 3 月第 2 次印刷

开本
880mm×1230mm 1/32

印张
11.125

字数
223 千字

书号
ISBN 978-7-5710-0619-8

定价
59.00 元